大环化合物的立体化学

DAHUAN HUAHEWU DE
LITI HUAXUE

王道全　编著

化学工业出版社
·北京·

内容简介

本书在概述大环化合物的研究概况、发展趋势及展望的基础上，系统阐述了普通大环化合物的立体化学，包括大环烷、大环烯烃，大环炔烃，大环酮、大环内酯、大环内酰胺的构象，及其由环内双键和环上取代基引起的顺反异构等内容，重点分析了大环化合物的构象。此外，还介绍了大环化合物某些特有的性质以及发生在大环环上的几个典型反应的构象分析。

本书可供化学、化工、制药、生物等领域研究人员阅读，也可作为高等院校相关专业教师、研究生的参考书。

图书在版编目（CIP）数据

大环化合物的立体化学 / 王道全编著. —北京：化学工业出版社，2024.4

ISBN 978-7-122-45102-6

Ⅰ. ①大… Ⅱ. ①王… Ⅲ. ①大环化合物-立体化学 Ⅳ. ①O624

中国国家版本馆 CIP 数据核字（2024）第 037037 号

责任编辑：刘　军　马　波　孙高洁　　文字编辑：师明远
责任校对：李雨晴　　装帧设计：王晓宇

出版发行：化学工业出版社
（北京市东城区青年湖南街 13 号　邮政编码 100011）
印　　装：大厂聚鑫印刷有限责任公司
710mm×1000mm　1/16　印张 14½　字数 254 千字
2024 年 5 月北京第 1 版第 1 次印刷

购书咨询：010-64518888　　售后服务：010-64518899
网　　址：http://www.cip.com.cn
凡购买本书，如有缺损质量问题，本社销售中心负责调换。

定　　价：98.00 元

前言

1978年，作者考入北京大学化学系，师从张滂院士，从事有机合成研究。北京大学化学系学术气氛浓厚，常有著名学者的学术报告，其中维生素 B_{12} 全合成的构象分析尤为精彩。加之同实验室一位同学从事大环化合物的合成研究，新颖的结构和对合成技术的挑战引起作者的极大兴趣。1984年获博士学位后，在原北京农业大学（现中国农业大学）从事农药化学研究。

工作中作者发现不少大环化合物具有较好的农药活性，有的甚至有优良的农药活性，如阿维菌素、多杀菌素等，再次激发起心中的大环情结。于是，普通大环化合物作为农药的创新研究，阿维菌素的结构改造等成为作者研究工作的重要内容。在研究中发现，大环化合物与普通环化合物在反应活性上有着显著的差异，而这种差异可能与它们不同的立体化学特征有关，由此，大环化合物立体化学的研究提上日程。其中，“麝香酮的合成研究”“环十二酮立体化学的研究”曾获国家自然科学基金资助，“大环化合物作为农药的创新研究”多次被列入国家科技攻关项目和国家重点基础研究发展计划（973计划）。同时发现，目前尚没有一本系统讲述普通大环化合物立体化学的书籍，因而萌生了写作本书的念头。2018年底，在辞去《农药学学报》主编职务后，断断续续，在四年多的时间里了却了这一夙愿。

本书仅讨论普通大环化合物，重点是它们的构象，不涉及冠醚、环肽、轮烯等特殊大环化合物。

本书部分晶体结构及其相应数据取自伦敦晶体数据库。作者感谢王明安教授做出的学术贡献和对书稿提出的修改意见，感谢与路慧哲教授的有益讨论，感谢董燕红教授和梁晓梅高级工程师在绘制图表方面的帮助，感谢中国农业大学图书馆史丽文女士和远在美国的宗广辉博士在文献获取方面的帮助，感谢潘灿平、张建军两位教授对出版此书的支持，并再次感谢董燕红教授在本书撰写过程中给予的帮助。本书包含了作者研究团队的部分研究成果，感谢参与这一项目工作的研究生和合作指导老师做出的贡献。本书对一些文献结果的分析讨论加入了作者个人的见解，鉴于作者学术水平的局限，书中难免存在疏漏与不当之处，望读者不吝赐教。

王道全

2023 年秋于绿园

对称性符号列表

C_1，一重对称轴

C_2，二重对称轴

C_3，三重对称轴

C_4，四重对称轴

C_5，五重对称轴

C_s，对称面

C_{2h}，一个 C_2 和一个垂直于 C_2 的 C_s

C_{3h}，一个 C_3 和一个垂直于 C_3 的 C_s

C_{2v}，一个 C_2，两个 C_s

C_{3v}，一个 C_3，三个 C_s

C_{4v}，一个 C_4，四个 C_s

D_2，三个 C_2

D_3，一个 C_3，三个 C_2

D_4，一个 C_4，四个 C_2

D_{2d}，三个 C_2，两个 C_s，其中一个 C_2 与其他两个 C_2 垂直

D_{2h}，三个 C_2，三个 C_s

D_{3h}，一个 C_3，三个 C_2，以及一个垂直于 C_3 的 C_s

D_{4h}，一个 C_4，四个 C_2，一个垂直于 C_4 的 C_s

目录

第 1 章 绪论

按照环的原子数（n）将环状化合物分为四类已是化学界的共识。它们分别是小环（$n=3,4$）；普通环（$n=5,6,7$）；中环（$n=8,9,10,11$）；大环（$n\geqslant 12$）。此分类的主要依据是环烷烃的单位 CH_2 燃烧热（$H_{C/n}$），将环己烷认定为无张力环，其他环烷烃与其相比较，单位 CH_2 的燃烧热差值（$H_{C/n}-658.9$）即代表相应环烷烃的环张力，进而根据环张力将环烷烃分为上述 4 类（表 1-1）。环张力包含 4 种张力，即①键张力，由化学键的伸长或缩短产生；②扭转张力，由成键两原子上原子或基团的相对位置的变化引起，如重叠、邻位交叉、对位交叉等；③角张力，由正常键角的扩展或收缩引起；④跨环张力，由非相邻原子上的原子或基团间的相互作用引起。

表 1-1 环烷烃的单位 CH_2 燃烧热（$H_{C/n}$，kJ/mol）及环张力（$H_{C/n}-658.9$，kJ/mol）

n	$H_{C/n}$	$H_{C/n}-658.9$	n	$H_{C/n}$	$H_{C/n}-658.9$
3	697.4	38.5	11	663.1	4.2
4	686.3	27.4	12	660.1	1.2
5	664.3	5.4	13	660.6	1.7
6	658.9	0.0	14	658.9	0.0
7	662.6	3.7	15	659.3	0.4
8	663.9	5.0	16	659.3	0.4
9	664.7	5.8	17	658.0	−0.9
10	663.9	5.0	∞	658.9	0.0

注：数据引自文献[1]，燃烧热单位已换算为 kJ/mol。

表 1-1 的数据显示，环十二烷及更大环烷的环张力很小，仅环十二烷和环十三烷的环张力超过 1 kJ/mol，因此，把它们归为一类，并称之为大环是合理的。但是，称之为无张力环则不完全是事实，因为环己烷本身并不是无张力环，在环己烷的最优构象，即椅式构象中，存在系列 4 碳原子的邻位交叉，因而存在扭转张力。通过分析环烷烃和正构烷烃的碳原子数与它们的熔点关系曲线

（图 1-1），可以更清楚地了解到大环烷的某些立体化学特征。这里首先以正构烷烃为例。正构烷烃的碳原子数与熔点的关系存在奇偶效应，即随着碳原子数的增加，熔点升高。但是，偶数碳原子正构烷烃的熔点比奇数碳原子正构烷烃的增幅要大，这是因为，呈锯齿链的偶数碳链中两端的甲基处于异侧，相较于两端甲基处于同侧的奇数碳链，其在晶体中的堆砌更为紧密，范德华作用力更大。这种奇偶效应随着碳链原子数的增加逐渐减小，到大约正二十烷时基本消失，熔点的上升成为一条平滑的曲线。反观大环烷，虽然也存在一定的规律相反的奇偶效应，情况却复杂得多。从环十二烷到环二十一烷，熔点一直明显地高于相应的正构烷烃，到环二十二烷和二十三烷时，熔点与正构烷烃相当，之后大环烷的熔点一直较大地低于正构烷烃，直到环三十烷后，大环烷的熔点与正构烷烃的熔点的差距基本相等，熔点的上升成为一条平滑的曲线。上述情况说明，小于三十元环的大环烷的构象相当复杂，规律性不强，是大环立体化学研究的重点。环三十烷以后，大环烷成为所谓的“无张力环”，构象基本上是由两条平行长链的两端连接两条短链构成的长矩形。

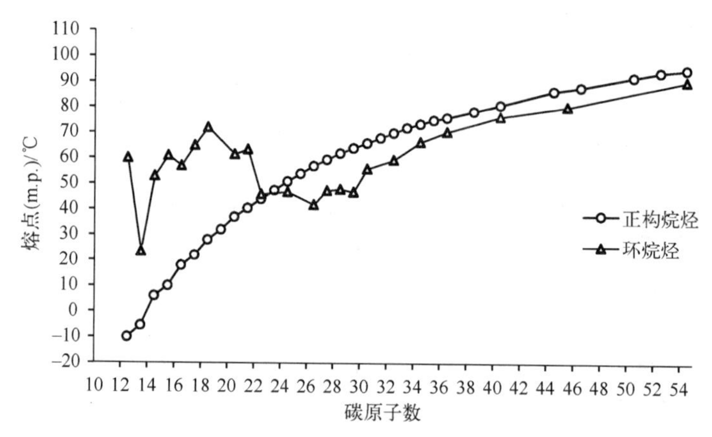

图 1-1　大环烷及相应正构烷烃碳原子数与熔点关系曲线[2-6]

大环化合物可以分为两大类：一类是普通大环化合物，包括大环烷、大环烯烃、大环炔烃、大环酮、大环内酯、大环内酰胺等；另一类则是特殊大环化合物，具有特殊的理化性能，如冠醚、环肽、轮烯、环糊精等。本书仅涉及普通大环化合物。

大环化合物的研究可以追溯到 20 世纪 20 年代。1926 年 Ruzicka 阐明麝香酮（β-甲基环十五酮，**1-1**）和灵猫酮（9-环十七烯酮，**1-2**）的结构[7]，以及 1927 年 Kerschbaum 分别从当归根和黄葵种子中分离得到两种植物麝香黄蜀葵素（十五内酯，**1-3**）和黄葵内酯（Δ^7-十六内酯，**1-4**）[8]。1950 年 Brockman

和 Henkel 从一种放线菌培养液中分离出第一个大环内酯抗生素，并因其味苦命名为苦霉素（**1-5**）[9,10]，随后又发现了具有抗菌活性的红霉素（红霉素 A，**1-6**）[11,12]，以及广泛存在于植物体内的动植物激素玉米赤霉烯酮（**1-7**）[13]等，从而开启了天然大环化合物研究的新阶段。从结构简单的大环烷到四环并和的大环内酯，发现的天然大环化合物呈现出结构多样性。例如：分离自一种岩高兰的大环烷（**1-8**）[14]；分离自一种链霉菌发酵液的两性霉素 B，其化学结构为超大环多烯，多羟基内酯（**1-9**）[15]；分离自瓢虫蛹分泌物的瓢虫素（epilachnene），化学结构为氮杂大环内酯（**1-10**）[16,17]；分离自一种藻类代谢物，可能具有神经肌肉阻滞活性的含炔键的烯醇醚(**1-11**)[18]；分离自燕麦核腔菌代谢物的雌二醇，一种具有潜在除草活性的大环二内酯（**1-12**）[19]；分离自一种植物种子的 lunarine，具有抑制锥虫胱甘肽还原酶活性，化学结构为氮杂大环内酰胺（**1-13**）[20,21]；以及 spinosyn A（**1-14**），一种四环大环内酯，刺糖多孢菌发酵的次级代谢产物 spinosyns 的主要成分。由(−)-spinosyn A 和(−)-spinosyn D 组成的混合物用作农用杀虫剂，通用名为“多杀菌素”（spinosad）[22,23]。

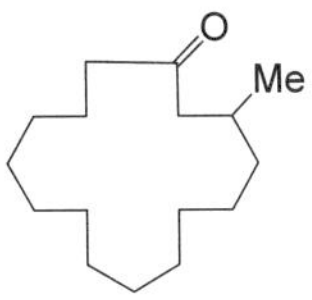

1-1 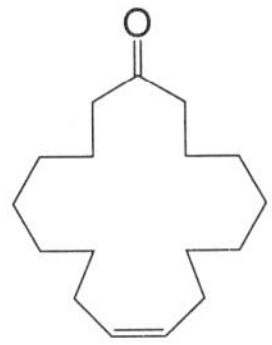 **1-2** 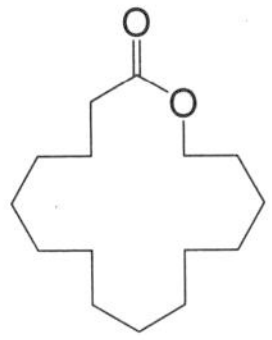 **1-3** 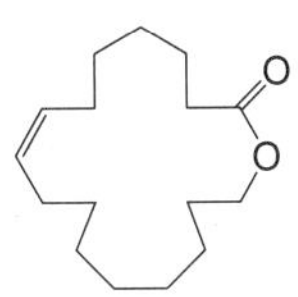 **1-4**

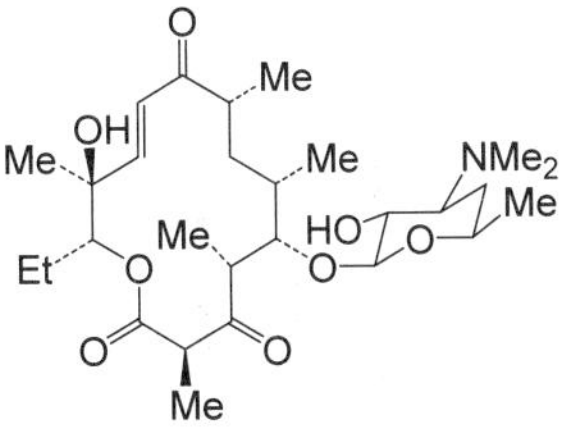

1-5 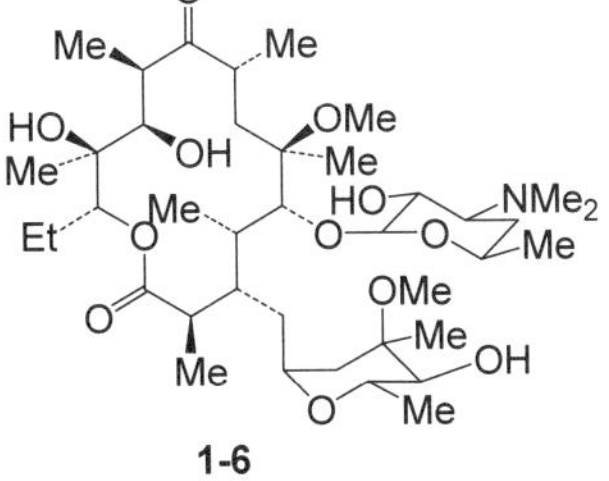 **1-6** 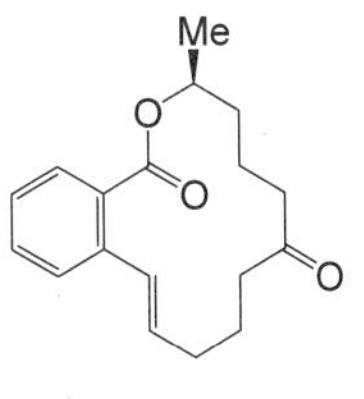 **1-7**

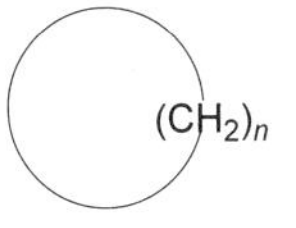

n = 24, 26, 28, 30, 32

1-8 **1-9**

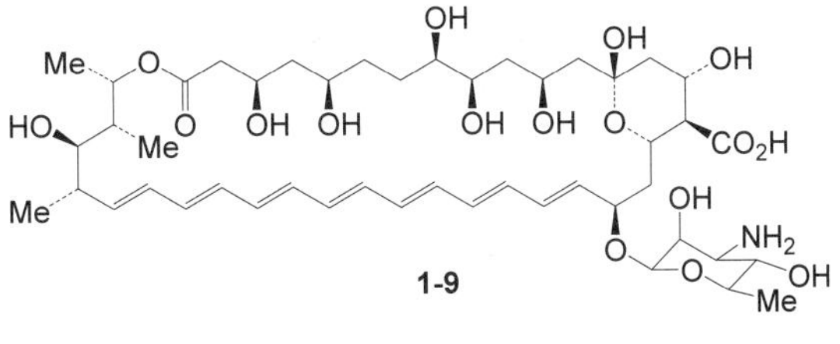

1-10　1-11　1-12

1-13　1-14

天然大环化合物结构的多样性造就了它们生物活性的广泛性，成为医药、农药、香料等创新发明的源泉。其研究范围涉及天然大环化合物的发现及其全合成、半合成、结构改造，人工大环化合物的设计合成与构效关系，大环化合物合成方法学以及相应的立体化学，并成为有机化学领域的研究热点之一。图 1-2 显示的是 1929 年以来，美国《化学文摘》（CA）收录的大环内酯文章数，由此对大环化合物的发展趋势可以窥见一斑。百年以来，以 5 年为一个计量单位，大环内酯的研究论文数从最初的十余篇到 20 世纪中期的百余篇，增长缓慢。但是，从 20 世纪末开始，增长迅速，目前已接近万篇，显示出强劲的发展势头。

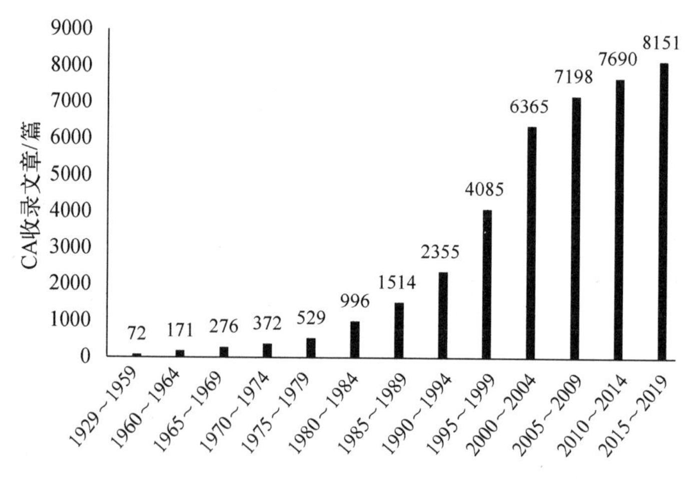

图 1-2　历年 CA 收录的大环内酯文章数（以 macrolides 和 macrocyclic lactones 为关键词搜索）

立体化学是有机化学的重要组成部分，对于大环化合物而言也不例外。立体化学研究分子中各原子在三维空间的排列情况，分为两个层面，即构型和构象。

构型表示原子在空间的相对关系，用对映异构和顺反异构来描述。前者，大环化合物与普通化合物无异，后者包含因烯键引起的顺反异构和因取代基在环上环下的分布引起的顺反异构，是大环化合物立体化学研究的重要内容之一。近年来的重要进展之一是发现了取代大环酮的羰基顺反异构。所谓羰基顺反异构是指，以垂直于母环平面的羰基作为参照，取代基可以处于环平面的同侧或异侧，从而形成的顺反异构现象。通过刻意合成成对的单取代环十二酮顺反异构体，并测定它们的理化性质的差异，证实了这种异构现象的存在（参见第 4 章）。这一现象的发现，丰富了大环化合物顺反异构的内容和结构的多样性。羰基顺反异构现象还有进一步研究的必要，如这种异构现象究竟存在于多少元环化合物之内，有多个取代基时，异构体的分离与鉴定，异构体之间的生物活性差异等。

构象表示原子在空间的绝对关系，用构象分析来表述对化合物构象的研究，是大环化合物立体化学研究的重点。

大环化合物的成环原子数较之普通环化合物多，柔韧性增加，能量极小值构象的数目随成环原子数的增加而迅速增加，同时这些能量极小值构象（又称低能构象)通过键的假旋可以相互转换而不能分离。但是，如果低能构象之间的转换能垒足够高，大环分子则仅以少数几个低能构象存在，这取决于构成环的键的性质，以及环上取代基的性质、大小和数量。大环分子低能构象存在的形式决定分子的物理性质、化学活性及生物活性。

大环化合物构象的研究始于 20 世纪 50 年代末，第一个被研究的大环化合物是结构最为简单的环十二烷。在多种研究方法中，曾为其提出了具有 D_4 对称的方形构象，D_{2d} 对称的方形构象，以及来自于金刚石晶格的矩形构象等，最终确定环十二烷的最优构象是具有 D_4 对称的方形构象。环十二烷构象的研究成为大环化合物构象研究的良好开端（参见第 2 章）。

在大环化合物构象研究的历史中，还有一个重要化合物需要提及，那就是1,2,5,6,9,10-三苯并-1,5,9-环十二三烯。这一化合物于 1945 年被合成，合成者并为其提出了四种可能的分子结构(实为 4 种构象)，但未引起重视。直到 20 世纪 60 年代，该化合物的构象被再次研究，到 20 世纪 90 年代，确定了它在低温溶液中及固体状态下取 C_2 对称的螺旋式构象，高温溶液中取 D_3 对称的桨式构象（参见第 3 章）。该化合物由于结构简单，对称性好，至今仍被用作验证化学计算方法的模型分子[24]。

迄今，对大环烷构象的了解已基本形成体系，但是，对其他类型大环化合物构象的了解则还有不足，存在继续研究的必要和空间。

通过构象分析，在合成路线的设计中，对构象进行控制，以指导所需化学键和构型的形成称为构象设计。这一方法对于天然大环化合物的全合成具有重要意义，曾用于维生素 B_{12} 和红霉内酯的全合成，并取得成功，从而获得广泛认可，在后来的复杂天然大环化合物的全合成中也发挥了关键作用[25]（构象设计应用于 spinosyn A 的全合成参见第 6 章）。构象设计的方法还将在今后的复杂大环化合物的全合成中继续发挥重要作用。

构象分析也是探讨大环化合物反应机制的重要方法之一。例如，用“外围进攻”的概念，或采用角位羰基（或角位亚氨基、角位环外双键等）构象可以很好地解释由环十二酮合成 α-单取代环十二酮的羰基顺反选择性，α-单取代环十二酮与氨衍生物反应的类羰基顺反选择性，α-单取代环十二酮用金属氢化物还原的顺反选择性。许多普通环上发生的反应，移植到大环化合物上后，反应的选择性可能会发生变化，这与大环化合物构象的特殊性相关，因此，从构象分析的角度去研究这些反应的机制是一项持久的工作。

在功能化合物的结构-活性关系研究中，“结构”常常只涉及分子的二维层面，如同系物、同分异构体等，有时也涉及到构型异构体，但是很少涉及构象异构体。最近，利用偕二甲基效应合成具有不同构象的麝香内酯和麝香酮，研究它们的构象-活性关系，成为一个良好的开端，把构效关系研究推进到了更高层面，值得进一步推广。

参考文献

[1] Dietrich B, Viout P, Lehn J M. Macrocyclic Chemistry, VCH, 1993, 5.

[2] Sondheimer F, Amiel Y, Wolovsky R. J Am Chem Soc, 1959, 81: 4600-4606.

[3] Ruzicka L, Stoll M, Huyser H W, Boekenoogen H A. Helv Chim Acta, 1930, 13: 1152-1185.

[4] Ruzicka L, Hurbin M, Furter M. Helv Chim Acta, 1934,17: 78-87.

[5] Ruzicka L, Giacomello G. Helv Chim Acta, 1937,20: 548-562.

[6] Flory P J, Vrij A. J Am Chem Soc, 1963, 85: 3548-3553.

[7] Ruzicka L. Helv Chim Acta, 1926, 9: 715-729.

[8] Kerschbaum M. Ber Dtsch Chem Ges, 1927, 60B: 902-909.

[9] Brockmann H, Henkel W. Wissenschaften, 1950, 37: 138-139.

[10] Brockmann H, Henkel W. Chem Ber, 1951, 84: 284-288.

[11] McGuire J M, Bunch R L, Anderson R C, et al. Antibiot Chemother,1952, 2: 281-283.

[12] Harris D R, McGeachin S G, Mills H H. Tetrahedron Lett, 1965: 679-685.

[13] Urry W H, Wehrmeister H L, Hodge E B, et al. Tetrahedron Lett, 1966, 27: 3109-3114.

[14] Red'kina N N, Bryanskii O V，Krasnov E A，et al. Khimiyn Prirodnykh Soedinenii，1989，5：719-720.

[15] Lemke A, Kiderlen A F, Kayser O. Appl Microbiol Biotechnol, 2005, 68: 151-162.
[16] 董燕红，王道全，陈馥衡. 农药学学报，2003, 5: 13-21.
[17] Ahula B A, Kevin D M, Crtis L B, et al. Proc Natl Acad Sci, 1993，90：5204-5208.
[18] Azlauskas R, Murphy P T, Wells R J, et al. Aust J Chem, 1982, 35: 113-120.
[19] Kastanias M A, Chrysayi-Tokousbalides M. Pest Manag Sci, 2000, 56: 227-232.
[20] Jeffreys J A D. J. Chem. Soc. (B), 1970: 826-829.
[21] Hamilton C J, Saravanamuthu A, Poupat C, et al. Bioorg Med Chem, 2005, 14: 2266-2278.
[22] Sparks T C, Thompson G D, Kirst H A, et al. J Ecnomic Entomology, 1998, 91: 1277-1283.
[23] 向双云，周珍辉，马建民，等. 现代生物医学进展. 2008, 8: 1750-1752.
[24] Alkorta I, Elguero J. Tetrahedron Lett, 2016, 57: 1838-1842.
[25] Chen R, Shen Y, Yang S, et al. Angew Chem Int Ed, 2020, 59: 14198-14210.

第 2 章 大环烷的立体化学

大环烷是大环化合物系列中结构最简单的一类化合物，其立体化学相对简单，如果环上没有两个或两个以上的取代基，则只有构象问题[1-4]。因此，本章重点是讨论它们的构象，必要时也讨论它们的顺反异构，但是，它们的对映异构与普通化合物无异，因此不予讨论。

2.1 环十二烷的立体化学

2.1.1 环十二烷的优势构象[5-8]

本节讨论环十二烷的构象，在此基础上，再讨论环十二烷的结构式。环十二烷在室温时以晶体形式存在，这就为其单晶 X 射线分析提供了方便。根据环十二烷晶体结构绘制的构象投影式（**2-1**）显示，其分子由四个共平面且呈锯齿状的四碳原子链，两两共用一个碳原子构成，共用碳原子构成的 C—C 键的局部构象为邻位交叉。观察可以发现该构象式有两种碳，即四个角碳(两条锯齿状碳链共用的碳原子）和八个边碳；有三种氢，即角氢八个，环上和环下各四个；边外向氢（指向环外）和边内向氢（指向环内)也是各八个，同样环上和环下各有四个。两组内向氢各自形成一个四边形，其中，1,4-H,H 的距离在 0.210～0.225 nm 之间，因此存在跨环张力（氢的范德华半径为 0.12 nm）。C—C 键的键长为 0.151～0.156 nm，基本在正常范围内，$C_{角}—C_{边}—C_{边}$键角为 109°～110°，也在正常范围内，而 $C_{边}—C_{角}—C_{边}$键角为 116°～117°，较正常的 109.5°有较大的扩展；$C_{角}—C_{边}—C_{边}—C_{角}$二面角为 155°～163°，小于标准对位交叉二面角的 180°，存在较大幅度的向外扩展，而 $C_{边}—C_{角}—C_{边}—C_{边}$二面角为 67°～70°，与标准邻位交叉二面角的 60°相比，也有较大的扩展。因此，环十二烷分子的构象可以形象地描述为一个正方形的四个边被某种力量向外拉扯后形成的模样，但是总体形象仍然是一个方形，所以，固态时的环十二烷构象被称为 D_4 对称的方形构象，也是环十二烷的优势构象。该构象可以说是三种张力，即跨环张力（环上、环下各四个内向氢的跨环相互作用）、扭转张力（C—C—C—C 二面角的收缩和扩展）以及角张力（$C_{边}$—$C_{角}$—$C_{边}$键角的扩展）相互协调的结果。

2-1

讨论环十二烷的优势构象时需要提到金刚石的晶格结构，这是一个讨论环状化合物构象绕不开的话题[2,3,9]。金刚石是碳的同素异形体，由 sp^3 杂化的碳原子构成。在金刚石的晶格中，每个碳原子键合着四个相同的基团，即其他四个碳原子，所有的键角都是理想的四面体角，键长都是 0.154 nm，二面角都是 60°（邻位交叉）或 180°（对位交叉），因而人们曾认为，任何偶数碳环状化合物采用金刚石晶格构象都将是无张力构象。例如六元环的椅式构象，然而，对于环十二烷来说，情况却并非如此。观察金刚石晶格模型，可以发现四个金刚石晶格结构可用来描述环十二烷的构象，如图 2-1 所示(其中细实线为金刚石晶格，粗实线为环十二烷可能的构象)。但是，四种可能的构象中，都有很强的氢-氢跨环相互作用，即多个氢竞争金刚石晶格中的一个位点（图中黑点所示），构象 **2-2** 有两对氢-氢相互作用，构象 **2-3** 有三对氢-氢相互作用，构象 **2-4** 和 **2-5** 各有一组严重的三氢相互作用，因此，它们都不可能是环十二烷的优势构象。但是，构象 **2-3** 所示的构象（**2-6** 为其投影式）在某些特殊情况下可以作为十二元环的优势构象存在，并称之为[2424]构象。

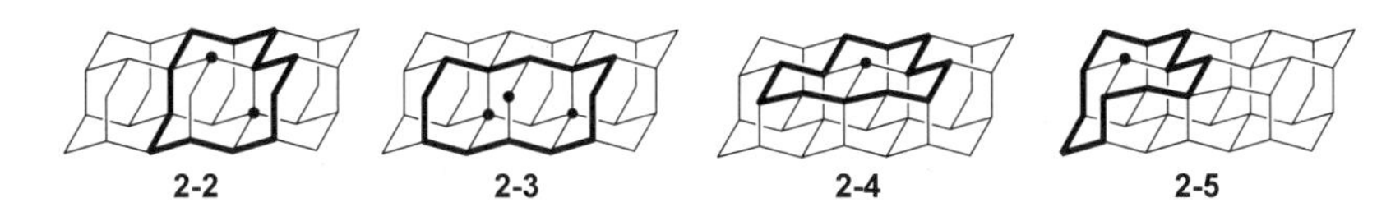

图 2-1　环十二烷的金刚石晶格构象

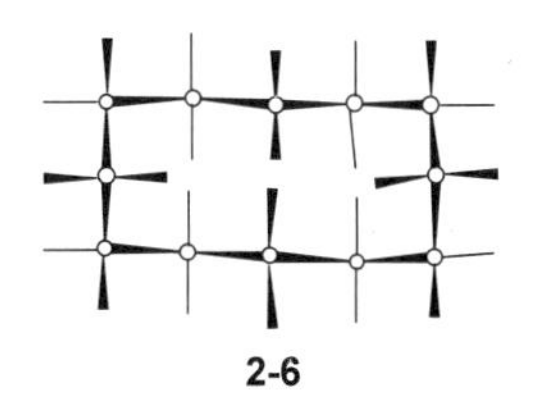

环十二烷的 D_4 对称方形构象通过 NMR 谱进行了验证[10]。在氘代氯仿中，环十二烷的 ^{13}C NMR 谱和 ^{1}H NMR 谱均为单峰，化学位移分别为 δ 24.00 和 δ 1.36。然而低温时情况却发生了变化。在−131℃时，^{13}C NMR 谱的共振吸收峰显示为两个单峰，强度比为 1∶2，在−162℃时，^{1}H NMR 谱显示为三组峰。如前所述，环十二烷的 D_4 对称方形构象有两种碳，即四个角碳(两条锯齿状碳链共用的碳原子）和八个边碳，比例为 1∶2；有三种氢，即角氢（即角碳上的氢，环上和环下两个氢磁等价）、边外向氢（指向环外）和边内向氢（指向环内）。因此，环十二烷的 ^{1}H NMR 谱和 ^{13}C NMR 谱均与其 D_4 对称的方形构象吻合。为什么环十二烷的 ^{1}H NMR 谱和 ^{13}C NMR 谱在常温和一定的低温下会有这种差别？答案是，常温溶液中由于键的假旋，角碳和边碳之间，角氢和边氢之间，即式 **2-7** 和式 **2-8** 在快速的转换之中而不可分辨（图 2-2），而在适当的低温下，这种假旋可以被冻结。

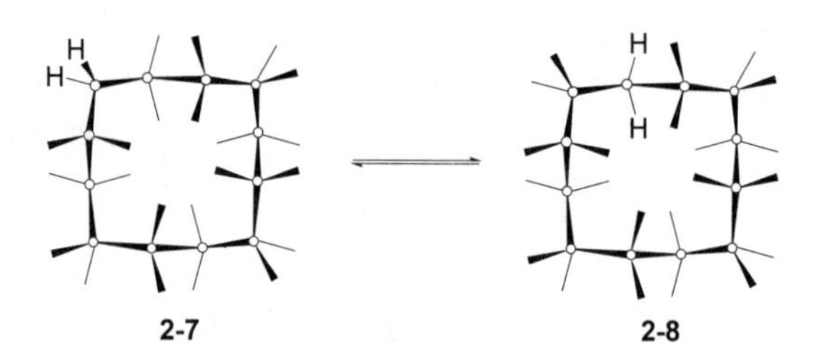

图 2-2　环十二烷角氢和边氢的相互转换

但是，由于复杂的偶合关系，共振吸收峰的归属存在困难。这一问题通过合成两个环十二烷的氘代衍生物，即环十二烷-D_{20}-1,1,3,3-H_4（**2-9**）和环十二烷-D_{18}-反-1,2-反-5,6-反-9,10-H_6（**2-10**）而得到解决[11]。

2-9　　**2-10**

若环十二烷的优势构象的确为 D_4 对称的方形构象，则前者的两个 CH_2 被一个 CD_2 分隔后，其中一个 CH_2 占据边位，另一个 CH_2 就必然占据角位（**2-9**）。而后者的三组 CHDCHD 单元被三组 CD_2CD_2 单元均匀分隔，结果必然是一组 CHDCHD 占据边/边位，另两组 CHDCHD 必然占据边/角位（**2-10**），不存在别的可能性。通过这两个氘代衍生物的辅助，解析了低温环十二烷的氢谱、边外向氢、角氢和边内向氢的化学位移分别是 δ1.18、δ1.28 和 δ1.39。采用魔角旋转核磁共振技术[12]测定的环十二烷在固态时的碳谱，与溶液状态下的结果对比如下：固态时−123℃下，角碳和边碳的化学位移分别是 δ26.82 和 δ22.13；溶液（氘代丙烷）中，−118℃下，相应的数据为 δ28.73 和 δ24.40。即固态和溶液中化学位移有一定差距，但是，角碳与边碳的化学位移差基本一致。

2.1.2　环十二烷的结构式

目前在各种文献中，广泛采用下述两种结构式来表示环十二烷的结构，**2-11** 可称为三角式，**2-12** 可称为十字式，而且，前者的使用率高于后者。

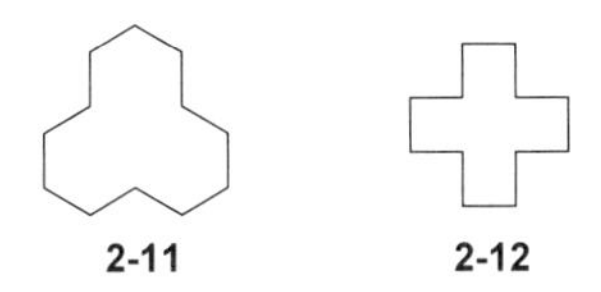

观察这两个结构式可以发现，三角式可以看成是由三条共平面的锯齿状碳链构成，如果将这三条共平面的锯齿状碳链简化为三条直线，则得一个三角形（**2-13** 中虚线）。而十字式由四条共平面的锯齿状碳链构成，如果将这四条共平面的锯齿状碳链简化为四条直线，则得一个方形（**2-14** 中虚线）。显然，十字式准确地反映了环十二烷的优势构象是具有 D_4 对称的方形构象的事实，是环十二烷通常应该采用的结构式，三角式应该慎用。

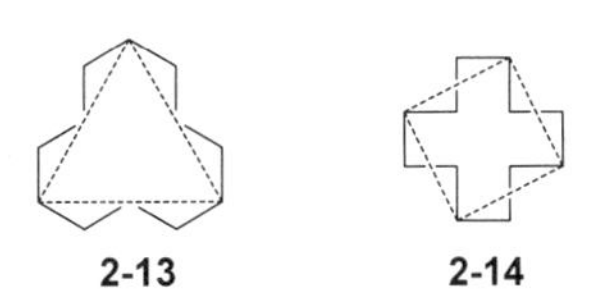

图 2-3 是环十二烷构象透视式的两种书写方式（**2-15** 和 **2-16**），它们准确地反映了环十二烷的优势构象，即 D_4 对称的[3333]构象，同时又可以相互转换。

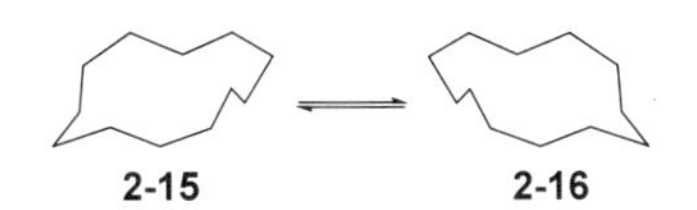

图 2-3　环十二烷的构象透视式

2.1.3　环十二烷构象的命名

如前所述，大环化合物是由角和边构成的多边形。由共平面的碳原子构成的碳链称为“边”，两个边共用的碳原子称为“角”，确切地说，两个相邻的邻位交叉键构成“角”。按照 Dale 命名法[4]以阿拉伯数字表示边所含的键的个数，并按键数的多少，从小到大依次写入方括号中。其结果是方括号中阿拉伯数字的个数等于边数，数字总和等于环碳原子数。于是，三角形构象阿拉伯数字总数为三，四边形构象阿拉伯数字总数为四，五边形构象阿拉伯数字总数为五，等等。按此规则，环十二烷 D_4 对称方形构象的命名为[3333]，金刚石晶格构象 **2-6** 的命名为[2424]。但是，随着环的增大，构象复杂程度增加，Dale 命名法则不能给予很好的描述。在 Dale 命名法基础上提出的 Goto 命名法考虑了碳链的二面角类型，对大环构象的描述要准确得多，在后面的章节中将做适当介绍[13]。环十二烷的其他构象及其他大环构象的命名亦将在相应的章节中介绍。

2.1.4 环十二烷的其他优势构象及其相互转换

在一定温度条件时，环十二烷中的角位 CH_2 和边位 CH_2 在快速地相互转换，但是，它们是如何转换的，中间经历了多少其他极限构象，即包括多少能量极小值构象和能量极大值构象，这是研究环十二烷的构象需要进一步解决的问题。人们现已通过各种计算化学方法，发现能量极小值构象和能量极大值构象均达到百位数[4,11,14-20]。但是，重要的仅有下述几个，即次优构象两个，[2334]构象（**2-17**）和[2343]构象（**2-18**），能量分别比[3333]构象高 6.7 kJ/mol 和 12.1 kJ/mol；能量极大值构象（过渡态）两个，[12333]构象（**2-19**）和[13233]构象（**2-20**），其能量均比[3333]构象高 33.1 kJ/mol。

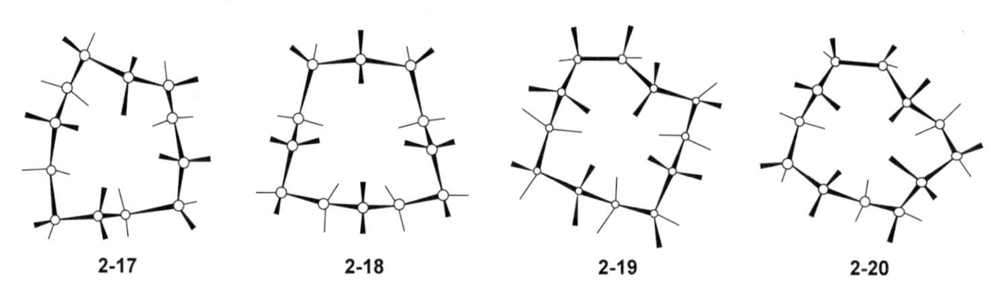

环十二烷构象间的转换路径如图 2-4 所示，即最优构象[3333]和次优构象[2334]的相互转换需要经过[12333]过渡态，而[2334]和另一次优构象[2343]的相互转换需要经过[13233]过渡态，最后再次经过[2334]构象转换为[3333]构象。此时，原[3333]构象中的四个角位 CH_2 转换为边位 CH_2（接下来叙述其他环烷烃构象的转换时，均指如此两个优势构象的相互转换）。

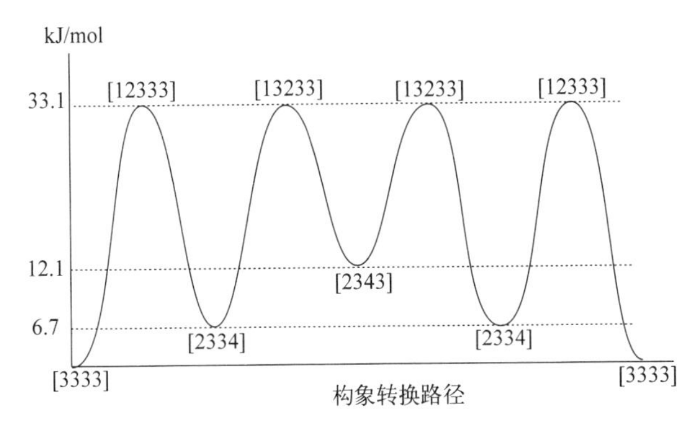

图 2-4　环十二烷构象间的相互转换

2.1.5　取代环十二烷的立体化学

本节重点讨论取代环十二烷的构象，探讨母体环十二烷的优势构象是否仍然是[3333]，取代基的位置（角或边）和取向（外向或内向）以及相互关系。

2.1.5.1　单取代环十二烷的构象

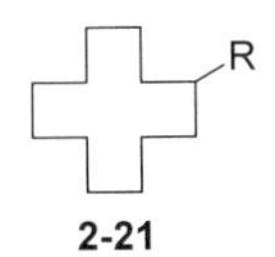

单取代环十二烷（**2-21**）的低温(−105℃)^{13}C NMR 谱[21]研究结果表明，溶液中单取代环十二烷采取两种构象，它们的母环均为[3333]构象，取代基或处于角碳位（**2-22**），或取边外向位（**2-23**），其构象分别称为角-R-[3333]构象和边外向-R-[3333]构象。但是，在常温时，单取代环十二烷母环的十二个碳在 ^{13}C 核磁共振谱中仅有七条谱线，显示出对称性。这是因为在溶液中，角碳与边碳在迅速地转换之中，取代基处于角碳的两个构象对映体（**2-22** 和 **2-25**）及取代基处于边碳的两个构象对映体（**2-23** 和 **2-24**）彼此处于动力学平衡之中而在宏观上显示出 C_s 对称性，如图 2-5 所示。

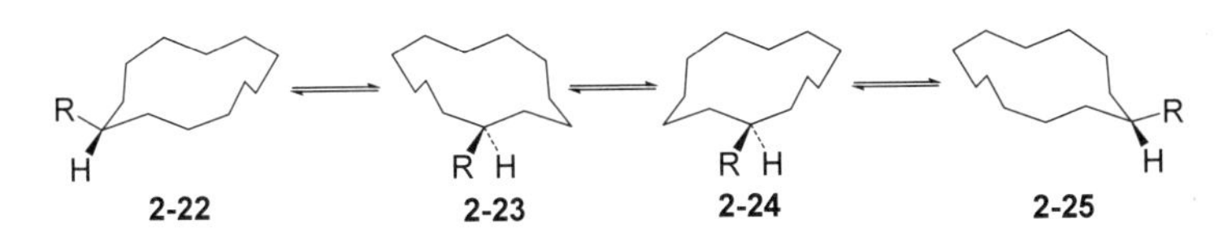

图 2-5　单取代环十二烷构象的转换

显然，当取代基处于边外向位（构象 **2-23** 和 **2-24**）时，由于取代基对同碳氢的“排挤”，1,4-H，H 的跨环张力增加，而取代基处于角位时（构象 **2-22** 和 **2-25**)则无此情况。因此角位-R-[3333]应是最优构象，边外-R-[3333]应是次优构象。但是，取代基取边外向位也可以是最优构象。例如，单晶 X 射线分析和计算化学研究表明，*N*,*N*′-双环十二烷基-1,2,4,5-苯四甲酰二亚胺中的环十二烷基仍取[3333]构象，当把环十二烷看作母体时，苯二甲酰基均处于边外向位[22]，见构象投影式 **2-26** 和构象透视式 **2-27**。

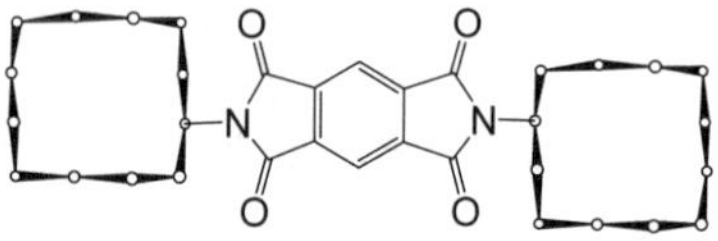

2-26

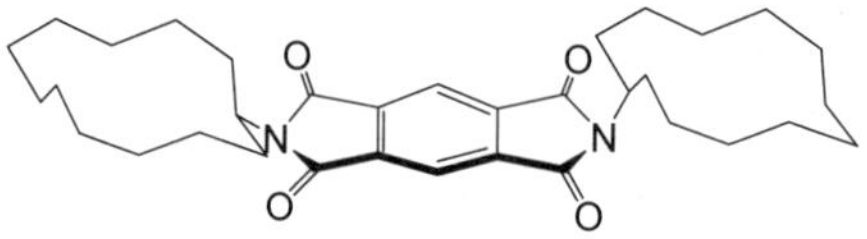

2-27

2.1.5.2 1,1-二取代环十二烷的构象

1,1-二取代环十二烷最简单的例子是 1,1-二氟环十二烷（**2-28**）。X 射线分析证明该化合物母环为[3333]构象，两个氟原子位于角碳位（**2-29**）[23]。

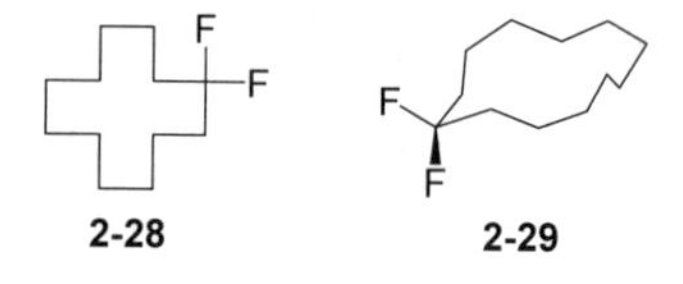

2-28 **2-29**

对该化合物的化学计算研究表明，两个氟原子处于角碳位（**2-29**）的能量比处于边碳位时低 12.0 kJ/mol。构象分析可以发现，若两个氟原子处于边碳位则势必有一个氟原子取边内向位，从而极大地增加了整个分子的跨环张力。因此，两个氟原子处于角碳位的构象是该分子的优势构象。

1,1′-二羟基-1,1′-联环十二烷（**2-30**）[24]是一类 1,1-二取代环十二烷的特殊例子。单晶 X 射线分析表明，分子中两个十二元环母体互为取代基，均处于对方的角碳位。两个羟基也各处于角碳位，互为反式。虽然取代基体积很大，但十二元环仍取[3333]构象（**2-31**）。

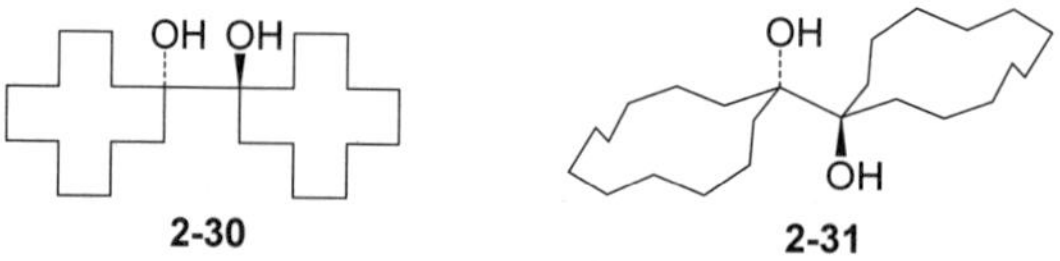

2-30 **2-31**

由此可断定，1,1-二取代环十二烷的优势构象是角，角-二取代-[3333]构象。

2.1.5.3　1,2-二取代环十二烷的顺反异构及构象

作为环状化合物，1,2-二取代环十二烷必然存在顺反异构现象。由于大环化合物上的取代基可以通过假旋在环平面上下转换，使得区分顺反异构体的问题趋于复杂。下面首先通过构象分析来了解两个取代基相同时，1,2-二取代环十二烷可能存在的状况。研究已充分表明，取代环十二烷的母环在一般情况下其优势构象仍为 D_4 对称的[3333]构象，而两个取代基在环上的位置则可有角/边位和边/边位两种，于是，就有四种可能的构象，并附局部 Newman 式以便更清楚地看到两个取代基之间的关系（未考虑其对映异构体）（图 2-6）。

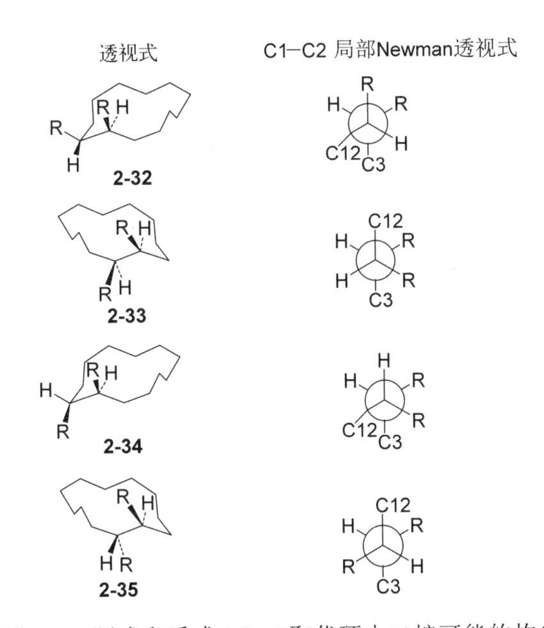

图 2-6　顺式和反式 1,2-二取代环十二烷可能的构象

它们的命名分别为：1-角顺-R-2-边外-R-[3333]（**2-32**）、1-边外-R-2-边外-R-[3333]（**2-33**）、1-角反-R-2-边外-R-[3333]（**2-34**）、1-边内-R-2-边外-R-[3333]（**2-35**）。理论上构象 **2-32** 和构象 **2-33** 之间，构象 **2-34** 和构象 **2-35** 之间可以相互转换，它们分别属于同一个构型异构体（顺式或反式异构体）。那么这两组构象如何与顺式或反式异构体关联起来呢？这里将通过分析其 ^{1}H NMR 谱的特征来回答这一问题。

从图 2-6 中它们的 C1—C2 局部 Newman 透视式可见，构象式 **2-32** 中 H—C1—C2—H 的二面角为 180°，构象 **2-33** 中该二面角为 60°。根据 Karplus 方程，

其 H,H-偶合常数分别约为 12 Hz 和 2 Hz，由于它们在溶液中处于动力学平衡之中，若设它们存在的概率相当，则宏观表现出来的偶合常数应约为 7 Hz。图中构象 **2-34** 该二面角约为 60°，构象 **2-35** 由于其中一个取代基处于边内向位，存在极大的跨环张力，属于禁阻构象，可以仅考虑构象 **2-34** 的存在。因而宏观表现出来的偶合常数就是构象 **2-34** 显示的偶合常数，即大约 2 Hz。在上述分析的基础上，这里对相关例子进行讨论。

实例一 利用两种不同构型的 3-溴-1,2-环氧环十二烷可以分别合成顺式（**2-36**）和反式（**2-37**)2-溴环十二醇以及相应的乙酸酯[25]。

R Br R Br

2-36 **2-37**

R = OH, OCOEt

实验测得称为顺-2-溴环十二醇及乙酸酯的分子中 H—C1—C2—H 上的氢-氢偶合常数 J = 2.0 Hz 和 1.6 Hz，称为反-2-溴环十二醇及乙酸酯的相应偶合常数 J = 7.0 Hz 和 7.3 Hz。对照图 2-6 可以发现，顺式异构体与构象 **2-34** 相吻合，两个取代基的确处于角/边位，但却分别处于环近似平面的上下方。而反式异构体则对应的是构象 **2-32** 和构象 **2-33**，两个取代基或在角/边位，或在边/边位，并且既可处于环近似平面的两侧，也可处于同侧。

实例二 以 α-单取代环十二酮为原料通过硼氢化钠还原得到一系列 2-取代环十二醇（**2-38**），并确定为顺式[26]。表 2-1 列出了这些化合物 H—C1—C2—H 的 H,H-偶合常数。

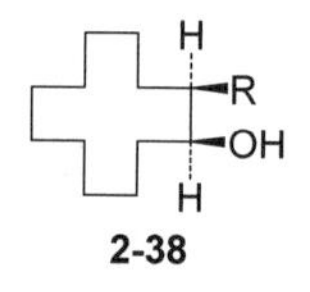

2-38

表 2-1 顺-2-取代环十二醇的 H—C1—C2—H 的 H,H-偶合常数（J）

R	J/Hz
Br	11.3
NO_2	10.3
CO_2Et	10.3
SO_3H	9.2
SMe	8.4

其中，2-溴代环十二醇的晶体结构（图 2-7）显示，化合物的母体十二元环采取 D_4 对称的[3333]构象，溴原子处于角碳位，—OH 处于边外向位，溴原子

与羟基处于环平面同侧，应为顺式异构体。在溶液中，2-溴-环十二醇的 H—C1—C2—H 的 H,H-偶合常数 J 为 11.3 Hz，该化合物对应的是图 2-6 中的构象 **2-32**，与晶体结构一致。其他三个化合物相应的偶合常数也均超过 7 Hz，说明除采取构象 **2-32** 之外，还存在一定比例的构象 **2-33**，因此，可以得出以下几条结论：

① 顺式-1,2-二取代环十二烷的最优构象是 1-角顺-R-2-边外-R-[3333]（构象 **2-32**），其中，处于角位的 R 基团应是较大基团。

② 1-边外-R-2-边外-R-[3333]（构象 **2-33**）是顺式-1,2-二取代环十二烷的次优构象。

③ 在溶液中构象 **2-32** 和构象 **2-33** 处于动力学平衡之中。

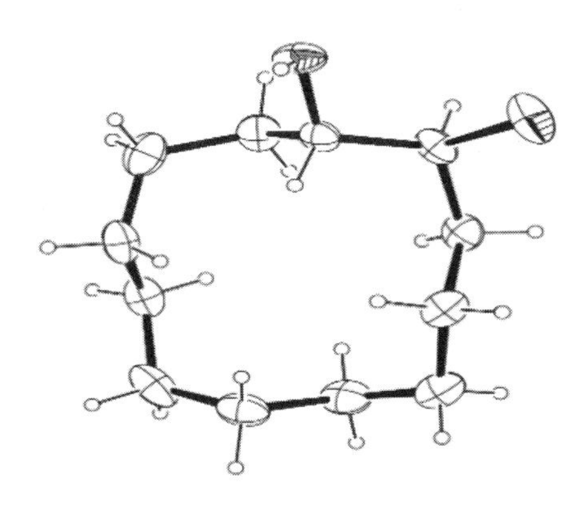

图 2-7　顺-2-溴环十二醇的晶体结构

实例三　由 $NaBH_4$ 还原单取代环十二酮获得了顺式-2-苯基环十二醇（**2-39**），采用 Mitsunobu 反应由该化合物合成了反式 2-苯基环十二醇（**2-40**）[27]。

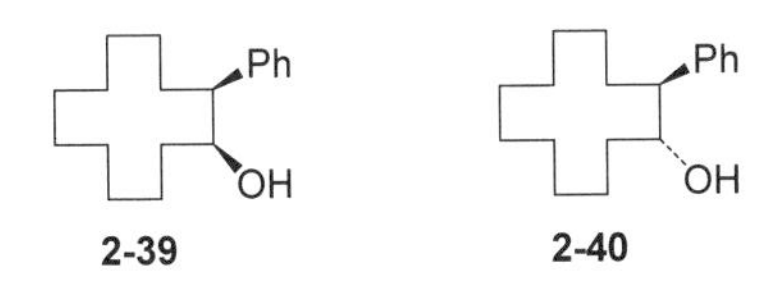

晶体结构显示，无论是顺式异构体还是反式异构体，母环均取 D_4 对称的[3333]构象，两取代基均处于边/角位。所不同的是在顺式异构体中苯基处于边外向位，羟基处于角位，两取代基处于环平面同侧，如同构象式 **2-32**。而在反式异构体中，苯基处于角位，羟基处于边外向位，两取代基分处环平面两侧，如同构象式 **2-34**。由于未能在核磁共振氢谱中得到 H—C1—C2—H 的偶合常数，所以不能做进一步的分析。但以同样方式得到的反-2-甲硫基环十二醇，其 H—C1—C2—H 偶合常数 $J = 2.1$ Hz，恰好对实例三的研究进行了补充。结果说明，

就晶体结构而言，实例二和实例三对 1,2-二取代环十二烷顺反构型的分析更符合实际。但是，对图 2-6 的分析和核磁共振氢谱提供的数据表明，在溶液中，顺式异构体既可取构象 **2-32**（角/边取代），也可取构象 **2-33**（边/边取代），因此不能简单地说它们的构型就是顺式。然而反式异构体则主要取构象 **2-34**（角/边取代），可以确定它们的构型就是反式。总的来说，简单地用顺反来定义 1,2-二取代环十二烷的两个取代基的关系存在着歧义。

实例四　1,2-二氟环十二烷顺反异构体（**2-41** 和 **2-42**）的构象研究[28]。

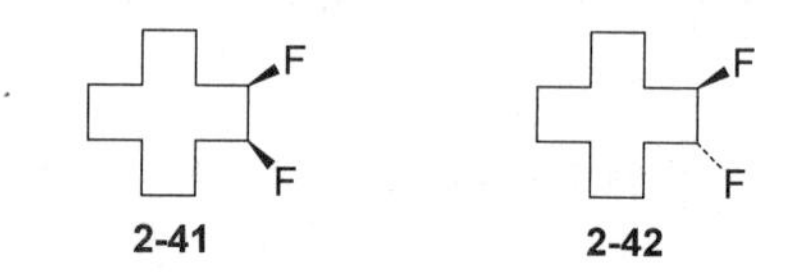

2-41　**2-42**

化合物 **2-41** 的晶体结构显示：

① 构象为 1-角顺-氟-2-边外-氟-[3333]（**2-43**）。

② 母体环十二烷的构象仍是[3333]，但是不是标准的 D_4 对称的[3333]，其中 CH_2—CHF—CHF 键角为 117.0°，大于其他三个角碳的键角。于是，从前面的讨论可知，这一构象在溶液中将会与 1-边外-氟-2-边外-氟-[3333]的构象相互转换（图 2-6），结晶时则以最优构象 1-角顺-氟-2-边外-氟[3333]的形式析出。

2-43

既然化合物 **2-41** 的构象已如上描述，两个氟原子既可在环的同侧，也可在环的两侧，而化合物 **2-42** 的构象只能是 1-角反-氟-2-边外-氟-[3333]，两个氟原子的确在环的两侧，应为反式异构体。于是，采用顺-和反-来命名 1,2-二取代环十二烷的顺反异构体存在歧义，而选择苏式和赤式的概念来描述这两个构型异构体则更为明智，即异构体 **2-42** 为赤式-1,2-二氟环十二烷，异构体 **2-41** 为苏式-1,2-二氟环十二烷。

下面通过 1,2-二氟环十二烷的 ^{19}F NMR 谱做进一步的讨论（图 2-8）。

图 2-8 所示的 1,2-二氟环十二烷的 ^{19}F NMR 谱可以通过构象分析来解析（图 2-9）。

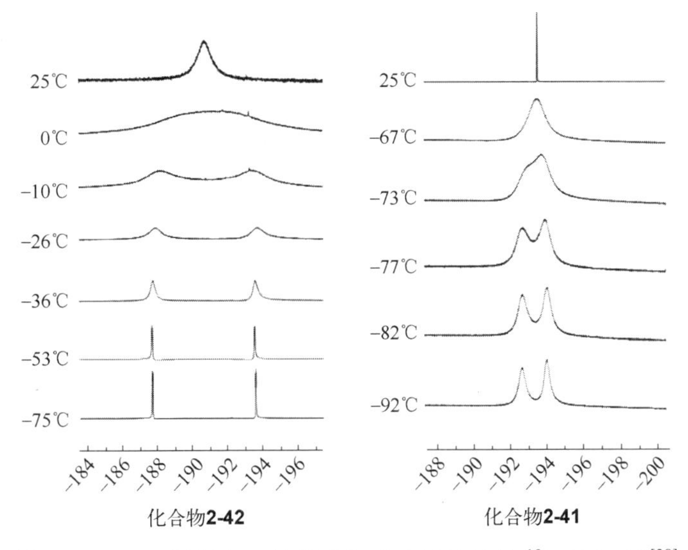

图 2-8 1,2-二氟环十二烷苏式及赤式异构体的 ^{19}F NMR 谱[28]

赤式异构体：

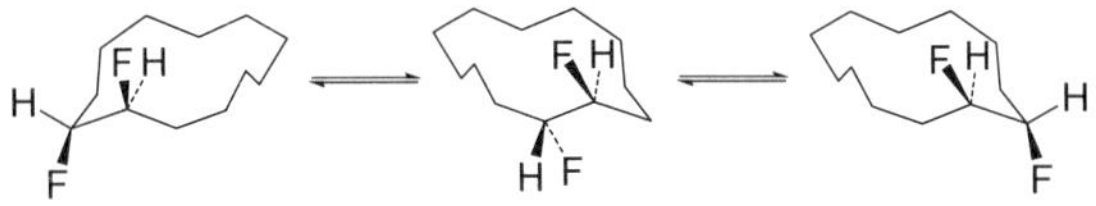

2-44 ⇌ **2-45** ⇌ **2-46**

苏式异构体：

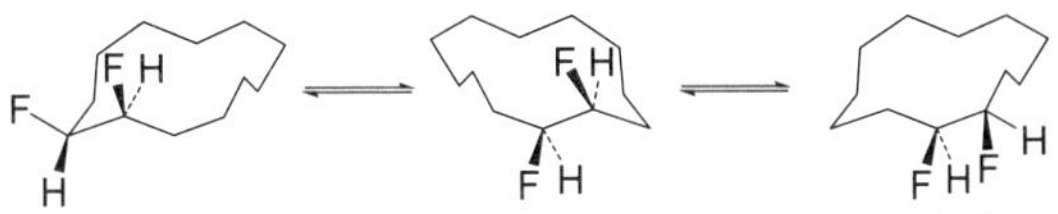

2-47 ⇌ **2-48** ⇌ **2-49**

图 2-9 赤式-及苏式-1,2-二氟环十二烷各自构象的相互转换

赤式-1,2-二氟环十二烷的优势构象为 1-角反-氟-2-边外-氟-[3333]（构象 **2-44**），构象 **2-46** 与构象 **2-44** 完全相同，它们互为镜像体，如果对它们所在的碳原子进行了标注，则可以区分这两个氟原子。它们之间的转换是经过一系列能量极大值构象转换为 1-边内-氟-2-边外-氟-[3333]构象（**2-45**）来完成的。构象 **2-45** 中的一个氟原子由于处于边内向位致使能量很高，在溶液中的比例很低（参考 2.1.5 节）。于是，上述赤式异构体的核磁共振氟谱得到解析：两个 1-角反-氟-2-边外-氟-[3333]构象的转换能垒很高，即使在常温（25℃）下，相互转换也有困难，吸收峰显示为钝峰，即角位氟与边外向氟不能清晰显示出它们各自的吸收峰。也正因为如此，在较低温度（−10℃）下，即能显示出角位氟与

边外向氟各自的吸收峰，到−75℃时完全显示为两个锐锋，表明分子已被完全冻结为含有两种氟原子的优势构象，即 1-角反-氟-2-边外-氟-[3333]。

苏式异构体的优势构象有 1-角顺-氟-2-边外-氟-[3333]（**2-47** 和 **2-49**）和 1-边外-氟-2-边外-氟-[3333](**2-48**)两种。构象 **2-47** 经过一系列转换成为母环仍为[3333]的构象 **2-48**，然后再经过一系列转换，成为构象 **2-47** 的镜像体构象 **2-49**。但是，若氟原子被标记的话，可以发现，两个氟原子在母环中的位置发生了交换。由于苏式异构体没有像赤式异构体可能出现的禁阻构象，相互转换比较容易，因此，在常温时两个氟原子完全不可分辨，在核磁共振氟谱上表现为一个锐锋，即使温度降低到−92℃，仍然是两个钝峰，也就是说，仍未冻结为单一的优势构象。

因此，对于 1,2-二取代环十二烷的顺反异构体，可以用苏式和赤式来区分和命名，但是，不够直观。也可以约定，苏式异构体为顺式，赤式异构体为反式。

2.1.5.4 多取代环十二烷的构象

在多取代环十二烷中，两个或两个以上同一碳上有两个取代基的环十二烷最具特色。计算化学研究表明[29]，1,1,4,4-四甲基环十二烷和 1,1,7,7-四甲基环十二烷均只有一个优势构象，即母环取[3333]构象，偕二甲基碳均为角碳（**2-50** 和 **2-51**）。母环若采取其他构象，将迫使其中一个偕二甲基碳成为边碳，致使其中一个甲基取边内向位，从而产生严重的跨环张力，分子能量增高。

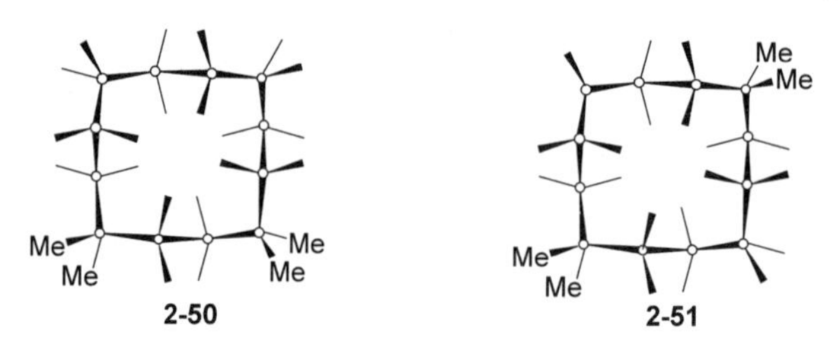

反之，1,1,5,5-四甲基环十二烷和 1,1,6,6-四甲基环十二烷的母环如果采取[3333]构象的话，则其中一个偕二甲基碳将处于边位。如前所述，将有一个甲基取边内向位，产生极大的跨环张力，使分子能量增高。因此，分子母环会取另外两个次优构象，即[2334]构象和[2343]构象。如此，可使两个偕二甲基碳均处于角位，避免了一个甲基取边内向位的情况。在溶液中，1,1,5,5-四甲基环十二烷的两个互为镜像的[2334]构象（**2-52** 和 **2-54**）通过[2343]构象（**2-53**）相互转换，宏观上表现出对称性（图 2-10）。1,1,6,6-四甲基环十二烷的两个互为镜像的[2334]构象（**2-55** 和 **2-58**）通过两个互为镜像的[2343]构象（**2-56** 和 **2-57**）相互转换，宏观上表现出对称性（图 2-11）。

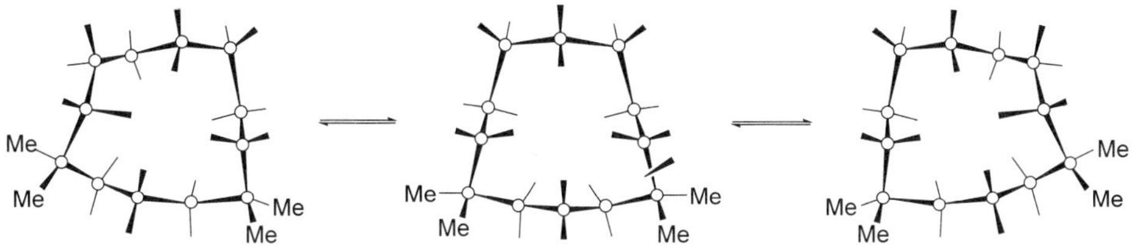

2-52　2-53　2-54

图 2-10　1,1,5,5-四甲基环十二烷的构象及其相互转换

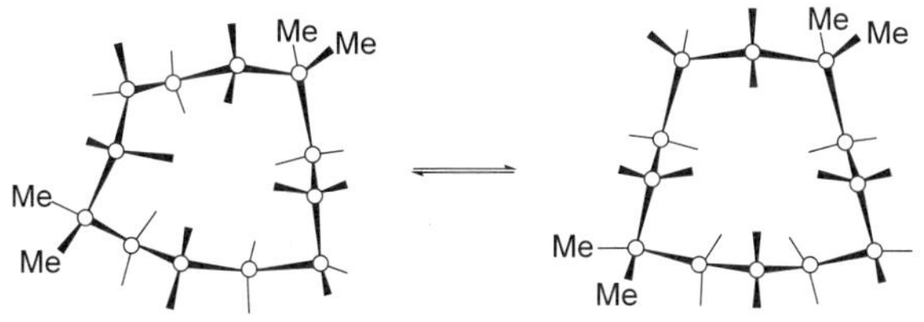

2-55　2-56

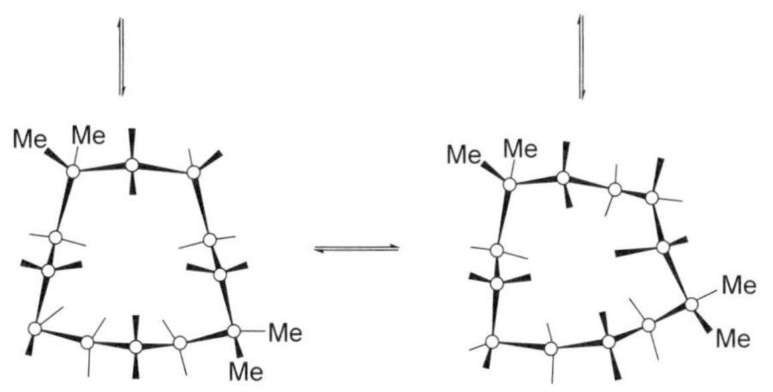

2-57　2-58

图 2-11　1,1,6,6-四甲基环十二烷的构象及其相互转换

几个含 CF_2 环十二烷衍生物的 X 射线分析证实了上述计算结果[23]。1,1,4,4-四氟环十二烷（**2-59**）和 1,1,7,7-四氟环十二烷（**2-60**）的母环仍取[3333]构象，而 CF_2 基团占据角位。分子中，C—CF_2—C 键角在 118°～120°之间，与环十二烷本身相比，该键角有所扩大，但是，1,4-H,H 的距离仍保持在 0.214～0.224nm 范围内，没有增加跨环张力，基本上与环十二烷的构象特征一致。同时，由于 CF_2 基团处于角位，避免了 1,4-F,H 相互作用。1,1,6,6-四氟环十二烷的构象（**2-61**）则发生了显著变化，为了适应 CF_2 占据角位的要求，母环取[2334]构象，虽然其中两对 1,4-H,H（环上环下各一对）的距离达到 0.232 nm，但避免了张力更大的 1,4-F,H 相互作用。

由于氟原子与氢原子的范德华半径相近，分别为 0.135 nm 和 0.120 nm，以 CF_2 替代分子中的 CH_2，使之保持一定的构象，成为研究大环化合物构效关系的重要手段之一。

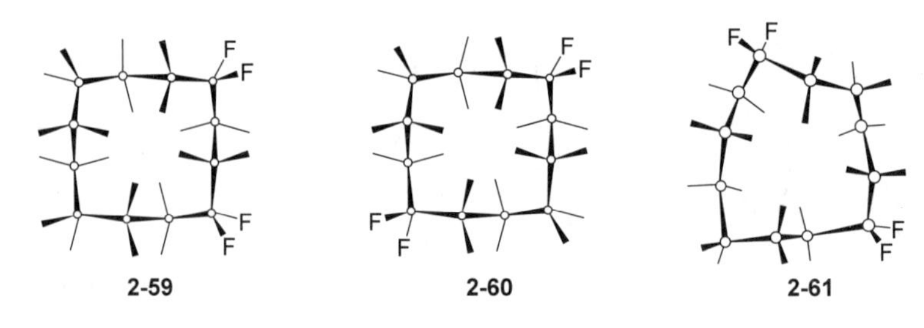

2.1.5.5 含十二碳环的螺环、稠环和桥环化合物的构象

（1）含十二碳环的螺环化合物

实例一。2-(1,11-十一亚甲基)-5-取代亚氨基-Δ^3-1,3,4-噻二唑啉（结构通式见 **2-62**）[30]。

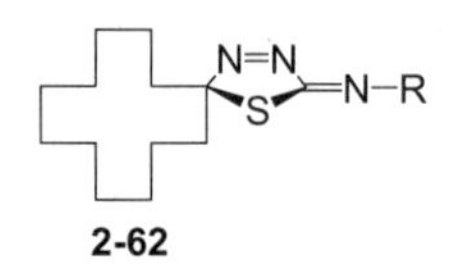

当 **2-62** 分子中的取代基为苄基时的晶体结构显示，十二元环的构象为 D_4 对称的[3333]构象。其中 C—C 键键长及 C—C—C 键角与未取代的环十二烷基本一致，说明噻二唑啉环作为取代基对母环的影响不大。螺原子为母环的一个角碳，噻二唑啉环与十二元环的近似平面基本垂直。该类化合物的 ^{13}C NMR 谱图中，十二元环仅呈现七条谱线，显示出对称性。但是，从构象式看（图 2-12），通过 C1 和 C7 并垂直于十二元环近似平面的平面并不是该环的对称平面。然而，在溶液中，由于角碳和边碳在快速地转换，使得互为对映体的两个构象 **2-63(1)** 和 **2-63(2)**处于动力学平衡之中，致使该类化合物在宏观上显示出 C_s 对称性。但在晶体中只采取一种构象。

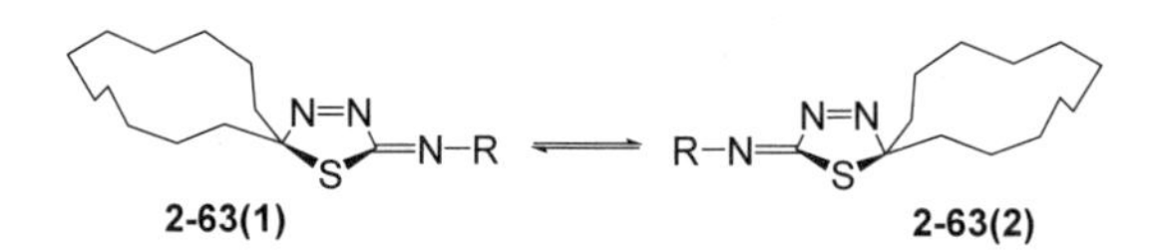

图 2-12　2-(1,11-十一亚甲基)-5-取代亚氨基-Δ^3-1,3,4-噻二唑啉构象的相互转换

实例二。2-(1-取代-1,11-十一亚甲基)-5-取代亚氨基-Δ^3-1,3,4-噻二唑啉（结构通式见 **2-64**）[31]。

N=N　S　N−R　Et　H　Et

2-64　**2-65**

其中，2-(1-乙基-1,11-十一亚甲基)-5-(4-甲基苯基亚氨基)-Δ^3-1,3,4-噻二唑啉的晶体结构显示，分子中十二元环取[3333]构象，乙基处于边外向位，螺原子是十二元环的角碳之一，噻二唑啉环与十二元环的平面相互垂直，噻二唑啉中的硫原子与乙基呈反式构型（**2-65**）。与十二元环上无取代基的螺环衍生物不同的是，在溶液中，它们不显示任何宏观对称性，其核磁共振碳谱中，十二元环有 12 条谱线。

（2）含十二碳环的稠环化合物

实例。1-乙酰基-14-叔丁基二苯基硅基双环[10.3.1]十五烷-(2,4-二硝基苯腙)（**2-66**）[32]。

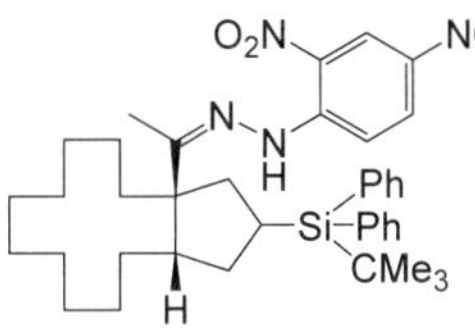

2-66

该化合物的晶体结构显示，分子中十二元环取[3333]构象，三个取代基中，角碳上两个，边外向位一个，其中，角碳上的一个取代基和边外向位取代基是五元环的两个边（**2-67**）。

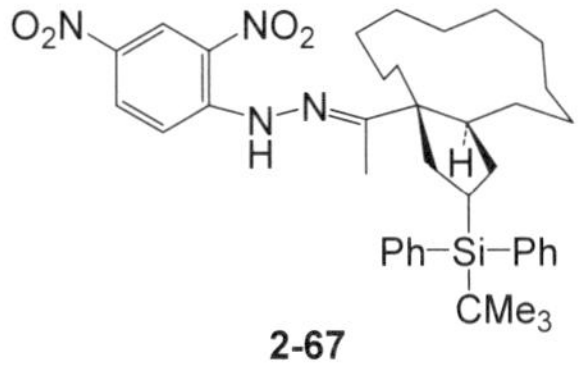

2-67

（3）含十二碳环的桥环化合物

实例。1-羟甲基双环[9.3.1]十五-15-醇（**2-68**）[33]。

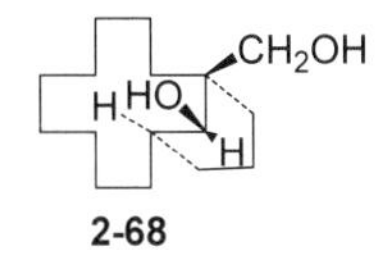

2-68

该化合物的晶体结构显示，分子中十二元环取[3333]构象，其中一个角碳和两个边碳参与了六元环的构成，并取椅式构象，羟甲基位于角碳位是必然的结果，C15 上的羟基在环十二烷中取边内向位，而在环己烷中则为平伏键，该羟基与环十二烷中的 C3 氢和 C9 氢有强烈的 1,4-相互作用，但是，若该羟基在十二元环中取边外向位，在六元环中则为直立键，与环己烷中同面的另两个直立氢有强烈的 1,3-相互作用，因此该分子的构象是各种张力平衡的结果（**2-69**）。

2-69

2.1.6 1,4,7,10-四取代-1,4,7,10-四氮杂环十二烷的构象

本节介绍两个1,4,7,10-四取代-1,4,7,10-四氮杂环十二烷（**2-70**和**2-71**）[34,35]。由于两个化合物4位和10位取代基的不同，致使它们的理化性质和构象都表现出较大的差异。理化性质的差异主要表现在与金属离子生成复合物的能力上。此处重点讨论它们在构象上的差异。

2-70 **2-71**

由于三级胺的C—N—C键角约为108°，与C—C—C键角相似，用氮原子替代碳原子，分子的构象变化不大。因此，可以用分析碳环的方法来分析氮杂大环的构象。上述两个化合物的晶体结构均由单晶X射线分析得到，因此得以了解它们在固态时的构象（图2-13）。

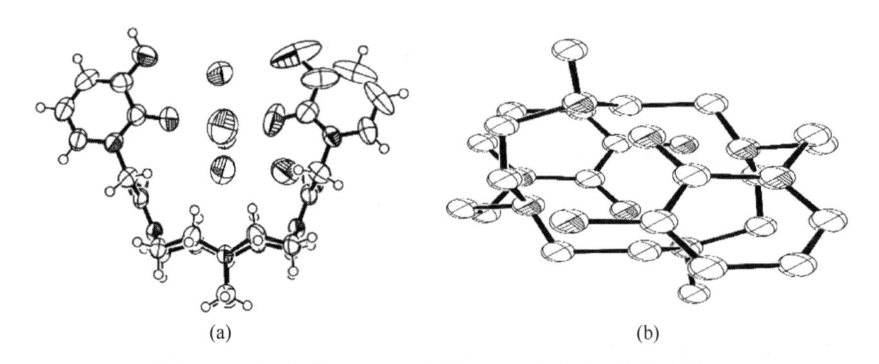

图2-13 化合物**2-70**（a）和**2-71**（b）的晶体结构

化合物**2-70**的晶体结构（与HCl成盐，含八分子H_2O）显示，四个氮原子均在边位，处于角位的均是碳原子，母环的构象为[2424]（投影式**2-72**，透视式**2-73**）。该化合物的母环取[2424]构象与该化合物4,10位上的取代基的结构相关。4,10位的基团与氮原子相连的是羰基，形成酰胺键，该氮原子的三个

N—C 键键角之和约为 360°，说明三个 N—C 键在一个平面内，氮原子的电子构型为 sp^2，与两个角碳原子形成的键角约为 120°，这使两条 C—C—N—C—C 链空间距离扩大，减小了两条链上内向氢的跨环相互作用，因此母环可以取[2424]构象。环构象的具体命名为 2,5,8,11-四氮杂-[2424]（这里需要说明的是，大环构象命名时，编号以角碳作为起点，与化合物的命名有所差异）。

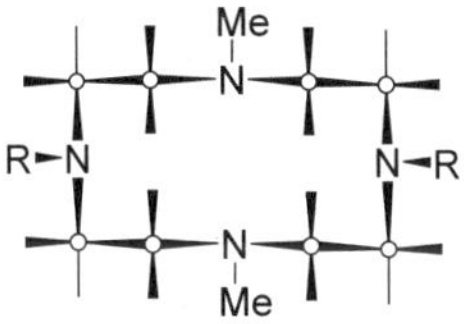

2-72 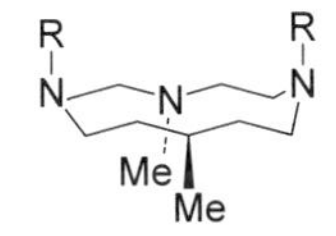　　**2-73**

化合物 **2-71** 是四取代四氮杂环十二烷与高氯酸形成的盐。在它的晶体结构中，两个大的取代基覆盖在母环的上下，遮掩了母环。在去掉所有氢原子和高氯酸阴离子后，晶体结构清晰地显示，四个氮原子均在边位，处于角位的均是碳原子，但是与化合物 **2-70** 不同的是，母环的构象为正方形，即取[3333]构象，不过不是具有 D_4 对称的环十二烷那样的[3333]构象，而是仅具有 C_{2h} 对称的[3333]构象（投影式 **2-74**，透视式 **2-75**）。通过构象分析可以发现，母环若取 D_4 对称的[3333]构象将会有四对 1,4-H,H 相互作用，而取 C_{2h} 对称的[3333]构象，则仅有两对 1,4-H,H 相互作用，减小了跨环张力，降低了分子的能量。分子也不能取化合物 **2-70** 那样的[2424]构象，因为在化合物 **2-71** 中，R 基团与氮原子相连接的是亚甲基，不是羰基，氮原子与两个角碳的键角将在 108°左右，致使两条 C—C—N—C—C 链相互接近，产生严重的跨环张力。因此，母环构象的具体命名为 2,5,8,11-四氮杂-[3333]。

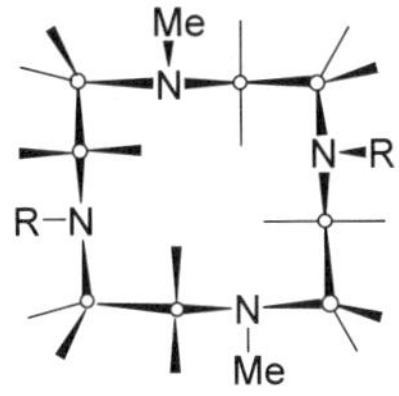

2-74 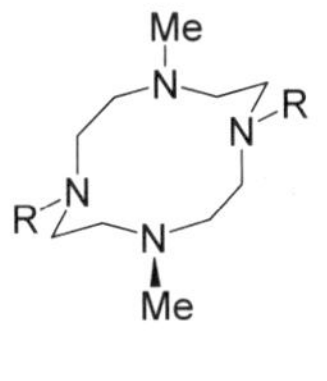　　**2-75**

2.2　环十三烷的构象

环十三烷的结构式（**2-76**）可由环十二烷的十字式衍化而来。

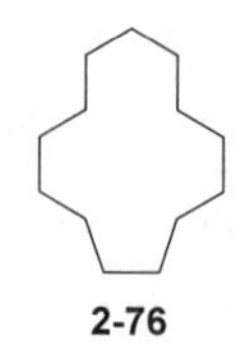

2-76

环十三烷的构象较为复杂，这对于奇数大环而言，是普遍现象。关于它至今仅有少数的理论和实验研究[2,14,36,37]，所以对它的构象了解不多。虽然 NMR 技术是研究分子构象的最好方法之一，但是，低温 NMR 对环十三烷构象的研究却没有得到任何有价值的结果，仅知环十三烷在氘代氯仿中的 ^{1}H NMR 谱和 ^{13}C NMR 谱均为单峰，化学位移分别为 δ 1.35 和 δ 26.19。根据计算化学的研究，环十三烷的低能构象中，两个五边形构象[12433]（**2-77**）和[13333]（**2-78**）以及能量稍高的三角形构象[445]（**2-79**）最为重要。

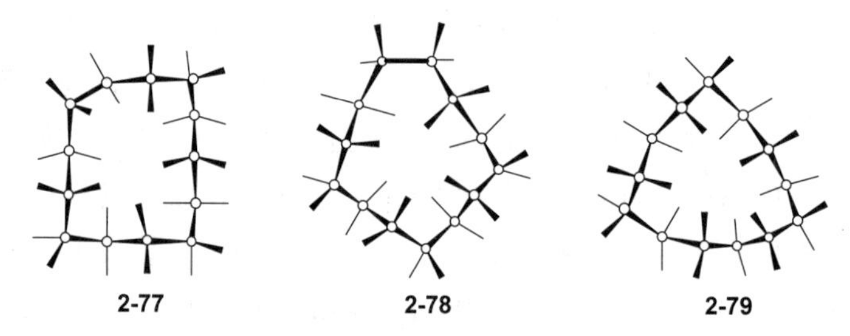

2-77　　2-78　　2-79

一般认为，[12433]是最优构象，但是，也有研究认为[13333]是最优构象，而构象[445]的能量比[12433]构象高 7.1 kJ/mol。

环十三烷的能量极大值构象中，重要的有[1444]（**2-80**）和[1345]（**2-81**），前者的能量比[12433]构象高 30.1 kJ/mol，后者能量比[12433]构象高 38.1 kJ/mol（图 2-13）。

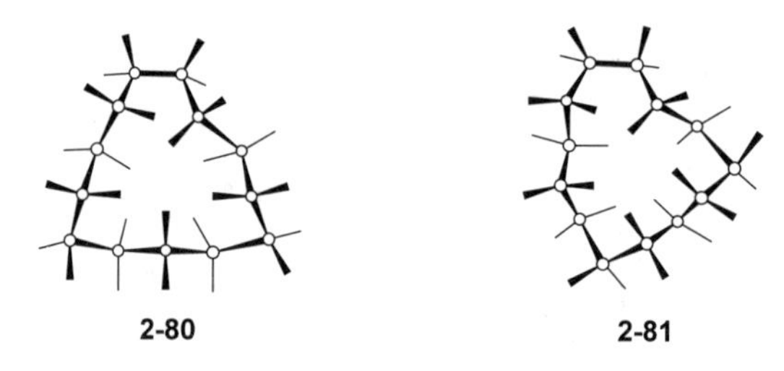

2-80　　2-81

一个包含低能构象[445]及能量极大值构象（过渡态）[1345]和[1444]的[12433]构象转换路径见图 2-14 所示。

虽然环十三烷的构象还缺乏实例，但是由于 C—N—C 键角与 C—C—C 键角相近，讨论一个氮杂环十三烷衍生物（**2-82**）的构象[38]，对了解环十三烷的构象有一定的启发。

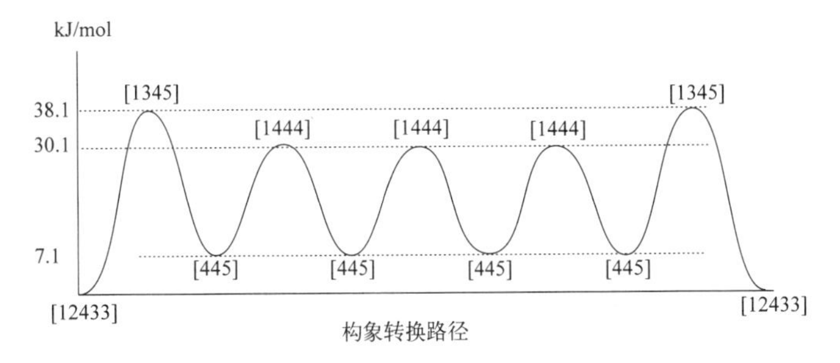

图 2-14　环十三烷构象间的转换

2-82

单晶 X 射线分析获得的结果显示,化合物 **2-82** 的氮杂十三元环既未取五边形构象，也未取三角形构象，而是取了四边形构象，即 1-氮杂-[3334]构象（投影式 **2-83**，透视式 **2-84**，仅显示一个氮杂十三元环的构象，并略去溴负离子）。在该构象中，氮原子在环外还带有两个取代基，因此处于角位，且环内 C—N—C 键角扩大为 112.7°，其他三个角碳的键角也有一定的扩展，以缓解 1,4-H,H 相互作用，而环外的 C—N—C 键角为 108.1°，仍在正常的范围内。

2-83　　2-84

2.3　环十四烷的构象[13,39-41]

环十四烷的结构式如式 **2-85** 所示。

2-85

2.3.1　环十四烷的优势构象

金刚石晶格结构可以很好地用来描述环十四烷的构象。如图 2-15 所示，

2-86 所示的金刚石晶格中粗实线为环十四烷可能的构象，将其分离出来即是 **2-87** 所示的构象，呈规整的矩形，具有 C_{2h} 对称性，称为[3434]构象，该构象有足够的空间使所有的边内向氢无跨环相互作用。**2-87** 规范后即为[3434]构象的投影式 **2-88** 和透视式 **2-89**。

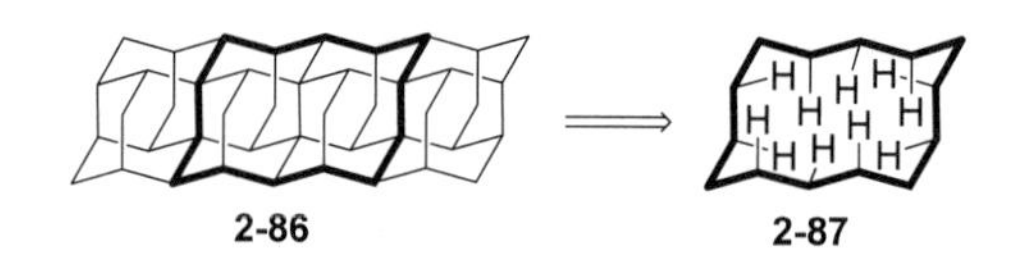

图 2-15　源自金刚石晶格的环十四烷构象

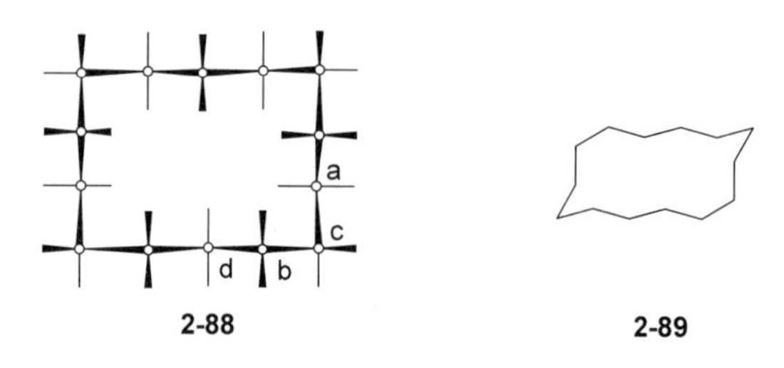

环十四烷的[3434]构象获得了固体 NMR 谱分析、X 射线分析及计算化学等的证实。在环十四烷的[3434]构象中，共有 4 类碳（观察 **2-88**）：它们分别是两条三键边的 4 个边碳（a），两条四键边的 4 个与角碳相连的边碳（b），4 个角碳（c）以及两条四键边的两个不与角碳相连的边碳（d），其数量比为 2∶2∶2∶1。但是在氘代氯仿中，它的 ^{13}C NMR 谱[10]仅显示单峰，化学位移为 δ 25.19，这说明不管环十四烷采取何种构象，它们的各种碳原子均在快速地转换之中，其 NMR 谱显示的是它们的平均结果。然而在−98℃，采用魔角旋转法则观察到六个尖锐的共振吸收峰，化学位移分别为 δ 23.03 和 δ 23.52（碳原子 a），δ 28.36 和 δ 28.90（碳原子 b），δ 27.45（碳原子 c）和 δ 24.87（碳原子 d）。6 个吸收峰的强度比为 1∶1∶1∶1∶2∶1。与角碳原子相邻的两种边碳显示为两个单峰的解释是由于键的扭曲或二面角的扭曲，因此，a、b、c、d 四类碳原子吸收峰强度之比实为 2∶2∶2∶1，与预期一致，证明环十四烷的优势构象为[3434]。

环十四烷的单晶 X 射线分析显示[42]，其构象与来自金刚烷晶格的构象基本一致，即[3434]构象。代表性数据如下：C—C 键键长为 0.153 nm，在正常 C—C 键键长范围内。C2—C3—C4 键角为 112.3°，C3—C4—C5 键角为 114.7°，C4—C5—C6 键角为 114.6°，C5—C6—C7 键角为 114.2°，与正常的 109.5°相比，均有一定的扩张。C1—C2—C3—C4 二面角为 176.6°，C5—C6—C7—C1 的二面角为 176.1°，与标准的对位交叉二面角 180°相比略有收缩。C3—C4—C5—C6 的二面角为 58.6°，C4—C5—C6—C7 的二面角为 61.8°，与标准的邻位交叉二面角 60°基本一致。环十四烷常常被称为第一个无张力大环，其根据是其单位亚甲基燃烧热与环己烷相当，即差值为零。但是，新的研究表明，即使在环己烷的椅式构象中，C—C—C 键角并不是标准的 109.5℃，各二面角也不相同。而环十四烷的单晶数据表明，其真实构象与金刚烷晶格构象相比，有一定的扭曲，分子中仍然存在大角张力，并不是无张力环。

结合键角张力、扭转张力及非键连相互作用进行的计算研究表明，[3434]构象张力能最低。因此，各种研究方法均证明[3434]构象是环十四烷的最优构象。

2.3.2 环十四烷的其他构象及构象间的相互转换

计算化学研究表明，环十四烷还有两个次优构象，它们分别是[3344]构象（**2-90**）和[3335]构象（**2-91**），均为四边形，能量分别比[3434]构象高 10.9 kJ/mol 和 24.3 kJ/mol。两个能量极大值构象为[13334]（**2-92**）和[13343]构象（**2-93**），均为五边形，能量分别比[3434]构象（**2-88**)高 54.4 kJ/mol 和 57.8 kJ/mol。

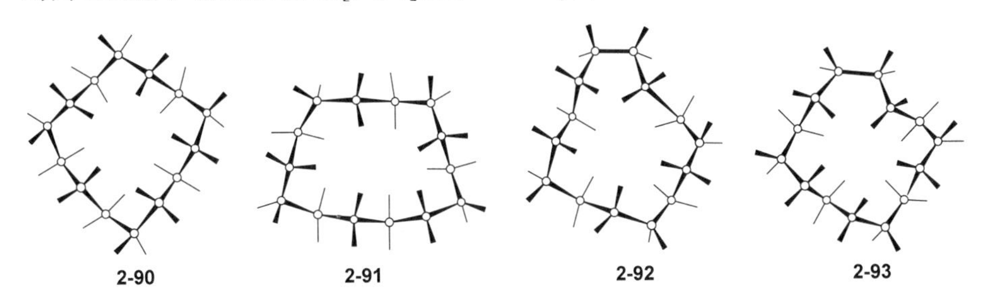

环十四烷由一个[3434]构象转换为另一个[3434]构象（4 个角位亚甲基全部转换为边位亚甲基)有两种途径。其一经过过渡态[13343]和次优构象［3344]转换。其二是经过过渡态[13334]和次优构象［3335]转换，如图 2-16 所示。

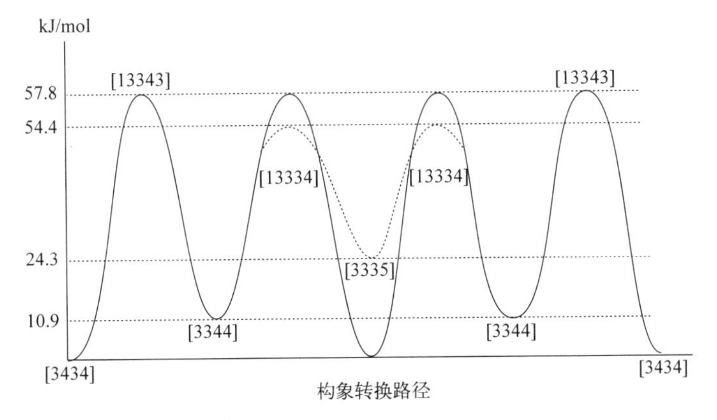

图 2-16 环十四烷构象间的转换路径

2.3.3 环十四烷-1,8-双乙缩酮的构象

变温 ^{1}H NMR 谱和 ^{13}C NMR 谱技术的研究表明，环十四烷-1,8-双乙缩酮（**2-94**）的母环仍为[3434]构象，两个偕二氧杂取代基位于角位（**2-95**），以避免五元环一个边取边内向的可能[43]。

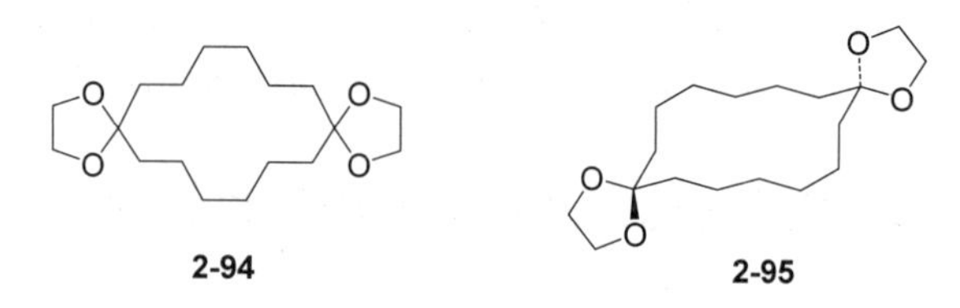

2-94　　**2-95**

2.3.4 1,8-二羟基-1,8-二氮杂环十四烷

HO–N　N–OH

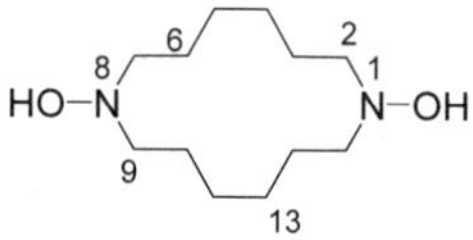

2-96

单晶 X 射线分析指出[44]，1,8-二羟基-1,8-二氮杂环十四烷（**2-96**）的 C2、C6、C9 和 C13 为角碳。与边碳相关的二面角在 170.8°～177.9°之间，与角碳相关的二面角在 55.6°～72.8°之间。据此可以确定化合物的构象为 2,9-二氮杂[3434]，并由此绘制出它的构象投影式（**2-97**）和构象透视式（**2-98**）。上述事实还表明，环烷烃的少数环碳原子替换为氮原子后环的构象不会发生根本性的变化。

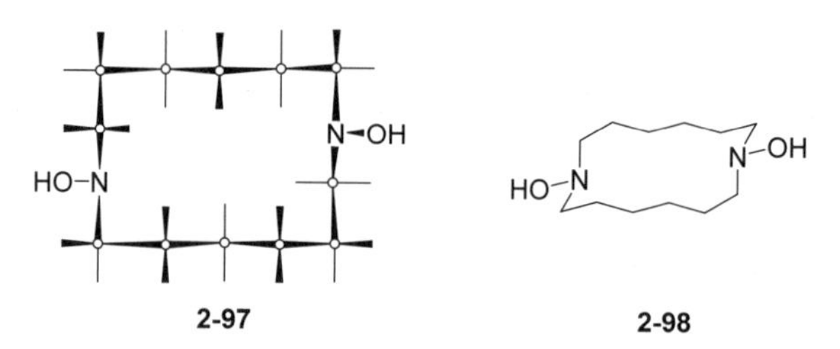

2-97　　**2-98**

2.4 环十五烷的构象

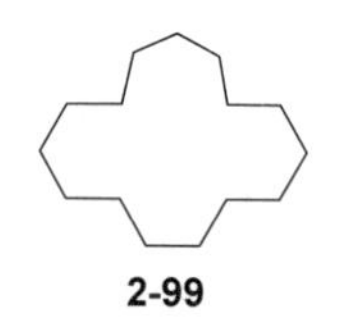
2-99

对环十五烷（**2-99**）构象的了解主要通过计算化学的研究获得[14,36]。与环十三烷相似，其构象极其复杂，所有的优势构象都具有五边形。具有 C_5 对称的[33333]构象（**2-100**）能量最低，是最优构象。一种计算方法指出，次优构象有[14334]（**2-101**）、[13443]（**2-102**）、[13353]（**2-103**）、[12534]（**2-104**）和[13434]（**2-105**），能量分别比[33333]构象高 5.0 kJ/mol、6.3 kJ/mol、10.5 kJ/mol、10.9 kJ/mol 和 11.3 kJ/mol，室温时，环十五烷以这些构象混合物的形式存在。

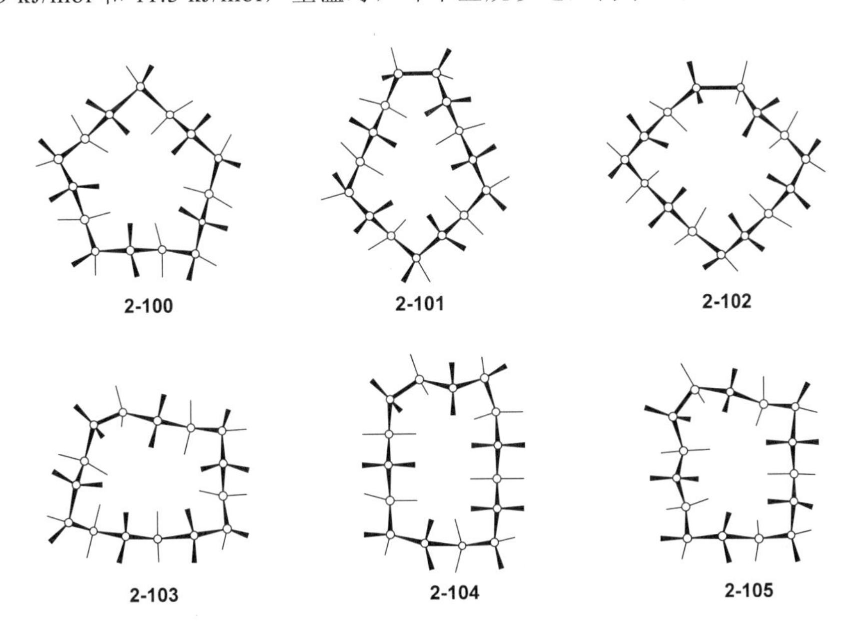

另一计算指出，[33333]构象可以通过两个具有两键边的五边形次优构象[23334]（**2-106**）、[23343]（**2-107**）（能量分别比[33333]构象高 18.4 kJ/mol 和 26.0 kJ/mol）和过渡态[123333]构象（**2-108**）、[123342]构象（**2-109**）及[123432]构象（**2-110**）（能量分别比[33333]构象高 56.1 kJ/mol、43.1 kJ/mol 和 30.1 kJ/mol）转换为另一个[33333]构象。转换路径如图 2-17 所示。

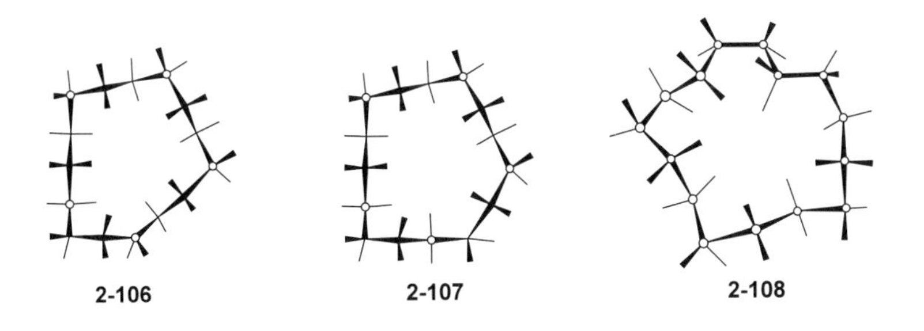

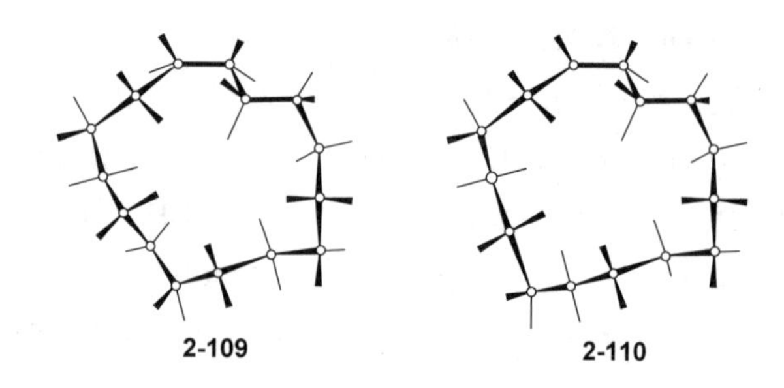

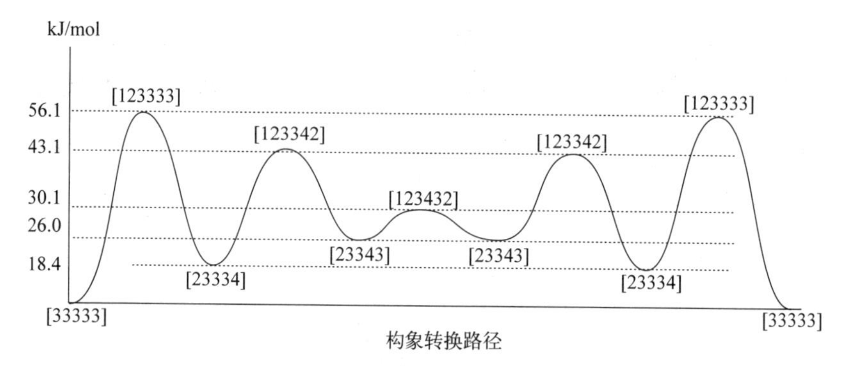

图 2-17　环十五烷构象间的转换路径

2.5　环十六烷的构象[14,39,45,46]

环十六烷的结构见 **2-111**。

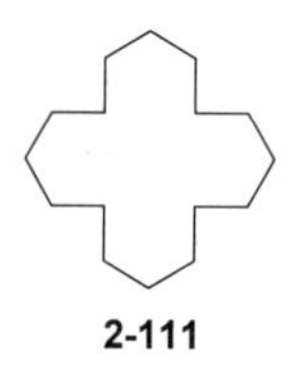

2.5.1　环十六烷的优势构象

研究表明，金刚石晶格结构可以很好地描述环十六烷的构象。如图 2-18 所示，细实线为金刚石晶格，粗实线为环十六烷可能的构象（**2-112**）。分离出来则为环十六烷构象的透视式（**2-113**），**2-114** 为其投影式。该构象呈方形，称为[4444]构象。与环十四烷的[3434]构象一样，环内有足够的空间，使边内向氢无跨环相互作用。

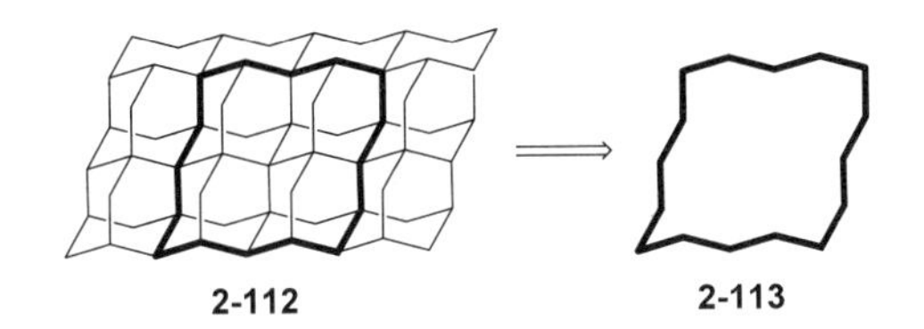

图 2-18　源自金刚石晶格的环十六烷的构象

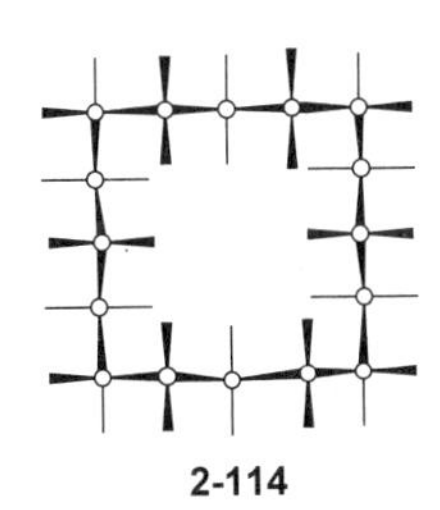

计算化学研究表明，在环十六烷所有可能的构象中，[4444]构象具有最低的能量。环十六烷的 ^{13}C NMR 谱研究[45]也证实了环十六烷的优势构象为[4444]构象。由环十五酮合成的环十六烷-1-^{13}C 的氯乙烯-一氟二氯甲烷溶液，在−100℃以上时为一单峰，化学位移为 δ 26.6，当温度降至−152℃时，显示为 3 个单峰，化学位移分别为 δ 22.8、δ 26.8 和 δ 27.0。强度比为 1∶2∶1。从投影式 **2-114** 可以看出，[4444]构象共有三类碳，即 4 个角碳，8 个与角碳相邻的边碳，以及 4 个处于边中位的边碳，其比例也为 1∶2∶1，两者高度吻合。在−100℃以上时，由于键的假旋，三类碳在快速地转换之中而不可分辨。当温度降低至−152℃时，这种假旋被冻结，于是 3 类碳被分辨。

这里要提醒读者注意的是，环十二烷的[3333]构象与环十六烷的[4444]构象都是方形构象，但是，它们的对称性却是不同的。前者为 D_4 对称，后者却是 D_{2d} 对称。

2.5.2　环十六烷的其他构象及其构象间的相互转换

计算化学表明，环十六烷还有 3 个重要的次优构象，它们分别是[3535]构象（**2-115**）、[3445]构象（**2-116**）和[3454]构象（**2-117**），均为四边形，能量分别比[4444]构象高 5.0 kJ/mol、13.4 kJ/mol 和 14.2 kJ/mol。

环十六烷存在 3 个能量极大值构象，它们分别是[14344]构象（**2-118**）、[13444]构象（**2-119**）和[13534]构象（**2-120**），均为五边形，能量分别比[4444]构象高 50.2 kJ/mol、52.7 kJ/mol 和 56.5 kJ/mol。

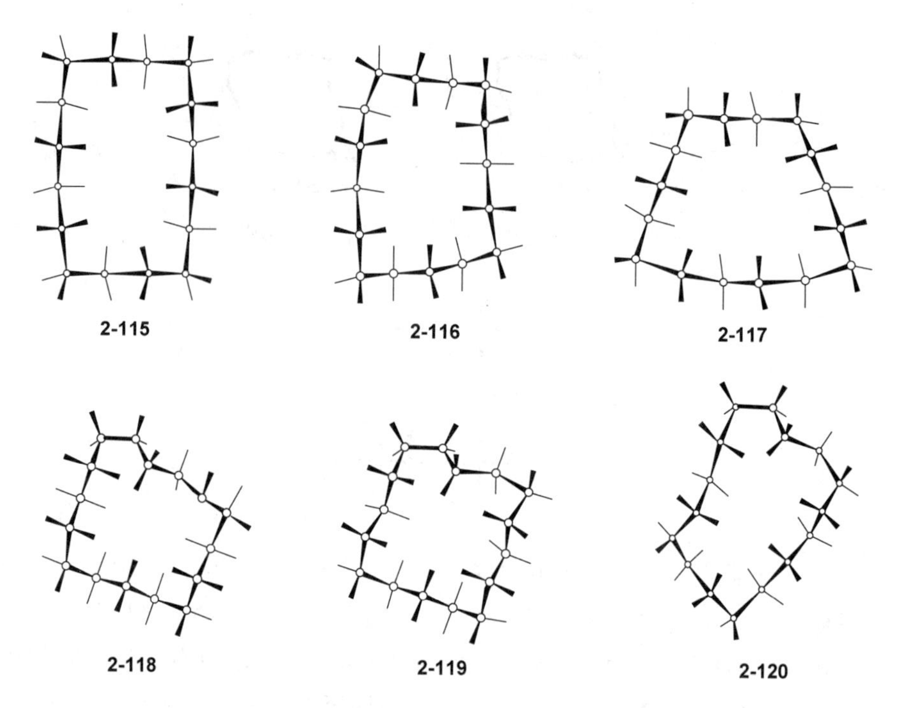

环十六烷由一个[4444]构象转换为另一个[4444]构象有两种途径（图 2-19）。其一（实线表示）经过过渡态[13444]构象和[14344]构象,以及次优构象[3445]构象和[3454]构象。其二（虚线表示）经过过渡态[13444]构象和[13534]构象，以及次优构象[3445]构象和[3535]构象。

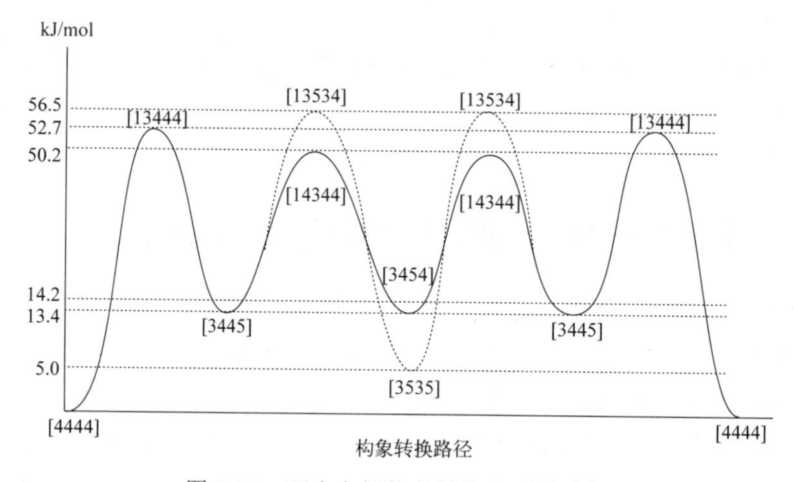

图 2-19　环十六烷构象转换的两种途径

2.5.3 偕二甲基取代的环十六烷的构象

本节要讨论的问题是偕二甲基取代的环十六烷[47]，其母环是否仍然取[4444]构象，以及偕二甲基在母环上的位置。

红外光谱研究表明，1,1-二甲基环十六烷和 1,1,9,9-四甲基环十六烷无论在熔融状态下还是溶液中，以及在固态状态下，母环均采取[4444]方形构象，偕二甲基均占据角位，即它们的构象分别是 1,1-角位-二甲基-[4444](**2-121**)和 1,1,9,9-角位-四甲基-[4444]（**2-122**）。后者的构象还得到单晶 X 射线分析的支持[48]。这是因为[4444]构象本就是环十六烷的最优构象，而偕二甲基又正好可以占据角碳位。如果偕二甲基占据边碳位的话，势必有一个甲基取边内向位，从而产生强烈的跨环相互作用，极大地增加分子的能量。可以推断，1,1,5,5,9,9,13,13-八甲基环十六烷的构象将是母环为[4444]，而 4 对偕二甲基分别占据四个角位的 1,1,5,5,9,9,13,13-角位-八甲基[4444]构象，也将是 1,1,5,5,9,9,13,13-八甲基环十六烷的唯一构象。

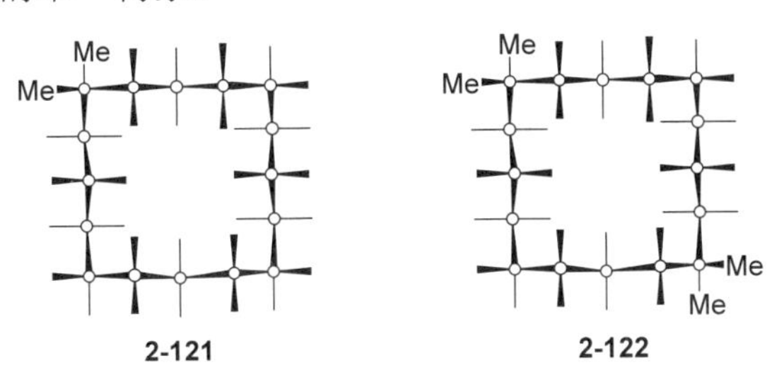

2-121　　**2-122**

1,1,4,4-四甲基环十六烷的构象则是另一种情况。它的红外光谱在熔融状态和溶液中均趋于复杂，显示为各种构象的混合体。构象分析表明，该化合物的母环若仍然采用[4444]构象，则势必有一对偕二甲基占据边位，将使能量极大地升高，因此不可能存在。可能存在的构象应是 1,1,4,4-角位-四甲基-[3535]构象（**2-123**）、1,1,4,4-角位-四甲基-[3445]构象（**2-124**）和 1,1,4,4-角位-四甲基-[3454]构象（**2-125**），它们以混合体的形式存在。

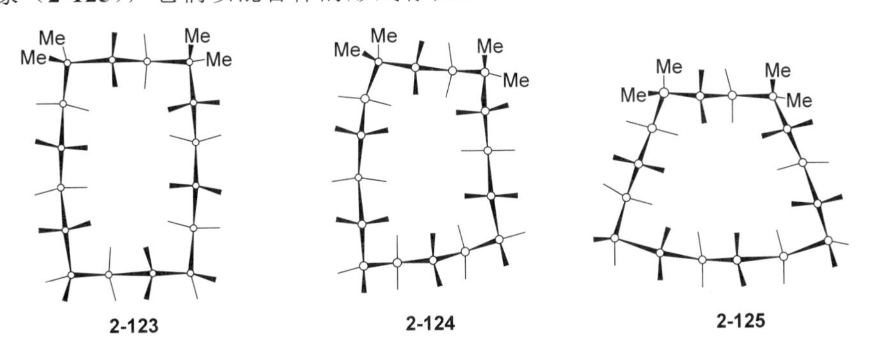

2-123　　**2-124**　　**2-125**

2.5.4 氮杂环十六烷的构象

本节讨论的化合物为*N*-氨基丙基氨基丙基-1-氮杂环十六烷三(三氟乙酸)盐(**2-126**)（未显示阴离子三氟乙酸根）[49]。

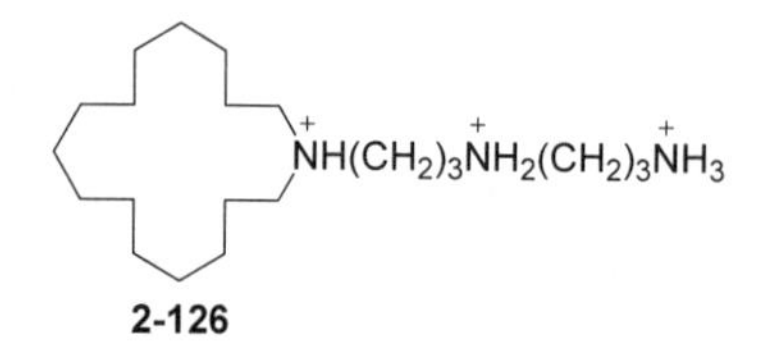

2-126

在讨论氮杂环十二烷时已指出，由于C—N—C键角与C—C—C键角极其相近，用氮原子替代碳原子对大环的构象不会形成大的影响，这在氮杂环十六烷的构象上体现得更加明显。在该化合物的构象中，氮原子占据角位（见投影式**2-127**和透视式**2-128**）。这显然与氮原子上带有一个大的取代基相关，取代基占据角位，可以避免占据边位时引起的跨环相互作用。母环的构象命名为1-氮杂-[4444],这一构象得到单晶X射线分析的证实。

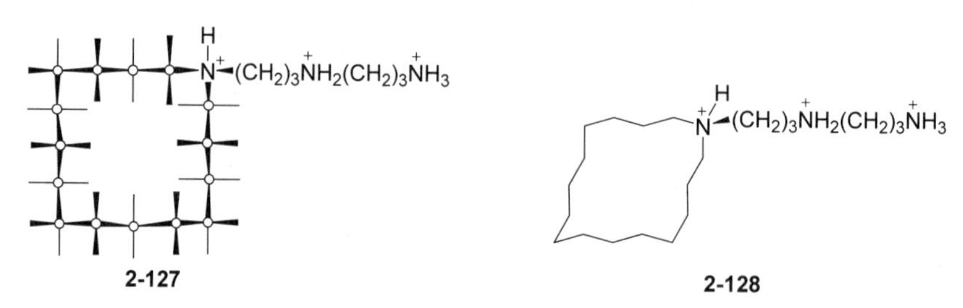

2-127 **2-128**

2.6 其他大环烷的构象

随着环碳原子数的增加，大环烷的构象也随之迅速增加，因而研究的难度也随之增加，已有的理论和实验研究均不多见[1-3]。下面分为偶数大环烷和奇数大环烷作简要的讨论。

2.6.1 偶数大环烷的构象

偶数大环烷的优势构象均呈四边形。从环十四烷开始，这些优势构象都可以用金刚石晶格结构来模拟。而从环十八烷开始，优势构象为长而细的长方形，它们的命名可用[3*m*3*m*]（*m*为自然数）通式来表示，如[3636]（**2-129**，环十八烷）、[3737]（**2-130**，环二十烷）、[3838]（**2-131**，环二十二烷）、[3939]（**2-132**，环二十四烷）和[3 10 3 10]（**2-133**，环二十六烷）。这些构象的一个特点是，m 为偶数时构象具有 C_{2h} 对称性，当 m 为奇数时构象具有 D_2 对称性。另一个特点则是，从环十八烷开始，两条长边的跨环 H-H 范德华引力开始发挥作用。例如环十八烷另一可能的优势构象是[4545]。但是，在[4545]构象中两条长边相距较远，跨环 H-H 范德华引力较弱，因此，能量稍高于构象［3636]。

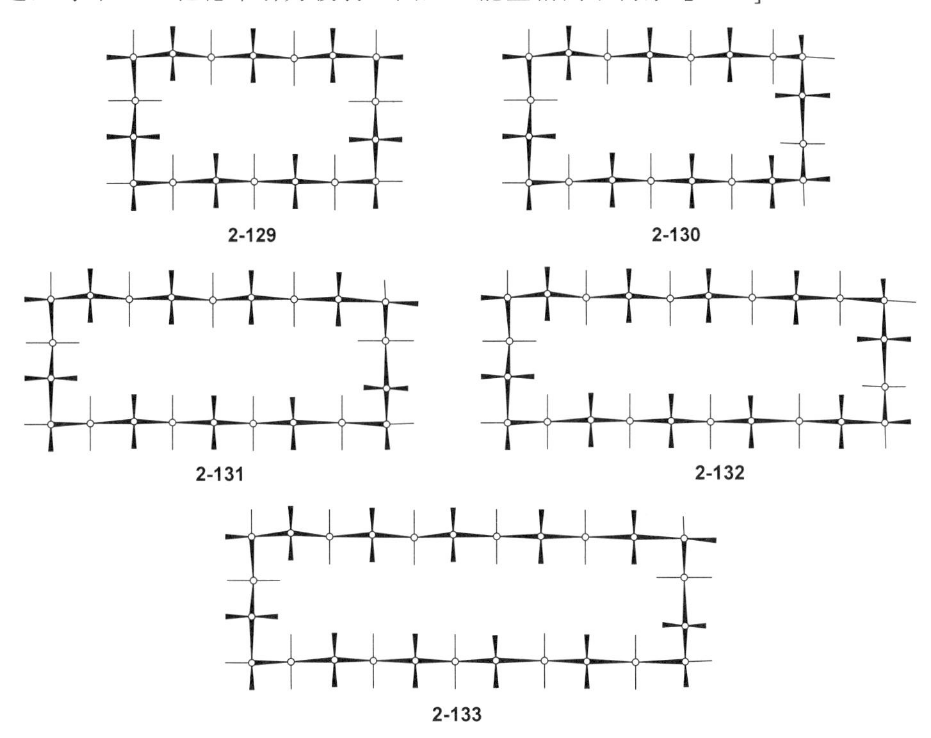

但是，环二十八烷及更大的环烷，由于长链更长，长链之间的范德华引力更大，即使采取[4*m*4*m*]构象，长链之间的范德华引力也将使长链向环内扭曲[50]。

2.6.2　奇数大环烷的构象

前述环十三烷的优势构象为[12433]，环十五烷的优势构象为[33333]，均为五边形。奇数大环烷没有偶数大环烷那样的规律可循，一般认为，更大的奇数大环烷的优势构象也应为五边形。但是，随着碳原子数的增加，将趋向于类似相邻偶数大环烷的类长方形构象。

参考文献

[1] 马祖超，王明安，王道全. 化学通报，2002, 65: 373-378.

[2] Dragojlovie V. ChemTexts, 2015, 1: 1-30.

[3] Saunders M. Tetrahedron, 1967, 23: 2105-2113.
[4] Dale J. Acta Chem Scand, 1973, 27: 1115-1129.
[5] 杨晓亮，王道全，尤田耙. 化学通报, 1999, 62: 12-18.
[6] Dunitz J D, Shearer H M M. Proc Chem Soc, 1958: 348-349.
[7] Dunitz J D, Sheaer H M M. Proc Chem Soc, 1959: 268-269.
[8] Dunitz J D, Shearer H M M. Helv Chim Acta, 1960(3): 18-35.
[9] Wiberg K B. J Am Chem Soc, 1965, 87: 1070-1078.
[10] Anet F A I, Cheng A K, WagnerA J J. J Am Chem Soc, 1972, 94: 9250-9252.
[11] Anet F A L, Rawdah T N. J Am Chem Soc, 1978, 100: 7166-7171.
[12] Emeis D, Cantow H J, Moller M. Polymer Bulletin, 1984, 12: 557-563.
[13] Goto H. Tetrahedron, 1992, 48: 7131-7144.
[14] Dale J. Acta Chem Scand, 1973, 27: 1130-1148.
[15] Moller M, Gronski W, Cantow H J, et al. J Am Chem Soc, 1984, 106: 5093-5099.
[16] Saunders M. J Comp Chem, 1991, 12: 645-663.
[17] Kolossvery I, Guida W C. J Am Chem Soc, 1993, 115: 2107-2119.
[18] Christensen I T, Jorgensen F S. J Compt-Aided Mol Des, 1997 11: 385-394.
[19] Saavedra E J, Abdujar S A, Suvire F D, et al. Int J Quant Chem, 2012, 112: 2382-2391.
[20] DOS Santos H F, Franco M L, Venancio M F, et al. Int J Quant Chem 2012, 112: 3188-3197.
[21] Schneider H J, Thomas F. Tetrahedron, 1976, 32: 2005-2011.
[22] Khorasani S, Fernandes M A, Perry C B. Cryst Growth Des, 2012, 12: 5908-5916.
[23] Skibinski M, Wang Y, Slawin A M Z, et al. Angew Chem Int Ed, 2011, 50: 10581-10584.
[24] 杨明艳，张晓腾，王道全，等. 有机化学, 2016, 36: 399-405.
[25] Wolinsky J, Thorstenson J H, Killinger T A. J Org Chem, 1978, 43: 875-881.
[26] Han X Y, Wang M A, Li T G, et al. Chin J Struct Chem, 2007, 26: 625-631.
[27] 杨明艳，张莉，王道全，等. 高等学校化学学报, 2015, 36: 489-498.
[28] Wang Y, Kirsch P, Lebl T, et al. Beilstein J Org Chem, 2012, 8: 1271-1278.
[29] Dale J. Acta Chem Scand, 1973, 27: 1149-1158.
[30] 王明安，马祖超，金淑惠，等.有机化学, 2002, 22: 594-598.
[31] Jin H S, Liang X M, Yang X, et al. Chin Chem Lett, 2009, 20: 1267-1270.
[32] Knolker H J, Foitzik N, Goesmann H, et al. Chem Eur J, 1997, 3: 538-551.
[33] Fresu S, Muller K S, Schurmann M, et al. Acta Cryst, 2005, E61: o3440-o3441.
[34] Formica M, Fusi V, Giorgi L. New J Chem, 2003, 27: 1575-1583.
[35] Ambrosi G, Dapporto P, Formica M, et al. New J Chem, 2004, 28: 1359-1367.
[36] Ingold K U, Walton J C. J Am Chem Soc, 1987, 109: 6937-6943.
[37] Anet F A L, Rowdah T N. J Am Chem Soc, 1978,100: 7810-7813.
[38] Rubin B H, Williamson M, Takeshita M, et al. J Am Chem Soc, 1984, 106: 2088-2092.
[39] Shannon V L, Strauss H L, Snyder R G, et al. J Am Chem Soc, 1989, 111: 1947-1958.
[40] Pertsin A J, Hahn J, Grossmann H P. J Comput Chem, 1994, 15: 1121-1126.
[41] Drotloff H, RotterO H, Emeis D, et al. J Am Chem Soc,1987, 109: 7797-7803.
[42] Groth P. Acta Chem Scand A30,1976: 155-156.

[43] Krane J. Acta Chem Scand, A36, 1982: 297-301.
[44] Brown C J. J Chem Soc, 1966: 1108-1112.
[45] Anet F A L, Cheng A K. J Am Chem Soc, 1975, 97: 2420-2424.
[46] Allinger N L, Gorden B, Profeta S. Tetrahedron, 1980, 36: 859-864.
[47] Bjornstad S L, Borgen G, Dale J, et al. Acta Chem Scand, B29, 1975: 320-324.
[48] Groth P. Acta Chem Scand, A28, 1974: 808-810.
[49] Williams D E, Craig K S, Patrick B, et al. J Org Chem. 2002,67: 245-258.
[50] Shah A V, Dolata D P. J Comput Aided Mol Des, 1993, 7: 103-124.

第3章 大环不饱和烃的立体化学

大环不饱和烃包括大环烯烃和大环炔烃，其立体化学(主要指构象)尚未见系统的研究报道，本章选择一些代表性化合物进行讨论。

3.1 环十二烯的立体化学

环十二烯存在顺式（**3-1**）和反式（**3-2**）两个构型异构体，下面分别讨论它们的构象。

3.1.1 反式环十二烯的构象

具有 D_4 对称性的环十二烷，其四条边均呈锯齿状（$H_2C-\overset{H_2}{C}-\underset{H_2}{C}-CH_2$）平面构象，因此在一条边的两个边碳之间形成一个反式构型的双键（$H_2C-\overset{H}{C}=\underset{H}{C}-CH_2$）并不过分增加分子的张力（标准 $CH_2—CH═CH$ 键角为 120°，标准 $CH_2—CH_2—CH_2$ 键角为 109.5°），其构象应与环十二烷的 D_4 对称构象相似。X 射线分析基本证实了这一判断[1]：由 $AgNO_3$ 水溶液与反式环十二烯醚溶液反应生成的反式环十二烯-银复合物的晶体经 X 射线分析，复合物中反式环十二烯的构象（**3-3** 为投影式，**3-4** 为透视式）的确可以由环十二烷的 D_4 对称方形构象衍化而来。

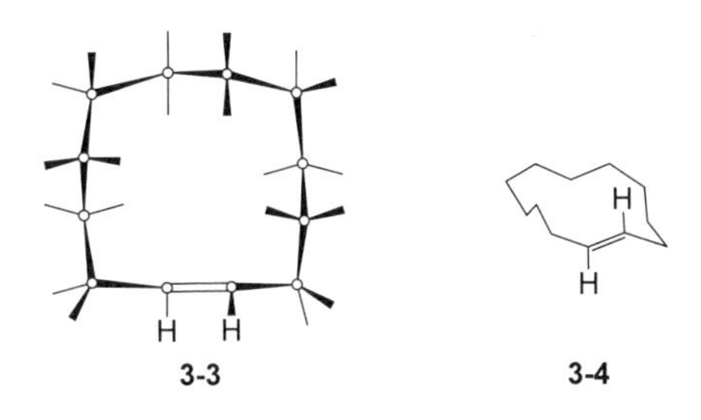

不同的是该构象具有 C_2 对称性。烯部分（C—C═C—C）的二面角为 163°，即向外有所扩展。而环十二烷四个边的 $C_{角}$—$C_{边}$—$C_{边}$—$C_{角}$的二面角为 155°～163°，即两者的二面角基本一致，与烯键边相连接的两条四碳边的二面角也与环十二烷基本一致。不同的是：

① 反式环十二烯的 $C_{边}$—$C_{角}$—C═C 的二面角为 99°～100°，与环十二烷的 $C_{边}$—$C_{角}$—$C_{边}$—$C_{边}$二面角为 67°～70°相比，有较大的扩展。

② 烯键碳链对面的饱和碳链 $C_{角}$—$C_{边}$—$C_{边}$—$C_{角}$的二面角为 148°，与环十二烷相比，进一步向外扩展近 10°。这两个变化可认为是，除了 1,4-H,H 相互作用外，还与烯键碳链稍短有关。烯键上的两个氢原子基本垂直于环平面，没有内向和外向之分。

现行文献中大环烯构象的命名类似于大环烷。代表双键边碳原子数的阿拉伯数字在方括号中处于第一位，并在其后以下标的形式冠以“烯”字。按此命名法，上述反式环十二烯的构象称为[$3_{烯}$333]。但是，这种命名法的缺点是未能指出双键所在的位置。因此，本书改用“后缀法”来命名大环烯的构象。方法是：环骨架仍按大环烷的命名法命名，将代表含有双键边的数字放在第一位，按离双键最近的角碳编号为 1，双键编号最低的原则对环骨架编号，将“烯”字放在方括号后，并在“烯”字前标出双键的构型位置。如此，前述反式环十二烯的构象命名为[3333]-反-2-烯。

上述反式环十二烯的[3333]-反-2-烯构象虽然真实存在，但是银离子的存在也是不可忽略的因素，因此有进一步研究的必要。其中，变温 ^{13}C NMR 技术及计算化学方法对反式环十二烯构象的研究发挥了重要作用。

反式环十二烯的 ^{13}C NMR 谱（图 3-1）显示[2]，在−17.8℃时，谱图呈现 6 个单峰，化学位移分别为 δ 132.25（C═C）、δ 33.28、δ 27.39、δ 26.79、δ 26.09、δ 25.73（图中 δ 25.11 处的吸收峰为杂质峰）。这与固相时反式环十二烯的构象，即 C_2 对称的[3333]-反-2-烯构象相吻合。随着温度的降低，到−99.9℃时，烯碳吸收峰由锐锋变为钝峰，化学位移略向高场移动（δ 132.17）。最后，当温度降到−164.5℃时，谱图变得极其复杂，CH_2 区难以指认，但是，烯碳区清晰地显示 7 个吸收峰。

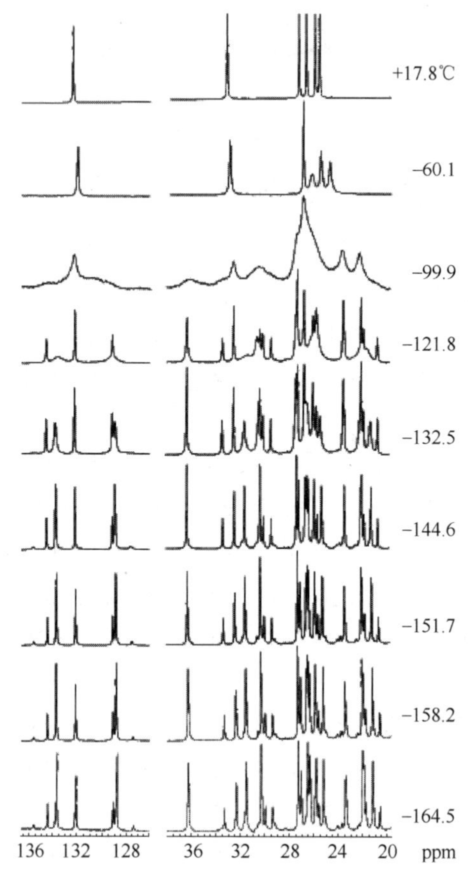

图 3-1 反式环十二烯在丙烷中的变温 ^{13}C NMR 谱[2]

根据计算化学得出的 8 个低能构象[2]，将 7 个吸收峰指认给了其中的 4 个：3 个 C_1 对称的构象和 1 个 C_2 对称的构象。表 3-1 包含了这 4 个构象的名称、对称性、化学位移、相对能量及各构象所占百分比。

表 3-1 反式环十二烯在溶液中−164.5℃时的构象及相关参数

构象名称	对称性	烯碳的化学位移/(δ_C)	相对能量/(kJ/mol)	所占比例/%
[31323]-反-2-烯	C_1	133.67, 128.78	0	57.0
[3333]-反-2-烯	C_2	132.07	0.94	20.1
[4332]-反-2-烯	C_1	134.42, 129.03	1.01	18.6
[31332]-反-2-烯	C_1	135.64, 127.38	2.34	4.3

^{13}C NMR 技术与计算化学相结合的研究结果表明，反式环十二烯在常温下，溶液中优势构象仍是[3333]-反-2-烯，但双键在不同边的[3333]-反-2-烯构象间，通过不同的次优构象及过渡态构象快速地转换。环境温度降低后，转换速度变慢。

当温度降至−164.5℃时，冻结为 4 个构象。此时[31323]-反-2-烯成为优势构象，[3333]-反-2-烯和[4332]-反-2-烯构象成为主要的次优构象，但是能量差别不大。

3.1.2　顺式环十二烯的构象

早期的研究者根据并不精确的变温 NMR 技术和计算化学推演出顺式环十二烯具有 C_1 对称的[12333]-顺-1-烯构象（**3-5** 为投影式，**3-6** 为透视式）[3]。但是，缺乏相关的实验证据。

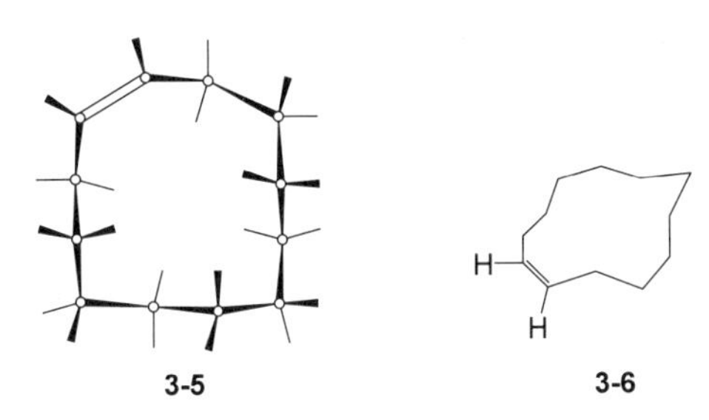

3-5　　**3-6**

顺式环十二烯的[12333]-顺-1-烯构象被 15-苯基双环[10.3.0]十五-1(12)-烯-13-酮（**3-7**）的单晶 X 射线分析所证实[4]：该分子中的环十二烯部分其构型为顺式，构象确为[12333]-顺-1-烯(**3-8**)。晶体结构数据显示，双键（C1═C2）键长 0.1345 nm，属于正常的双键键长。C2—C3 和 C1—C12 键长分别是 0.1486 nm 和 0.1499 nm，短于正常 C—C 单键，这是因为它们与烯键相连，存在超共轭效应。其余 C—C 单键键长在 0.1517～0.1553 nm 之间，在单键键长的正常范围内。

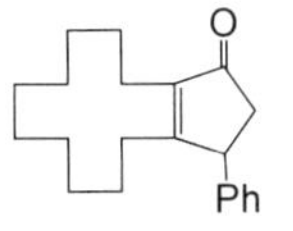

3-7 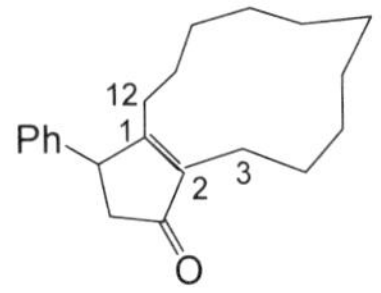　　**3-8**

以 α-烃氧羰基环十二酮为原料，在 NaH 的存在下与氯甲酸酯反应，合成的一系列 1-烃氧羰氧基-2-烃氧羰基环十二烯（**3-9**），对其进行的研究提供了更多的环十二烯的立体化学信息[5]。由于它们没有受并环的影响，提供的信息更为接近未取代的环十二烯。

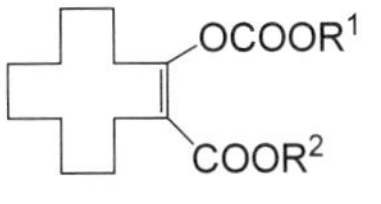

3-9 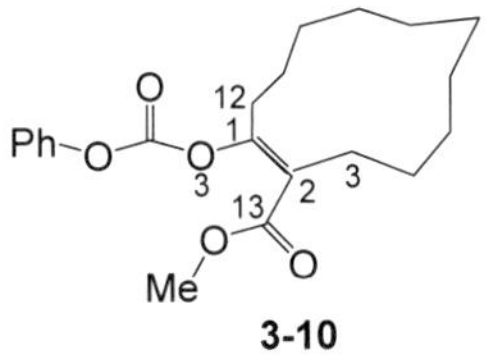　　**3-10**

其中，化合物1-苯氧羰氧基-2-甲氧羰基环十二烯的单晶X射线分析显示，分子中的环十二烯部分具有顺式构型，构象则为[12333]-顺-1-烯（**3-10**）。与双键相连的4个原子（C3、C12、C13、O3）近似于共平面，C13—C2—C1—O3的二面角为11.8°，C12—C1—C2—C3的二面角为7.8°。环内与双键相关的两个键角，∠C1C2C3和∠C2C1C12分别为128.9°和124.5°，即与正常的键角相比，均有一定的扩展，以避免C3和C12上H原子过度的跨环相互作用。

表3-2 几个1-烃氧羰氧基-2-烃氧羰基环十二烯的部分 ^{1}H NMR数据

化合物（R^1, R^2）	Ph, Me	Me, Et	Et, Me	Me, Me	Me, Ph	Ph, Et
δ_H						
3-CH_2	2.49(t, 2H)	2.43(t, 2H)	2.43(t, 2H)	2.43(t, 2H)	2.51(t, 2H)	2.43(t, 2H)
12-CH_2	2.39(t, 2H)	2.37(t,2H)	2.37(t, 2H)	2.37(t, 2H)	2.50(t, 2H)	2.37(t, 2H)
J/Hz	7.2, 7.1	7.2, 7.1	7.2, 7.1	7.2, 7.1	7.2, 7.1	7.2, 7.1

1-烃氧羰氧基-2-烃氧羰基环十二烯的 ^{1}H NMR数据（表3-2）提供了更多的顺式环十二烯的构象信息。在正常情况下，3-CH_2和12-CH_2各自的两个H分别取边内向位和边外向位，在 ^{1}H NMR中应有不同的化学位移。但是，在该系列化合物中，它们却有相同的化学位移，仅被相邻的CH_2裂分为三重峰。提出的解释是，由于环的假旋，边内向H和边外向H的位置可以相互转换，因此分子存在两个不同的[12333]-顺-1-烯构象（**3-11**和**3-12**），它们在溶液中处于动力学平衡之中（图3-2），^{1}H NMR谱是两种构象平均的结果，而结晶时晶体采取其中一种构象。

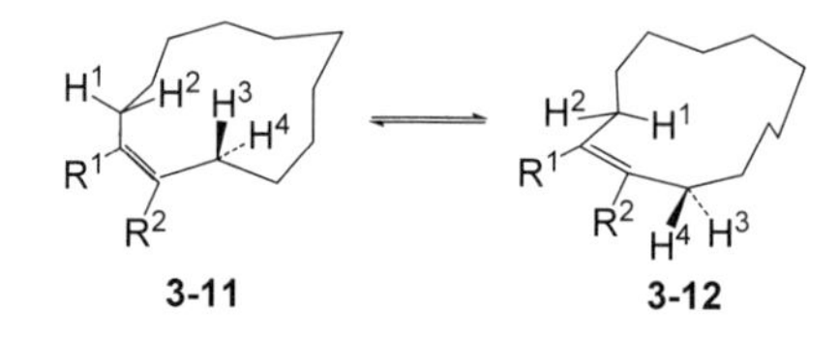

图3-2 溶液中两个不同[12333]-顺-1-烯构象的动力学平衡（仅显示C3和C12上的H）

对环十二烯并[b]茚及其衍生物（**3-13**）的立体化学研究指出，上述结果是顺环十二烯构象的一个普遍特征。

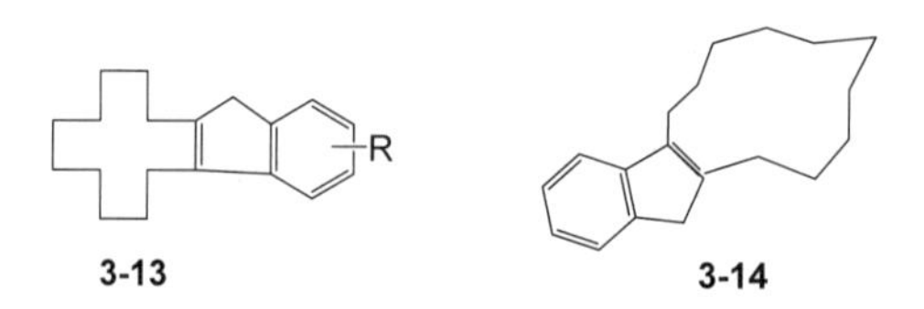

其中母体环十二烯并[b]茚的单晶 X 射线分析显示[6]，分子中环十二烯部分的构型为顺式，构象如所预期为[12333]-顺-1-烯（**3-14**）。而它们的 ^{1}H NMR 谱（表 3-3）同样说明，在该系列化合物中 3-CH_2 和 12-CH_2 各自的内向 H 和外向 H 有相同的化学位移，仅被相邻的 CH_2 裂分为三重峰，因此分子存在两个不同的[12333]-1-烯构象，它们在溶液中处于动力学平衡之中，^{1}H NMR 谱是两种构象平均的结果，而结晶时晶体采取其中一种构象。

表 3-3　几个环十二烯并[b]茚衍生物中环十二烯的部分 ^{1}H NMR 数据

化合物（R）	H	4-Cl	4-F	4-CH_3	4-OCH_3
δ_H 3-CH_2 12-CH_2	2.58(t, 2H) 2.47(t, 2H)	2.52(t, 2H) 2.47(t, 2H)	2.54(t, 2H) 2.47(t, 2H)	2.56(t, 2H) 2.46(t, 2H)	2.56(t, 2H) 2.46(t, 2H)
J/Hz	7.0, 7.2	7.0, 7.2	7.0, 7.2	6.9, 7.2	6.9, 7.2

3.2　1,5,9-环十二三烯的立体化学

1,5,9-环十二三烯共有 4 个顺反异构体，它们分别是反,反,反-环十二三烯（ttt-cdt, **3-15**），顺,反,反-环十二三烯（ctt-cdt, **3-16**），顺,顺,反-环十二三烯（cct-cdt, **3-17**）和顺,顺,顺-环十二三烯（ccc-cdt, **3-18**）。

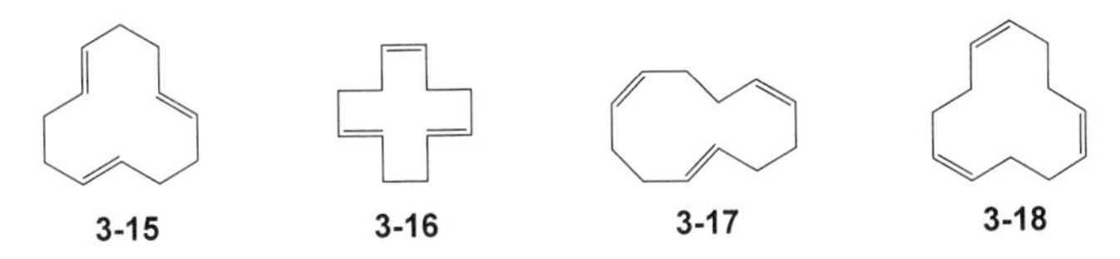

其中，**3-15**、**3-16** 和 **3-17** 三个异构体可以由 Ziegler 型催化剂催化的丁二烯环化三聚得到[7]，而异构体 **3-18** 则只能由异构体 **3-15** 经溴化为六溴环十二烷再脱溴得到[8]。由于环十二三烯等环多烯烃分子中多个烯键的存在，采用 Dale 命名法来命名它们的构象难以准确地反映其构象特征，因此将采用 Hendrickson 命名法[9]来命名它们的构象。该法最初是采用椅式和船式的结合来命名中环化合物的构象，后来加入各种形象的名称，如冠式（crown）、盆式（tub）、鞍式（saddle）、螺旋式（helix)等，及其它们的组合来命名某些大环化合物的构象。

3.2.1　反,反,反-1,5,9-环十二三烯的构象[10,11]

单晶 X 射线分析指出[12]，反,反,反-环十二三烯在固态时的构象具有 D_3 对称性，简称全椅式构象（all-chair），**3-19** 是它的构象透视式。

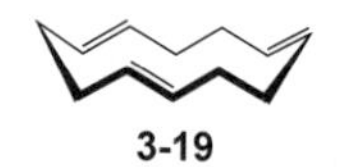

该异构体在 $CHCl_2F—CHClF_2$ 中的 ^{13}C NMR 谱十分简单，仅有两条谱线。其中次甲基的化学位移为 δ 132.7，亚甲基的化学位移为 δ 32.9，且化学位移不随温度的变化而变化，即使降至−180℃化学位移仍无变化，这一结果说明，在溶液中，该异构体的优势构象仍为全椅式构象，具有 D_3 对称性，与固态时的构象一致。其 ^1H NMR 谱在常温时显示为两个单峰，次甲基质子的化学位移为 δ 5.08，亚甲基质子的化学位移为 δ 2.06。当测试温度降至−92℃时，次甲基质子的化学位移没有变化，而亚甲基质子的吸收峰成为钝峰，进一步降低测试温度至−138℃时，次甲基质子的化学位移仍无变化，而亚甲基质子的吸收峰裂分为强度相等的两个单峰，化学位移为 δ 1.90 和 δ 2.26。这一事实说明，在较高温度（比如室温）时，分子中各亚甲基的两个氢由于环的假旋，在环中的位置在快速地转换而成为等价质子。也就是说，两个对映的构象异构体［**3-19(1)**和**3-19(2)**］处于动力学平衡之中（图 3-3），处于平伏和直立键位置的两种质子在快速地转换成为等价质子而不可分辨，仅显示为一个单峰。当温度降低到一定程度后，分子冻结为一种构象，分子中的氢分成类似于环己烷的处于平伏键和直立键的两组氢，成为两组不等价质子，在谱图上显示为两个单峰。

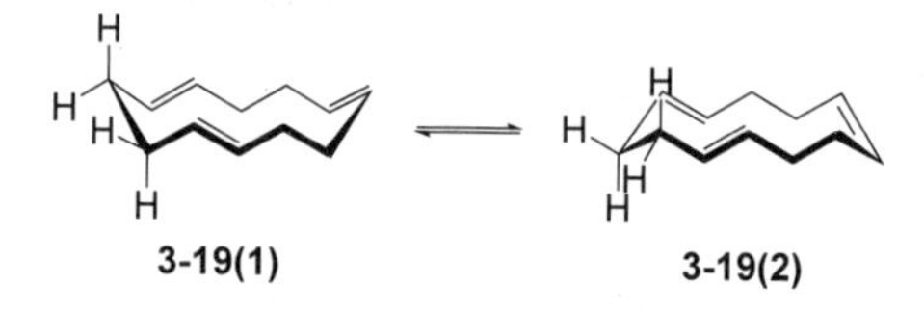

图 3-3　反,反,反-1,5,9-环十二三烯全椅式构象对映体的相互转换
（图中仅显示一组 CH_2CH_2 氢原子位置的变化）

计算化学研究表明，反,反,反-1,5,9-环十二三烯全椅式构象对映体的相互转换能垒为 39.77 kJ/mol。同时可以得出结论，反,反,反-1,5,9-环十二三烯无论在固态还是在溶液中，其优势构象均为具有 D_3 对称性的全椅式构象。

反,反,反-1,5,9-环十二三烯的全椅式构象还得到其铜配合物(ttt-cdt)Cu(Otf)的证实[13]。该配合物的单晶 X 射线分析显示，铜离子与环十二三烯的三个 C═C 双键和三氟甲磺酸根阴离子配合，形成一个扭曲的四面体构型［**3-20(1)**和**3-20(2)**］。其中，反,反,反-1,5,9-环十二三烯取全反式构象，与游离态时一致。在 C_6D_6 溶液中测得的 ^{13}C NMR 谱仅有两个吸收峰：次甲基的化学位移为 δ 126.6，与游离态相比，向高场移动 6.1 ppm，亚甲基的化学位移为 δ 34.9，与游离态相比，向低场移动 2 ppm，但不影响对全反式构象的认同。问题是，三氟甲磺酸根阴离子的存在，破坏了它的 D_3 对称性，配体环十二三烯应该呈现四条吸收峰，即次甲基和亚甲基各有两条吸收峰。提出的解释是，在不破坏 Cu-C 键的情况下，三氟甲磺酸根阴离子可以离解而在全反式三烯的两个面与铜离子键合，而全反式三烯的两个面是等价的，因而相当于两种结合方式［**3-20(1)**和 **3-20(2)**］处于动力学平衡之中，所有的次甲基碳等价，所有的亚甲基碳也等价，在 ^{13}C NMR 谱中仅显示为两条吸收峰（图 3-4）。

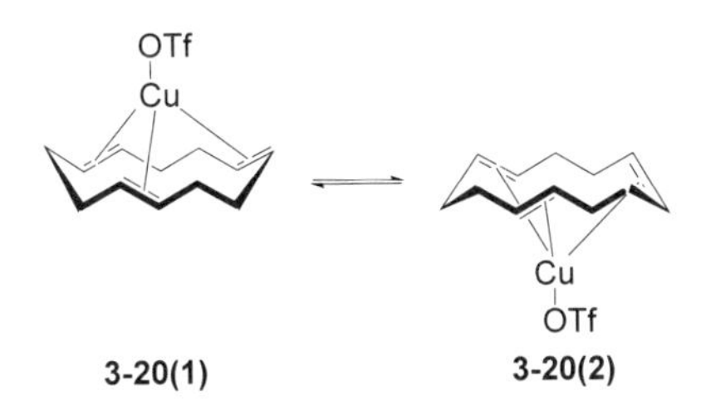

图 3-4　(ttt-cdt)Cu(OTf)配合物两个构象间的相互转换

3.2.2　顺,反,反-1,5,9-环十二三烯的构象[14]

计算化学研究表明，顺,反,反-1,5,9-环十二三烯的优势构象为盆-椅式构象（Tub-chair），**3-21** 是其构象透视式。

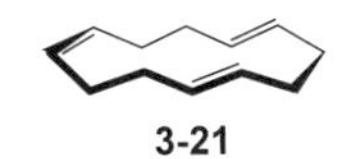

该构象具有 C_S 对称性，即存在一个穿过顺式双键和两个反式双键之间 CH_2CH_2 单元的对称面。它的 ^{13}C NMR 谱显示 6 条吸收峰，化学位移分别为 δ 28.6，31.1，32.2，129.3，131.1，135.2，即存在三种亚甲基，三种次甲基，与它的 C_s 对称性相吻合。

顺,反,反-1,5,9-环十二三烯的盆-椅式构象还得到其铜配合物(ctt-cdt)Cu(OTf)单晶 X 射线分析的证实[13]。在该配合物中，铜离子与环十二三烯的三个 C═C 双键及三氟甲磺酸阴离子形成一个扭曲的四面体构型，其中顺,反,反-1,5,9-环十二三烯取盆-椅式构象（**3-22**）。常温下测得该配合物的 ^{13}C NMR 谱仍显示 6 条吸收峰，化学位移分别为 δ 29.4、δ 30.0、δ 35.5、δ 118.9、δ 126.6、δ 133.4。其值与游离的顺,反,反-1,5,9-环十二三烯略有差异，但与其 C_s 对称性相吻合，说明顺,反,反-1,5,9-环十二三烯无论在溶液中还是在固体状态下均取盆-椅式构象。

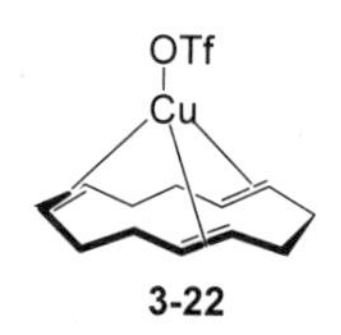

3-22

3.2.3 顺,顺,反-1,5,9-环十二三烯的构象

计算化学研究表明，顺,顺,反-1,5,9-环十二三烯的优势构象为类盆式构象（tub-like）[15]，**3-23** 是它的构象透视式。该构象具有 C_2 对称性，即存在一个穿过反式双键和两个顺式双键之间的 CH_2CH_2 单元的二重对称轴。

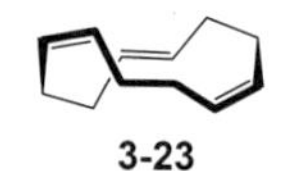
3-23

NMR 研究支持上述构象。它的 ^{13}C NMR 谱虽然显示的是四个吸收峰，但代表的是六个类型的碳原子(其中有两个两峰的重叠)。亚甲基碳的化学位移为 δ 27.3(2C)、δ 31.0(1C)，次甲基的化学位移为 δ 129.8(1C)、δ 131.2(2C)，与其 C_2 对称性相符。

顺,顺,反-1,5,9-环十二三烯的类盆式构象得到其铜配合物（cct-cdt）Cu(OTf) 单晶 X 射线分析的证实[13]。在该配合物中，铜离子与环十二三烯的三个 C═C 双键及三氟甲磺酸阴离子配合，形成一个扭曲的四面体构型，其中顺,顺,反-1,5,9-环十二三烯取类盆式构象（**3-24**）。配合物的 ^{13}C NMR 谱显示 12 条吸收峰，化学位移分别为 δ 126.9（2C，两条吸收峰重叠）、δ 126.4(1C)、δ 124.3(1C)、δ 123.6(1C)、δ 120.8(1C)、δ 34.4(1C)、δ 31.4(1C)、δ 29.0(1C)、δ 28.2(1C)、δ 24.3(1C)、δ 24.1(1C)。即次甲基和亚甲基各有 6 条吸收峰，表明各有 6 种碳原子，说明顺,顺,反-1,5,9-环十二三烯及三氟甲磺酸阴离子与铜离子形成配合物后，对称性遭到破坏，失去了 C_2 对称性。提出的解释是，配合物(cct-cdt)Cu(OTf) 中的三氟甲磺酸阴离子在溶液中不能离解，而固定在了配合物的一面，因而不再具有 C_2 对称性。

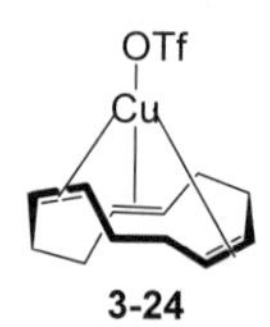

3-24

3.2.4 顺,顺,顺-1,5,9-环十二三烯的构象

顺,顺,顺-1,5,9-环十二三烯又称全顺式 1,5,9-环十二三烯。计算化学研究表

明，它可能有多个低能构象[16]。其中重要的有以下三个：具有 C_2 对称性的螺旋式构象（helix，**3-25**），具有 C_s 对称性的鞍式构象（saddle，**3-26**）以及具有 C_{3v} 对称性的棘轮式构象（ratchet，**3-27**）。螺旋式构象能量最低，鞍式构象的能量比螺旋式构象高 2.51 kJ/mol，而棘轮式构象的能量比螺旋式构象高 8.37 kJ/mol。另外还有一种所谓的桨式构象（propeller），其能量比螺旋式构象高 32.65 kJ/mol，通常情况下不可能存在，但是，某些具有特殊结构的分子将采取该构象。

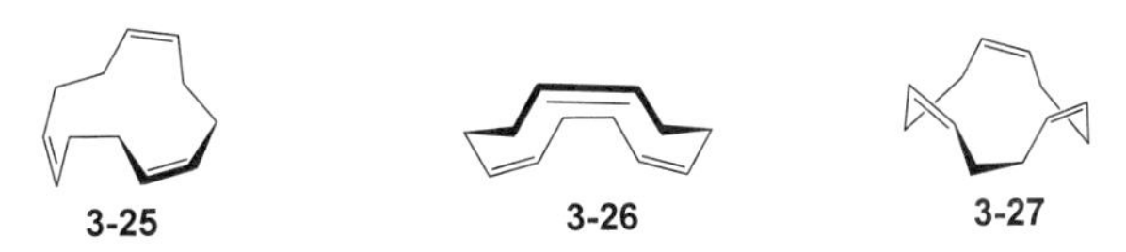

顺,顺,顺-1,5,9-环十二三烯的螺旋式构象和棘轮式构象均得到其金属配合物单晶 X 射线分析的证实[17]。在配合物（ccc-cdt）$(AgNH_3)_3$ 的晶体结构中，顺,顺,顺-1,5,9-环十二三烯取螺旋式构象（**3-28**，阴离子被略去），配位数为 1 的三个银离子分别与 3 个顺式 C═C 双键配合，因此顺,顺,顺-1,5,9-环十二三烯的结构不受金属离子的约束，当然取能量最低的螺旋式构象。而在配合物 $[(ccc\text{-}cdt)Cu(MeOH)]BF_4$ 的晶体结构中，配位数为 4 的铜离子同时与顺,顺,顺-1,5,9-环十二三烯的三个顺式双键和一分子甲醇氧原子配合，此时，顺,顺,顺-1,5,9-环十二三烯的 3 个 C═C 双键必须处于分子同侧才能与铜离子配合，因此顺,顺,顺-1,5,9-环十二三烯只取能量较高的棘轮式构象（**3-29**，阴离子被略去）。

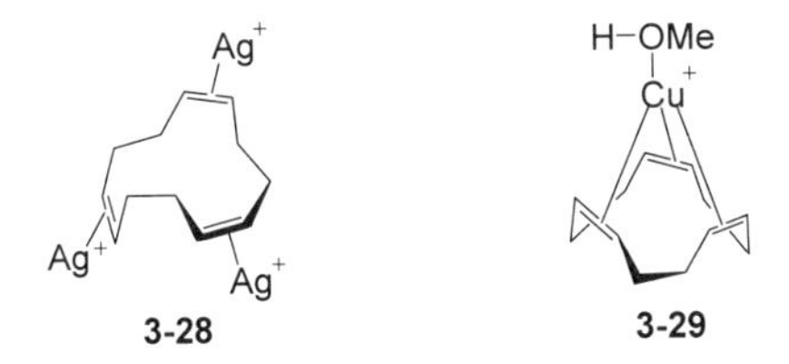

核磁共振技术结合计算化学的研究进一步加深了人们对顺,顺,顺-1,5,9-环十二三烯构象的了解[11]。在它的 ^{13}C NMR 谱中，从常温到−170℃次甲基碳均呈现出一个吸收峰，化学位移为 δ 132.6。而亚甲基碳在 120℃以上时，呈现出一锐峰，化学位移为 δ 29.0，说明该分子具有高度对称性。但是当测试温度降至−170℃时，亚甲基分裂成强度相等的三个单峰，化学位移分别为 δ 27.2、δ 30.0、δ 30.7。通过力学计算研究顺,顺,顺-1,5,9-环十二三烯构象的转换过程合理地解释了上述现象。螺旋式构象是顺,顺,顺-1,5,9-环十二三烯的最低能量构象，它的构象转换过程如图 3-5 所示（图中构象以投影式表示）：构象 **3-30(1)**标注为（1）的 CH_2CH_2 单元旋转 180°后成为构象 **3-30(2)**，同时 C_2 对称轴发生迁移，

然后构象**3-30(2)**标注为（2）的 CH_2CH_2 单元旋转 180°后成为构象**3-30(3)**，C_2 对称轴再次发生迁移。计算化学研究表明，在−120℃以上，三个构象在溶液中存在的概率相等，并且在快速地转换之中，因此宏观表现出来的对称性是它们的平均结果。也就是说，在此状态下，顺,顺,顺-1,5,9-环十二三烯的螺旋式构象具有 D_{3h} 对称性，这就解释了它的 ^{13}C NMR 谱为什么仅呈现两个吸收峰。然而当测试温度降至−170℃时，分子冻结为一个单一的具有 C_2 对称性的螺旋式构象。此时在它的 ^{13}C NMR 谱上亚甲基碳显示出 3 个吸收峰，而次甲基碳仍然只有一个吸收峰。

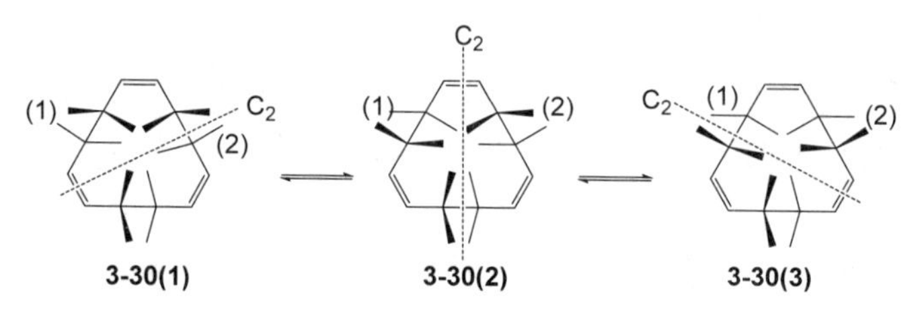

图 3-5　顺,顺,顺-1,5,9-环十二三烯的螺旋式构象的转换过程

最后还要提到的是顺,顺,顺-1,5,9-环十二三烯的鞍式构象，它的能量虽然比螺旋式构象高，存在的概率较低，但是在螺旋式构象的转换中却起到重要作用（图 3-6）。在螺旋式构象中，三组 CH_2CH_2 均呈交叉式构象，当其中一组 CH_2CH_2，如式中所示为(1)的 CH_2CH_2［**3-30(4)**］，在旋转过程中成为近于重叠式构象时，便成为鞍式构象（**3-26**），进一步旋转则成为 C_2 对称轴迁移了的另一个螺旋式构象［**3-30(5)**］。因此，鞍式构象是螺旋式构象转换过程中的中间体。

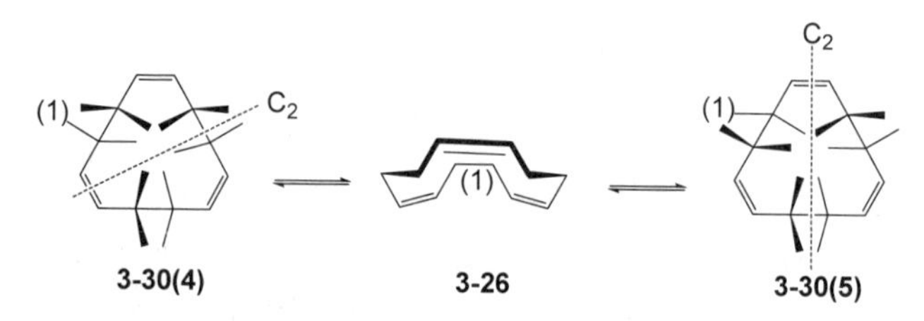

图 3-6　两个螺旋式构象通过鞍式构象相互转换的过程

3.3　1,2,5,6,9,10-三苯并-1,5,9-环十二三烯的构象

1,2,5,6,9,10-三苯并-1,5,9-环十二三烯简称三苯并环十二三烯（**3-31**）。毫

无疑问，三苯并环十二三烯的母体环十二三烯的构型应为顺,顺,顺-1,5,9-环十二三烯。

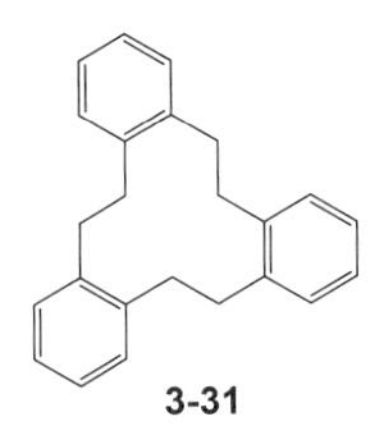

前面已讨论过，它的优势构象是具有 C_2 对称性的螺旋式构象。那么当它与 3 个苯环并合后，是否还能采取这一优势构象呢？事实上，早在 1945 年，该化合物即由邻二(溴甲基)苯与金属钠的反应制得。作者还为其设计了 4 种分子模型（图 3-7）[18]，称它们为 4 种分子结构（实为 4 种构象，即 **3-32**、**3-33**、**3-34** 和 **3-35**），并认为 **3-33** 和 **3-34** 是该分子可能存在的形式。

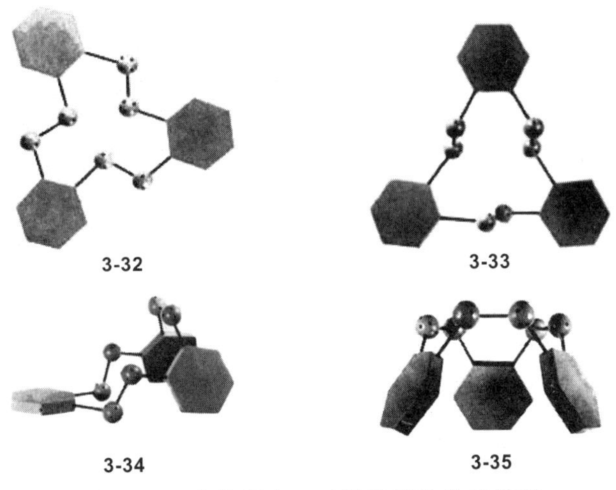

图 3-7　三苯并环十二三烯的四种分子模型

在经过二十余年的沉寂后，1966 年人们用低分辨 ^1H NMR 技术（60 MHz）研究该分子，认定模型 **3-34** 是它的优势构象[19]。然而进一步的研究指出，具有 C_2 对称性的 **3-33** 才是它的优势构象[20]。最后，经单晶 X 射线分析[21]，低温(−100℃)^1H NMR 技术研究，包括 H-H 偶合常数的测定，利用 Karplus 方程估算 C(Ar)—CH_2—CH_2—C(Ar)的二面角[22]，确认三苯并环十二三烯无论在低温溶液中或在固态下，均采取具有 C_2 对称性的 **3-33** 构象，即螺旋式构象（**3-36** 为透视式，**3-37** 为投影式）。

C_2

3-36　　　　3-37

另一项变温 ^{1}H NMR 技术研究对上述结果作了补充[23]：三苯并环十二三烯的全部 CH_2CH_2 质子在 21℃时，呈现出一个尖锐的单峰，化学位移为 δ 2.93，而当温度降至−80℃时，它们则呈现出一个宽而不对称的多重峰。上述事实说明构象与测试温度之间具有关联性，如果在苯环上引入取代基，如甲基，则可以协助对该分子构象进行进一步了解。于是合成了 1,4,7,10,13,16-六甲基三苯并环十二三烯，并采用变温 ^{1}H NMR 技术对它进行了研究。结果表明，在 20℃时甲基呈现出 3 个单峰（δ 2.58、δ 2.51、δ 2.48），当温度升高至 80℃时，3 个甲基峰合并为一个尖锐的单峰（δ 2.50）。模型分析指出，当分子取具有 C_2 对称性的螺旋式构象时，苯环上的甲基分为不等价的 3 组，分别为 Me_A、Me_B、Me_C，这与 20℃时的 ^{1}H NMR 谱吻合（**3-38** 为透视式，**3-39** 为投影式）。当分子取桨式构象时，具有 D_3 对称性，苯环上的全部甲基等价（Me_D），与 80℃时的 ^{1}H NMR 谱吻合（**3-40** 为透视式，**3-41** 为投影式）。这一结果表明，在高温溶液中，三苯并环十二三烯取桨式构象。

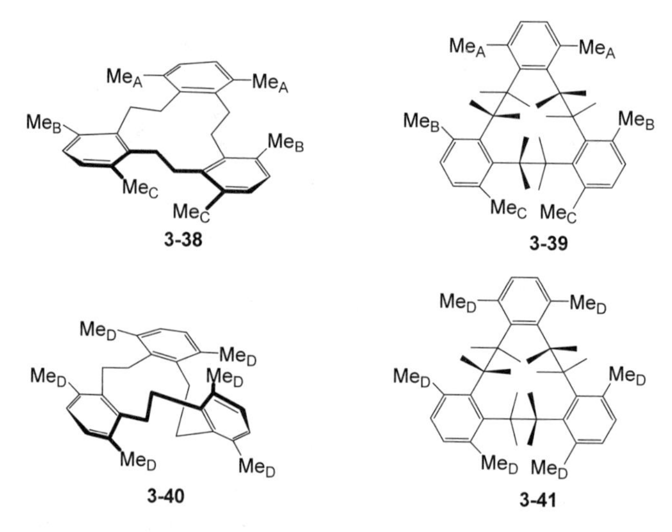

3-38　　　　3-39

3-40　　　　3-41

最后，还要指出的是，三苯并环十二三烯的桨式构象［**3-42(1)**］及构象对映体［**3-42(2)**］，逐次通过螺旋式构象［**3-43(1)**］及构象对映体［**3-43(2)**］一组两个亚甲基的假旋，内向氢和外向氢位置互换，可以按图 3-8 所示的路径相互转换。

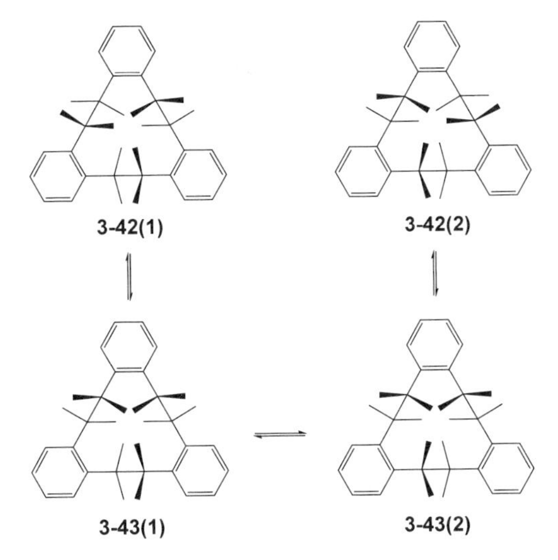

图 3-8　三苯并环十二三烯两个桨式构象对映体通过螺旋式构象的相互转换

3.4　环十二四烯的立体化学

3.4.1　1,2,7,8-环十二四烯的构象[24]

1,2,7,8-环十二四烯分子含有两个丙二烯单元，且两个丙二烯单元末端碳取代基不同而成为两个手性轴。一般情况下，含有两个手性轴的分子应有 4 个光活异构体，然而该分子两个手性轴结构完全相同，故仅有一个内消旋化合物（**3-44**）和一对外消旋体［**3-45(1)**和 **3-45(2)**］。虽然该分子的这些异构体未曾被实验研究，但是其衍生物 3,4,9,10-环十二四烯-1,7-二酮（**3-46**）相应的构型异构体曾被分离[25]。

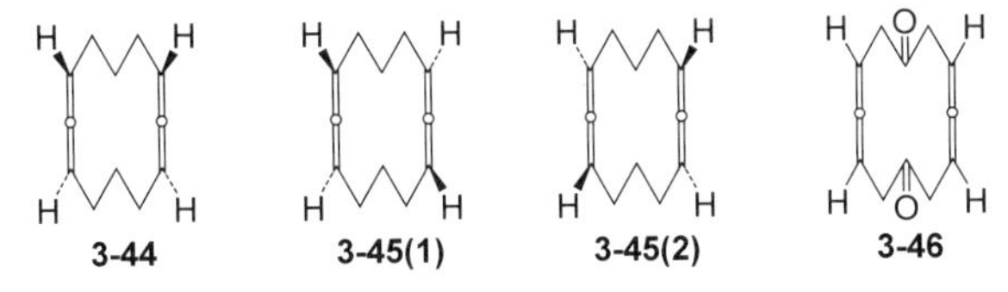

计算化学研究表明，内消旋化合物共有 3 个低能构象，其中最低能量构象为扭船-船-椅式构象（twist-boat-boat-chair，**3-47**）。另外两个低能构象分别是

扭椅-椅-椅式（twist-chair-chair-chair，**3-48**）和扭船-椅-椅式（twist-boat-chiar-chair, **3-49**）。虽然它们看起来并无任何对称因素，但是，在构象的相互转换过程中，均有相应的构象对映体与之处于动力学平衡之中，宏观上分子中存在一个对称平面，即宏观上表现出 C_s 对称性，故无光学活性。在室温下分子主要以构象 **3-47** 和构象 **3-48** 的形式存在。

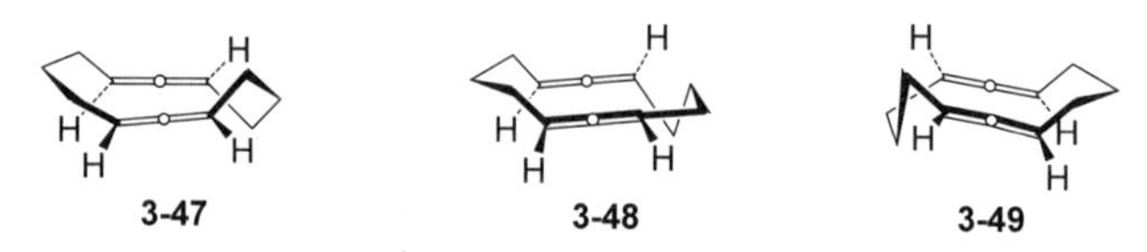

外消旋体的两个对映异构体具有完全相同的构象，因此不必分别讨论。它们的重要构象有两个，均具有 C_2 对称性，即扭船式构象（twist-boat，**3-50**）和冠式构象（crown，**3-51**）。室温下主要以扭船式构象 **3-50** 的形式存在。

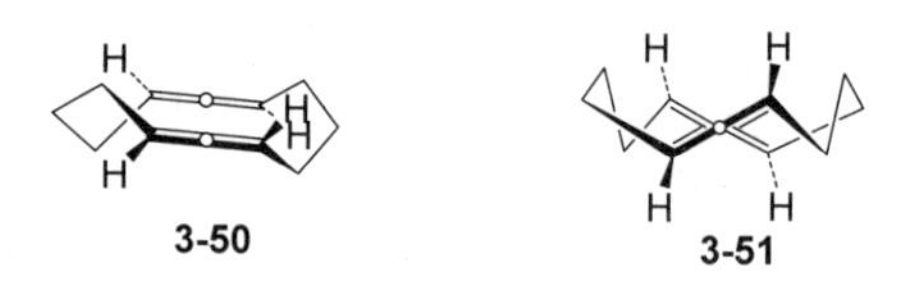

3.4.2 反,反,反,反-1,4,7,10-环十二四烯的构象

反,反,反,反-1,4,7,10-环十二四烯简称全反式环十二四烯（**3-52**）。

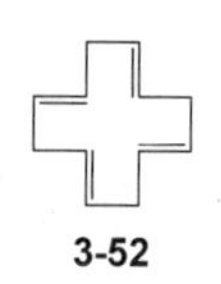

3-52

计算化学研究的结果表明,全反式环十二四烯分子存在 4 个重要的构象[26]。它们分别是：具有 D_{2d} 对称性的冠式构象（crown，**3-53**），能量最低，在几何构型上，4 个双键两两平行；其次是具有 C_5 对称性的麻花式构象（twist，**3-54**），其能量比冠式构象高 3.7 kJ/mol，在几何构型上，4 个双键两两呈交叉-交叉的关系；第 3 个是具有 C_1 对称性的扭椅式构象（twist-chair，**3-55**），其能量比冠式构象高 7.8kJ/mol，在几何构型上，4 个双键两两呈交叉-平行的关系；第 4 个是具有 C_2 对称性的麻花式构象（twist，**3-56**），能量比冠式构象高 14.7 kJ/mol，在几何构型上，四个双键两两呈交叉-交叉的关系。

在室温下，全反式环十二四烯以冠式构象 **3-53**，C_5 对称的麻花式构象（**3-54**）和 C_1 对称的扭椅式构象（**3-55**）3 种形式的混合体存在，而构象 **3-56** 由于能量

过高，在室温时不可能存在。但是，在冠式构象的转换过程中，需要经过 C_5 对称的麻花式构象、C_1 对称的扭椅式构象和 C_2 对称的麻花式构象，因此构象 **3-56** 也是值得重视的。而冠式构象的两个构象异构体则处于动力学平衡之中，宏观上呈现 D_{4h} 对称性。

3.4.3 顺,顺,顺,顺-1,4,7,10-环十二四烯的构象

顺,顺,顺,顺-1,4,7,10-环十二四烯简称全顺式环十二四烯（**3-57**）[27]。

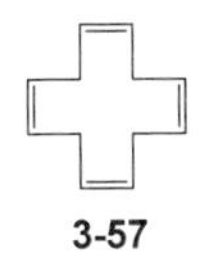

3-57

它的单晶 X 射线分析显示[28]，分子中 4 个 C═C 双键处于同一平面，但是 C—C 单键平均键长 0.1503 nm，C═C 双键平均键长 0.1324 nm，没有平均化的趋向，不存在同芳香性。═C—C—C═键角平均值为 111.2°，C═C—C 键角平均值为 127.4°，C—C—C═C 二面角平均值为 117.3°，C—C═C—C 二面角平均值为 1.9°，明显存在大角张力。由于分子中 4 个亚甲基突出在四个双键组成的平面之上，类似一个冠形，故称为具有 C_{4v} 对称性的冠式构象（**3-58**）。

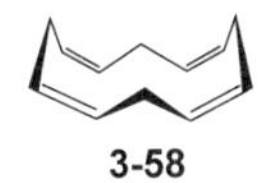

3-58

计算化学研究证实，具有 C_{4v} 对称性的冠式构象的确是顺,顺,顺,顺-1,4,7,10-环十二四烯的最低能量构象。第 2 个低能构象是具有 C_s 对称性的船-椅式构象（boat-chair，**3-59**），其能量比冠式构象高 5.9 kJ/mol。第 3 个低能构象是具有 C_{2h} 对称性的麻花式构象（twist，**3-60**），其能量比冠式构象高 13.5 kJ/mol。冠式构象的构象对映体经过船-椅式构象和麻花式构象而相互转换，并处于动力学平衡之中，因此在宏观上显示出 D_{4h} 对称性。但是，在室温下，麻花式构象因其能量过高，基本不存在，顺,顺,顺,顺-1,4,7,10-环十二四烯以冠式构象和船-椅式构象混合体的形式存在。

3-59　　**3-60**

3.4.4 环四聚藜芦烯的构象

环四聚藜芦烯是带有 8 个甲氧基的四苯并环十二四烯衍生物（**3-61**）。

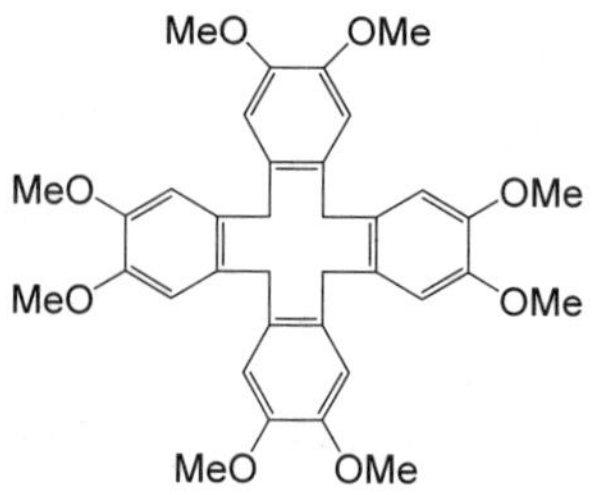

3-61

显然，环四聚藜芦烯的母体为全顺式 1,4,7,10-环十二四烯，那么环四聚藜芦烯的优势构象是否是如式 **3-62** 所示的具有 C_{4v} 对称性的冠式构象？从构象分析的角度来看，4 个苯环之间有着强烈的相互排斥作用，**3-62** 不可能是它的优势构象。它的 ^{1}H NMR 谱[29,30]在常温时呈现出 3 个单峰，化学位移分别为 δ 3.59（亚甲基质子）、δ 3.78(甲氧基质子)和 δ 6.60（芳氢），也与其冠式构象不相吻合。但是，在低温(−50℃)^{1}H NMR 谱中，亚甲基质子呈现出一对双峰，化学位移分别为 δ 3.27 和 δ 3.8（与甲氧基质子峰有部分重合），偶合常数 J = 16 Hz。而甲氧基质子和芳氢也分别呈现出强度相等的两个单峰，化学位移分别为 δ 3.65、δ 4.03 和 δ 6.29、δ 6.88。根据这一结果，研究者提出，环四聚藜芦烯的优势构象可能是具有 C_{2h} 对称性的沙发式构象（sofa，**3-63**），或具有 C_{2v} 对称性的船式构象（**3-64**）。单晶 X 射线分析支持环四聚藜芦烯在固态时呈沙发式构象[31]。在该构象中，两个直立的芳环与两个水平方向的芳环形成的平面均成大约 86°的夹角。

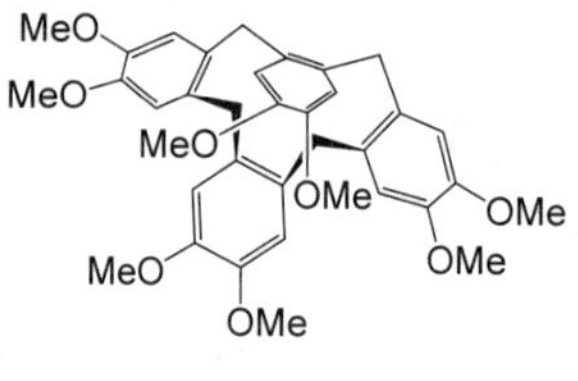

3-62 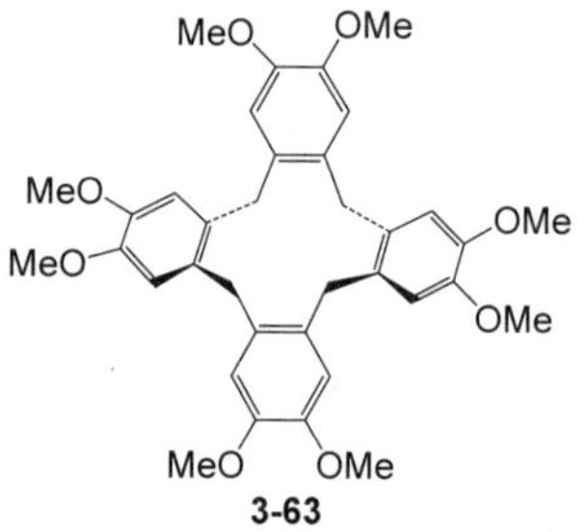 **3-63** 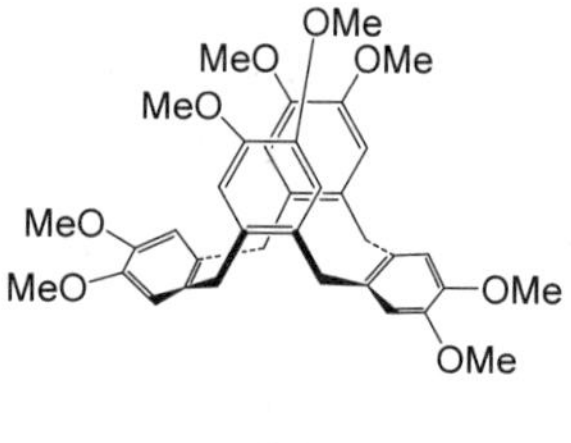 **3-64**

对环四聚藜芦烯 ^{1}H NMR 谱的进一步解释如下：在溶液中，常温下，由于十二元环的假旋，两个沙发式构象异构体通过冠式中间体相互转换，从而在宏观上处于动力学平衡之中，于是，所有亚甲基质子、甲氧基质子、芳氢成为等价质子，在 ^{1}H NMR 谱上表现为 3 个单峰。而当温度降至−50℃时，分子被冻结为单一的沙发式构象，质子被分成两个系列，各含 4 个亚甲基质子(内向氢或外向氢)、4 个甲氧基和 4 个芳氢，从而构成上述提到的谱图式样。

最新研究表明[32,33]，通过氧化可诱使环四聚藜芦烯的开放状的沙发式构象转换为两个芳基面对面排列(co-facial）的闭合状船式构象。而船式构象可与四氯对苯醌等形成电子给-受体复合物。这种通过电子转移诱导的构象转换为新型有机功能分子的合理设计提供了一种新的架构。

3.5　反,顺-3,8-环十四二烯-1,1,6,6-四羧酸甲酯的构象

反,顺-3,8-环十四二烯-1,1,6,6-四羧酸甲酯的单晶 X 射线分析显示[34]，分子中十四碳环的构象是[3533]-顺,反-1,6-二烯，两个偕二甲氧羰基均处于角位（**3-65**）。

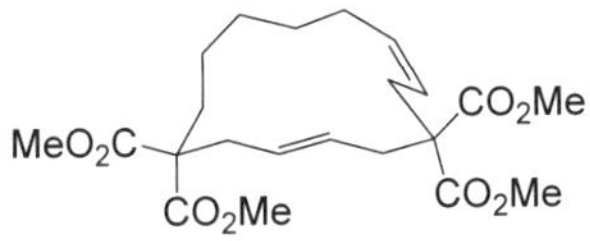

MeO_2C　CO_2Me　CO_2Me　CO_2Me

3-65

该构象具有如下特征：

① 构象呈矩形，与环十四烷次优构象之一的[3335]构象相似。这与该分子的结构有关：由于偕二羧酸酯必须占据角碳位，而两对偕二羧酸酯之间隔着 4 个碳原子，使它们正好占据 6C 边的两个角碳，而顺式双键的一个 sp^2 碳原子必定占据一个角碳，这样，环十四烷的[3335]构象正好满足这些要求。

② 顺式双键的平面处于整个环平面之中，而含有反式双键的锯齿状碳链平面与环平面垂直。也就是反式双键与顺式双键基本垂直，其二面角为 96.4°。两个双键中心的距离为 0.4429 nm。

③ 顺式双键的两个 C═C—C 键角在 125°～129°之间，反式双键的两个 C═C—C 键角在 125°～126°之间，均大于正常的 120°，而 C—C—C 键角在 111°～115°之间，大于正常的 109.5°，也就是说，环内所有的键角都有所扩展，存在大角张力。

3.6　1,3-大环二烯的构象[35]

1,3-大环二烯又称共轭大环二烯。在普通的 1,3-二烯烃中，双键的构型可以是顺式，也可以是反式，两个双键之间的关系可以是 *S*-顺式，也可以是 *S*-反

式。然而在1,3-大环二烯中则受到一定的限制。在以三乙基硼烷为催化剂，非共轭大环二烯与1,3-大环二烯的平衡实验研究中发现，对于十二～十六元环的1,3-大环二烯只能分离得到1,3-顺,反-大环二烯，且仅十四元环和十六元环中的两个双键呈平面*S*-反式构象；而对于十八元环及其更大的环，则顺,反-异构体和反,反-异构体均能得到，且两个双键均呈*S*-反式构象。下面举三个例子予以说明。

3.6.1 顺,反-1,3-环十四二烯的构象

该构象衍化自环十四烷的[3344]构象。1,3-二烯部分位于一条4C边上，顺式双键的构型使其一个sp^2碳原子必然位于角位，反之，反式双键却必然在边位。因此，构象命名为[3434]-顺,反-1,3-二烯（**3-66**）。

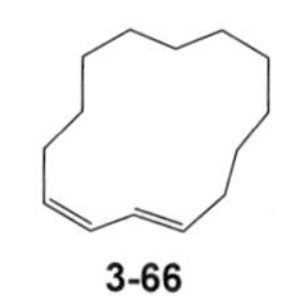

3-66

3.6.2 顺,反-1,3-环十八二烯的构象

该构象衍化自环十八烷的[4545]构象，同上，1,3-二烯部分处于4C边中，且顺式双键的一个sp^2碳原子占据角位，命名为[4545]-顺,反-1,3-二烯（**3-67**）。

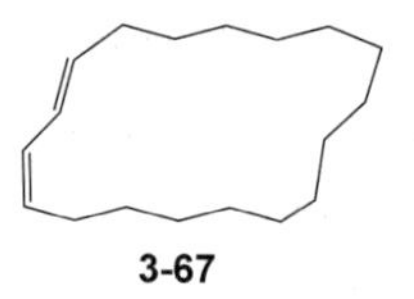

3-67

3.6.3 反,反-1,3-环十八二烯的构象

该构象同样衍化自环十八烷的[4545]构象。但是，1,3-二烯部分必须位于一条5C边中，因为反式双键的sp^2碳原子不能位于角位。该构象命名为[5454]-反,反-2,4-二烯（**3-68**）。

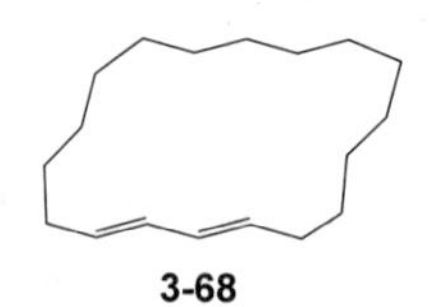

3-68

3.7　结构对称的大环二烯的构象

结构对称的大环二烯是指两个构型相同的双键被两条等长度的多亚甲基[$(CH_2)_n$]分隔的大环二烯（**3-69**），分为反,反-大环二烯和顺,顺-大环二烯两类[36]。

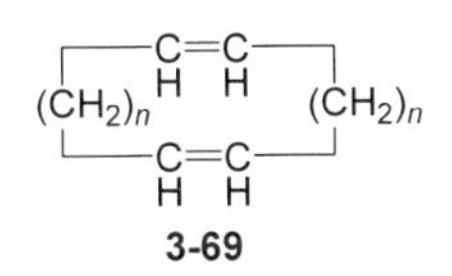

3-69

3.7.1　反,反-大环二烯的构象

将大环烷边碳的 CH_2CH_2 换为 CH═CH 可以得到无张力的大环烯已是共识。这里以反,反-1,8-环十四二烯和反,反-1,9-环十六二烯为例，讨论它们的构象。前者 n=5（奇数），其构象可以表示为[3434]-反,反-2,9-二烯（**3-70**），系由环十四烷的优势构象[3434]衍化而来。要注意的是，在它的构象中，两个双键的平面是相互平行的，这是 n 为奇数时，它们的共同特点。后者 n=6，其构象可以表示为[4444]-反,反-2,10-二烯（**3-71**），系衍化自环十六烷的优势构象[4444]。在其构象中，两个双键的平面是相互交叉的，这是 n 为偶数时，它们的共同特点。

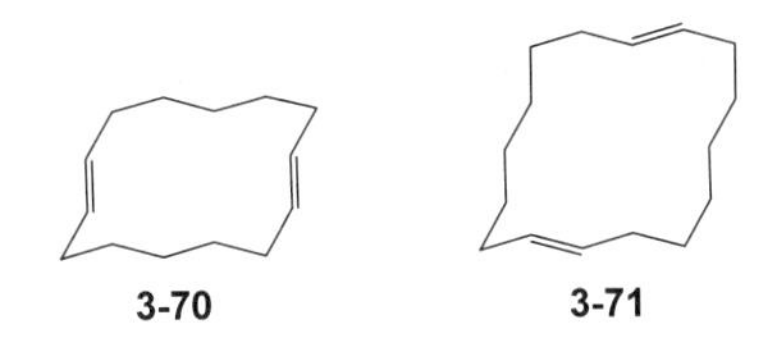

3-70　　**3-71**

3.7.2　顺,顺-大环二烯的构象

人们在研究此类顺,顺-大环二烯的理化性质时发现，它们的熔点与其环的大小之间有不寻常的规律[37]，即存在奇偶效应：随着环的增大，熔点交替增高，即 n 为奇数的环熔点总是高于相邻 n 为偶数环的熔点。如表 3-4 和图 3-9 所示，十四元环的熔点不但高于十二元环，也高于十六元环，十八元环的熔点不但高于十六元环，还和二十元环相等。

众所周知，同系物的熔点一般是随着分子量的增大而增高的，这是因为分子量增大，分子运动所需的能量增大，且分子间的接触面积增大，范德华力随之增强，熔点增高。那么如何解释此类顺,顺-大环二烯熔点与环大小的关系呢？这里各选取两个 n 为偶数和奇数的化合物作为例子进行分析。

表 3-4　结构对称的顺,顺-大环二烯的熔点

n	4	5	6	7	8	9
环碳原子数	12	14	16	18	20	22
m.p./℃	0	46	18.5	38.5	38.5	61.5

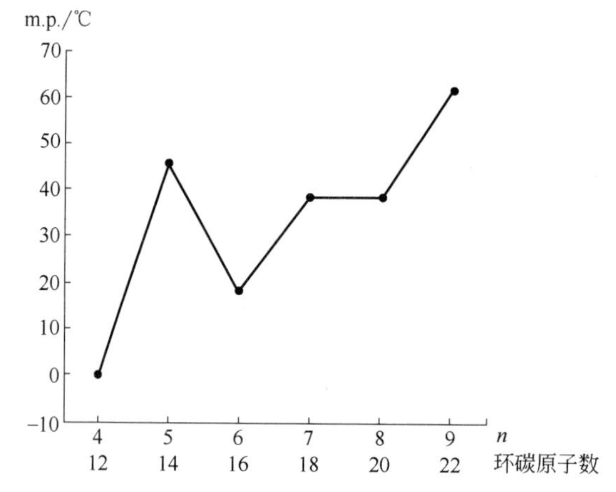

图 3-9　结构对称的顺,顺-大环二烯熔点与环碳原子数关系图

n 为奇数的顺,顺-1,10-环十八二烯（$n=7$）和顺,顺-1,8-环十四二烯（$n=5$）对应的环烷烃分别是优势构象为[3636]的环十八烷和优势构象为[3434]的环十四烷。而目前能够得到的顺,顺-大环二烯构象仅有 1,10-二苯基-顺,顺-1,10-环十八二烯[38]，其单晶 X 射线分析显示，它的母体即为顺,顺-1,10-环十八二烯，两个顺式双键均处于角碳-边碳位，构象为[3636]-顺,顺-1,10-二烯（**3-72**）。这说明，在环十八烷的优势构象[3636]的两个对角位置上安排两个顺式双键是适宜的，可以基本保持环十八烷原有的优势构象。环十四烷和环十八烷的构象有同样的对称元素，因此在[3434]构象的对角位安排两个顺式双键而成为顺,顺-1,8-环十四二烯，同样可以基本保持原有的优势构象（**3-73**）。

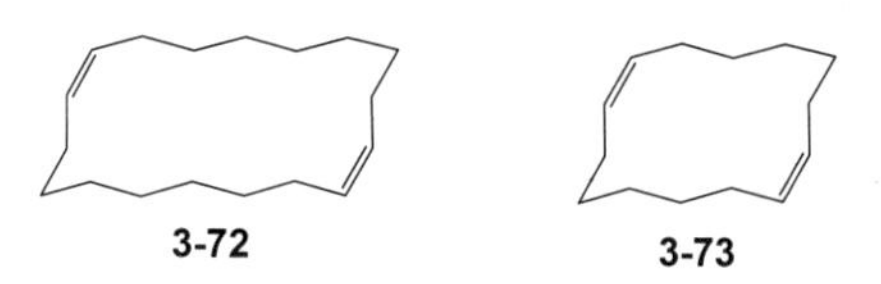

反之，n 为偶数的顺,顺-大环二烯，比如在环十二烷的优势构象[3333]的一个角边位安排一个顺式双键，使其成为顺式环十二烯时，构象转换为[12333]-1-

烯（参见 3.1.2 节），如果在其对角位再安排一个顺式双键，使其成为顺,顺-1,4-环十二二烯则构象必将发生更大的变化。而环十六烷的优势构象为[4444]，与环十二烷的优势构象[3333]的对称性相似，若在两个对角位安排两个顺式双键，使之成为顺,顺-1,6-环十六二烯，则其构象同样会发生大的变化。

从上述构象分析可见，n = 奇数的顺,顺-大环二烯的对称性优于 n = 偶数时的顺,顺-大环二烯，在晶体中的堆积更为紧密，熔点相对较高。

3.8　环十二炔的构象

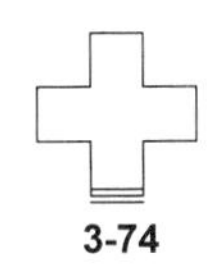

3-74

环十二炔（**3-74**）[39]的 ^{13}C NMR 谱在−50℃时，呈现 6 条吸收峰，化学位移分别是 δ 18.8、δ 24.4、δ 24.6、δ 25.8、δ 26.1、δ 82.1（炔碳）。这表明环十二炔在溶液中的构象具有 C_2 对称性。借用环十二烷的[3333]优势构象，并将其中一条边的两个边碳 CH_2CH_2 替换为 C≡C（由于炔键的直线性，炔碳不可能处于角碳位），则成[3333]-2-炔构象（投影式 **3-75**，透视式 **3-76**），这一构象与它的碳谱数据完全吻合。计算化学研究也表明，这是环十二炔唯一的具有 C_2 对称性，且能量最低的构象。相应的二面角：≡C—$C_{角}$—$C_{边}$—$C_{边}$二面角为 66°，$C_{角(邻炔碳)}$—$C_{边}$—$C_{边}$—$C_{角}$二面角为 155°，$C_{边}$—$C_{角}$—$C_{边}$—$C_{边}$二面角为 74°，$C_{角}$—$C_{边}$—$C_{边}$—$C_{角}$二面角为 160°。当测试温度降至−133℃时，出现了另一组强度较弱的吸收峰，而且有三个炔碳吸收峰，强度比大约为 1∶4∶1.2。这说明出现了一个新的构象，并具有 C_1 对称性，两个炔碳不等价，数量上与[3333]-2-炔构象成 1∶2 的关系。从环十二烷的两个次优构象[2334]和[2343]可以衍生出数个具有 C_1 对称性的环十二炔的构象，但却不能确定哪一个才是 ^{13}C NMR 谱中出现的构象。计算化学研究解决了这一问题，在−133℃时，[4332]-2-炔（投影式 **3-77**）的能量仅比[3333]-2-炔高 0.84 kJ/mol，这是环十二炔的另一构象。

3-75

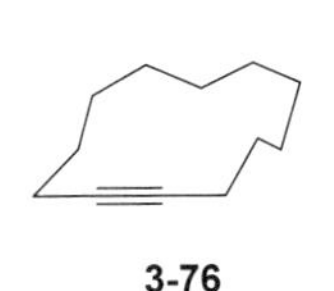

3-76

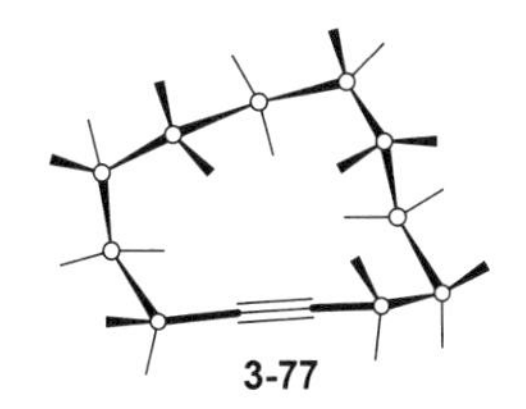

3-77

之后，单晶 X 射线分析[40]得到的结果与 ^{13}C NMR 谱研究的结论一致，即环十二炔在固态时的构象也是具有 C_2 对称性的[3333]-2-炔（图 3-10），相应的二面角也大体相当：≡C—$C_{角}$—$C_{边}$—$C_{边}$二面角为 66°～68°，$C_{角(邻炔碳)}$—$C_{边}$—$C_{边}$—$C_{角}$二面角为 148.2°～150.2°，$C_{边}$—$C_{角}$—$C_{边}$—$C_{边}$二面角为 73.2°～74.2°，$C_{角}$—$C_{边}$—$C_{边}$—$C_{角}$二面角为 167.3°。

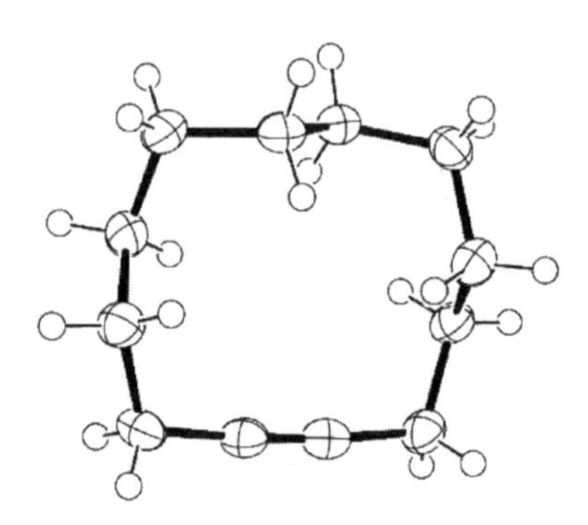

图 3-10　环十二炔的晶体结构

为什么在环十二炔的[3333]-2-炔构象中，与含炔键链相连接的两条四碳链的二面角变化最大？这里可以从构象分析中得到答案。如果在分子结构没有发生任何扭曲的情况下，用 Newman 透视式表示的含炔基碳链的角碳与相邻的亚甲基的局部构象（**3-78**）及其环十二烷相应区域的局部构象（**3-79**），可以发现，与环十二烷的邻位交叉相比，环十二炔的炔碳链的角碳与相邻亚甲基的关系与邻位交叉有 30°的偏差，这就引起较大的扭转张力，需要通过两条与炔碳链相连的饱和链的扭曲来舒解，因而这两条饱和链向外扩展了 29.8°～31.8°，即两条饱和链的二面角在 148.2°和 150.2°之间。而与炔碳链相对的饱和链的扭曲只与 1,4-H,H 跨环相互作用相关，二面角为 167.3°，与环十二烷相当。

CH_2 H H H H　　CH_2 H_2 C C H_2 H H H H

3-78　　**3-79**

3.9　结构对称的大环二炔的构象

结构对称的大环二炔是指两个炔键被两条等长度的多亚甲基[$(CH_2)_n$]分隔的大环二炔（**3-80**）。

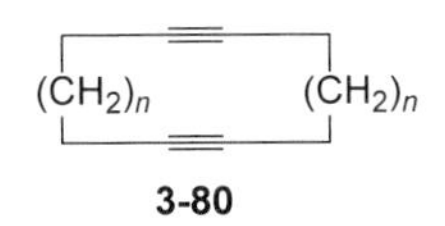

此类大环二炔的研究始于1963年[37]。它们由液氨中，α,ω-二溴烷烃与α,ω-二炔钠盐的反应合成。

这类化合物最令研究者感兴趣的是其熔点随环碳数的增加呈现跳跃式的变化，n为奇数时的大环二炔，其熔点大大高于n等于偶数时同系物的熔点，即存在奇偶效应。合成收率也有类似的规律，即n等于奇数的大环二炔合成收率普遍高于n等于偶数时相邻的同系物（表3-5）。将这类大环二炔的环碳数与熔点的关系绘制成图（图3-11），则更直观。

表3-5　结构对称的大环二炔的合成收率和熔点

n	4	5	6	7	8	9
环碳数	12	14	16	18	20	22
合成收率/%	7	57	23	32	20	10
m.p./℃	37～38	97～98	−3.5	97	38～39	106.5

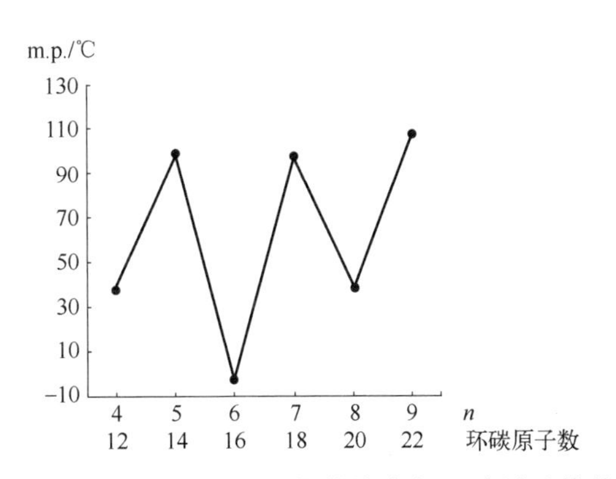

图3-11　结构对称的大环二炔的熔点与环碳原子数关系图

早期的研究者提出n为奇数的大环二炔可以形成“无张力”的类椅式构象（**3-81**），而n为偶数的同系物不能形成无张力构象来解释上述现象。由于产物的构象无张力，当然更容易成环，合成收率就高（这里只是相对而言，大环关环的收率普遍不高）。

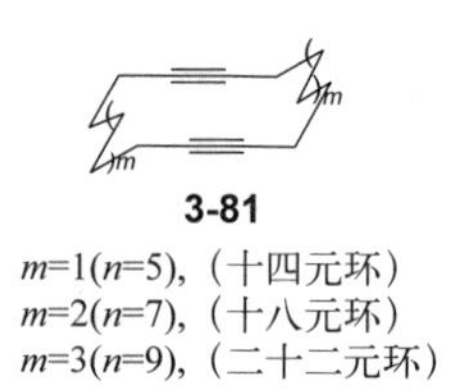

3-81

m=1(n=5)，（十四元环）
m=2(n=7)，（十八元环）
m=3(n=9)，（二十二元环）

事实上，在讨论环十二炔的构象时，已经指出含有炔键的大环是有张力的。而当 n 等于偶数时，如果连接炔键的两条饱和链仍按照类椅式方式安排，则两条含炔键的四碳链将相互交叉，而不能平行。但是，如果按照船式的方式安排，则两条含炔键的四碳链将相互平行。

下面具体介绍一些结构对称的大环二炔及其衍生物的构象。

3.9.1 1,7-环十二二炔及其衍生物的构象

单晶 X 射线分析[41]显示，1,7-环十二二炔的构象呈四边形，似由环十二烷的[3333]构象衍化而来。两条饱和碳链的二面角为 150.7°～151.9°，与标准的对位交叉二面角 180°相比，向外扩展了近 30°（见投影式 **3-82**），其扩展的程度大于环十二烷(相应的二面角为 155°～163°)。同时，两条含炔键的碳链以 24°的角度相互交叉(见透视式 **3-83**)，这就显著地舒解了角碳与相邻亚甲基偏离邻位交叉而产生的扭转张力。此外，两条含炔键的四碳链二面角仅有 6°～7°，即向外略有扩展。4 个角的夹角为 110°～111°，与标准的 109.5°相比，变化很小。该构象称类扭椅式，体现了 n 为偶数的对称大环二炔的特性。1,7-环十二二炔的这一构象具有 D_2 对称性。

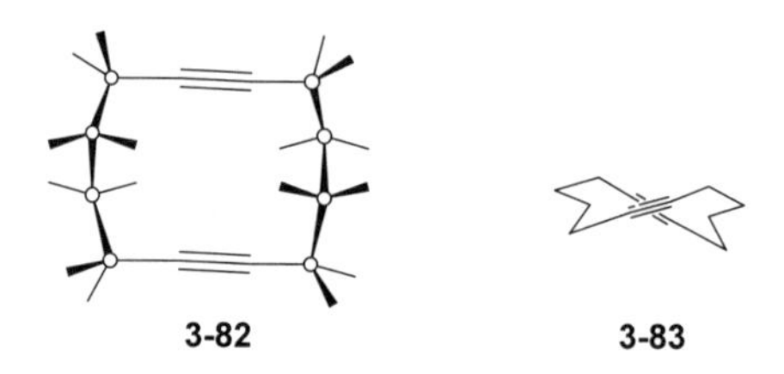

3-82 **3-83**

1,7-环十二二炔在溶液中的 ^{1}H NMR 谱仅有两个单峰，化学位移为 δ 2.03 和 δ 1.65[42]，分别代表边亚甲基和角亚甲基，说明其在固态时和溶液中的构象是一致的。

3.9.1.1 2,8-环十二二炔-反-1,10-二醇

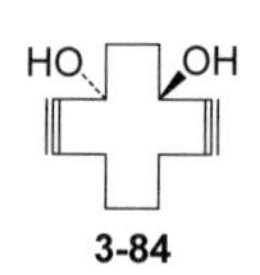

3-84

根据2,8-环十二二炔-反-1,10-二醇（**3-84**）的单晶X射线分析结果[43]，可以绘出它的构象投影式（**3-85**）和构象透视式（**3-86**）。

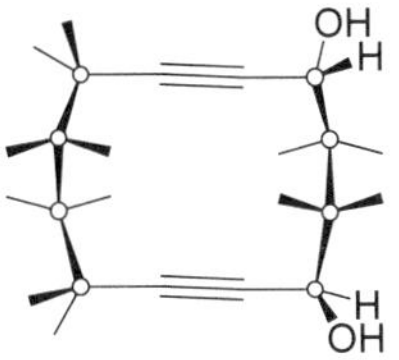

3-85 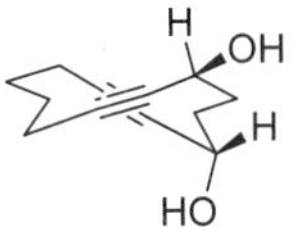 **3-86**

2,8-环十二二炔-反-1,10-二醇的这一构象的母环与母体1,7-环十二二炔相似。两条含C≡C碳链的键角和二面角变化不大，两条含C≡C的碳链相互呈交叉状。但是，由于两个羟基的影响，两条饱和碳链进一步向外扩展，二面角在143°～147°之间，角张力进一步增加。也是由于两个羟基的存在，该构象仅具有C_2对称性。这一结果进一步证实了前面对1,7-环十二二炔构象的认知。

3.9.1.2 3,3,6,6,9,9,12,12-八甲基-3,6,9,12-四硅杂-1,7-环十二二炔

3,3,6,6,9,9,12,12-八甲基-3,6,9,12-四硅杂-1,7-环十二二炔（**3-87**）的单晶X射线分析获得的构象（**3-88**）[44]明显与1,7-环十二二炔的构象不同。硅与碳原子为同族元素，因此用硅原子替代1,7-环十二二炔的4个角碳形成的四硅杂-1,7-环十二二炔，似乎构象不会有大的变化。然而，由于Si—C键键长（0.184～0.188 nm）大于C—C键键长，因此减小了分子中Si—CH_2—CH_2—Si链的扭转张力，其母体的构象与1,7-环十二二炔相比，有两点不同：

① 两条Si—CH_2—CH_2—Si链虽然仍呈锯齿状排列，但是齿尖取向相同，分子构象为阶梯式，两条含炔键的链相互平行，构象具有C_{2h}对称性。

② Si—C—C—Si链的二面角为157.4°，即向外扩展的程度小于相应的1,7-环十二二炔。

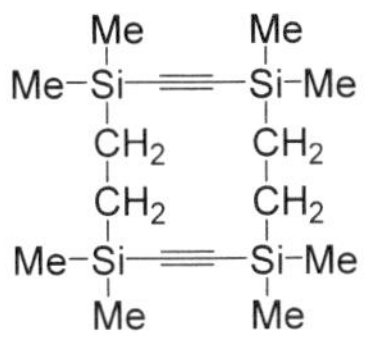

3-87 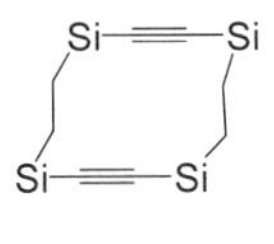 **3-88**

3.9.2 1,8-环十四二炔及其衍生物的构象

1,8-环十四二炔［**3-89(1)**］特殊的理化性质，如熔点高、易于形成等与其他同系物有较大的差异，受到研究者的特别关注。

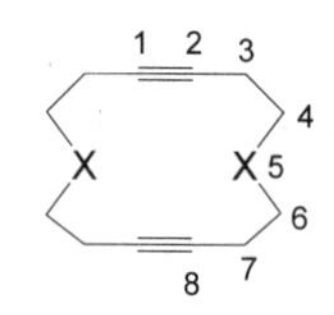

3-89(1)：X=CH_2，1,8-环十四二炔

3-89(2)：X=C═CH_2，5,12-二亚甲基-1,8-环十四二炔

3-89(3)：X=O，1,8-二氧杂-环十四二炔

3-89(4)：X=C═O，4,11-环十四二炔-1,8-二酮

1,8-环十四二炔的变温 ^{1}H NMR 谱图显示[45]，在−128℃以上时，谱图呈现 3 条单峰，化学位移为 δ 2.25、δ 1.50、δ 1.80，分别代表 α-CH_2、β-CH_2、γ-CH_2。当温度降至−160℃时，谱图呈现出两个钝峰，进一步降温至−165℃时，谱图可以粗略分辨出 3 组两重峰。据此得出结论：1,8-环十四二炔在溶液中的构象确为类椅式，并提出两个对映的类椅式构象［**3-90(1)**和 **3-90(2)**]可以通过类船式构象（**3-91**）相互转换（图 3-12）。

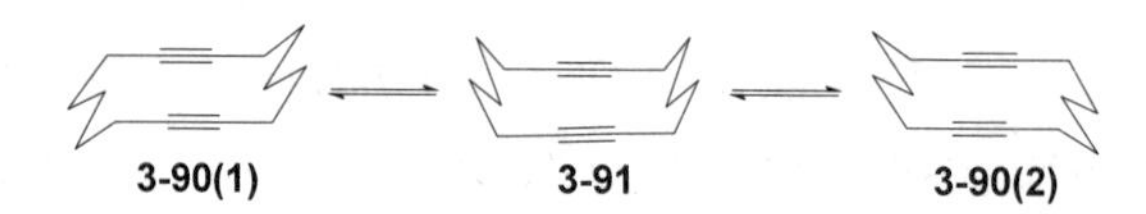

图 3-12　1,8-环十四二炔两个类椅式构象对映体的相互转换

在研究了 1,8-环十四二炔在溶液中的构象后，它在固态时的构象也被研究。为便于获得更多信息，几个类似物［**3-89(2)**、**3-89(3)**、**3-89(4)**］同时被研究[46]。

1,8-环十四二炔及其 3 个类似物均经单晶 X 射线分析得到它们在固态时的构象（**3-92**～**3-95**）及其相关数据：饱和碳链各键间的二面角列于表 3-6，两个炔键间的跨环距离列于表 3-7，炔键平面与饱和链中心三原子平面的二面角列于表 3-8。

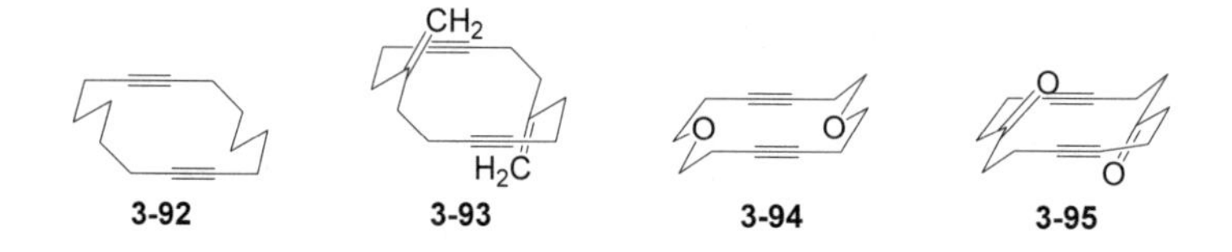

表 3-6　1,8-环十四二炔及其 3 个类似物饱和碳链各键间的二面角　单位：(°)

化合物	**3-89(1)**	**3-89(2)**	**3-89(3)**	**3-89(4)**
C2—C3—C4—X5	55.3	57.3	−63.8	−69.2
C3—C4—X5—C6	65.5	60.5	176.2	169.6
C4—X5—C6—C7	−179.2	−178.2	−168.0	−178.6
X5—C6—C7—C8	61.6	66.9	57.6	69.2

表 3-7 1,8-环十四二炔及其3个类似物两个炔键间的跨环距离

化合物	**3-89(1)**	**3-89(2)**	**3-89(3)**	**3-89(4)**
距离/nm	0.464	0.539	0.471	0.520

表 3-8 1,8-环十四二炔及其3个类似物炔键平面与饱和链中心3原子平面的二面角

化合物	**3-89(1)**	**3-89(2)**	**3-89(3)**	**3-89(4)**
二面角/(°)	61.3	66.4	59.0	71.6

由表3-6可知，1,8-环十四二炔［**3-89(1)**，构象式**3-92**］的两个炔键间的$(CH_2)_5$碳链，仅有一个对位交叉单元。5,12-二亚甲基-1,8-环十四二炔［**3-89(2)**，构象式**3-93**］与其构象相同，具有C_1对称性。1,8-二氧杂-4,11-环十四二炔［**3-89(3)**，构象式**3-94**］和4,11-环十四二炔-1,8-二酮［**3-89(4)**，构象式**3-95**］则有不同的特点，它们的饱和链含有两个对位交叉构象，呈锯齿状排列，呈类椅式构象，具有C_{2h}对称性。这些化合物构象的另一个特点是，饱和链的中心原子为sp^2杂化时［化合物**3-89(2)**、**3-89(4)**］，两个炔键的跨环距离较长，分别为0.539 nm和0.520 nm（表3-7），这是可以预计到的，因为sp^2杂化中心的夹角接近120°，与中心原子为sp^3杂化，其相应夹角大约为110°相比，它的两个键伸得更开，故两个炔键的跨环距离较长，后者［化合物**3-89(1)**、**3-89(3)**］较短（分别为0.464 nm和0.471 nm）。这些化合物构象的第三个特点是，饱和链的三中心原子链均向环内倾斜，也就是炔键平面与饱和链中心三原子平面的二面角小于90°（表3-8），其中化合物**3-89(4)**倾斜度最小，为71.6°，这是因为该化合物的羰基氧原子与邻近炔键的sp杂化碳原子相互排斥，减小了它的倾斜度。

虽然上述研究结果完全弄清楚了1,8-环十四二炔在固态时的构象及其特征，但是没能回答为何采取具有C_1对称性的构象。知道的只是，连接两个炔键的两个$(CH_2)_5$链的中心碳原子被氧原子或含有氧原子的羰基替代后，则取具有C_{2h}对称的类椅式构象。由于1,8-环十四二炔较为特殊的理化性质，更多的衍生物被合成和研究。下节将介绍更多含杂原子的1,8-环十四二炔衍生物的构象。

3.9.3 含杂原子1,8-环十四二炔衍生物的构象

3.9.3.1 1,8-二异丙基-1,8-二氮杂-4,11-环十四二炔的构象[47]

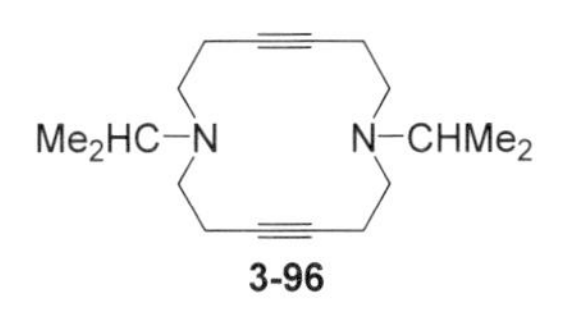

单晶 X 射线分析显示，在固态时，1,8-二异丙基-1,8-二氮杂-4,11-环十四二炔（**3-96**）的母环取具有 C_{2h} 对称性的信封-椅式构象（**3-97**）。连接两个炔键的 5 原子链没有取锯齿状构象。分子中，两个炔键的跨环距离为 0.385 nm，显著地短于 1,8-环十四二炔的 0.464 nm，其原因可以归结于氮原子的存在。氮原子所连接的烷基间的夹角大约为 108°，小于碳原子两个取代基之间的 109.5°的夹角，于是缩短了两个炔键的跨环距离。

3-97

对其母环 1,8-二氮杂-4,11-环十四二炔的计算化学研究表明，它的类椅式构象（**3-98**）和信封-椅式构象（**3-99**)能量差别很小，溶液中处于动力学平衡之中，而类椅式构象也具有 C_{2h} 对称性。

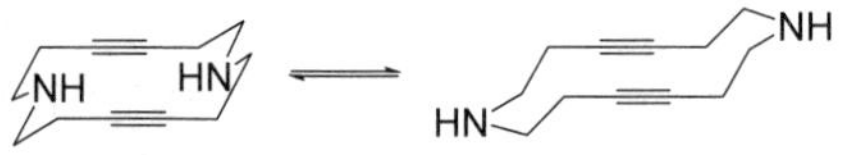

3-98 **3-99**

溶液中，1,8-二异丙基-1,8-二氮杂-4,11-环十四二炔的 ^{13}C NMR 谱显示，母环仅有 3 条吸收峰，化学位移分别为：δ 80.9（C≡）、δ 49.5（N—CH_2）、δ 20.8（≡C—CH_2—C），这与分子的 C_{2h} 对称性一致。

3.9.3.2 取代的1,3,8,10-四氧杂-2,9-二硅杂-5,12-环十四二炔的构象

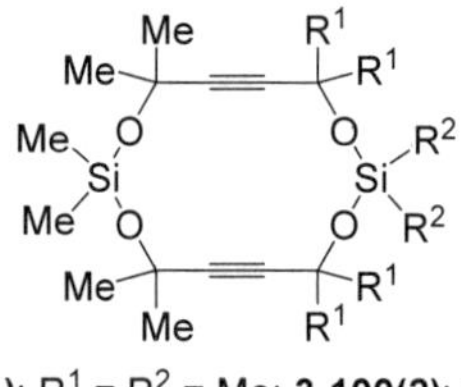

3-100(1): $R^1 = R^2 =$ Me; **3-100(2)**: $R^1 = R^2 =$ Ph

取代的1,3,8,10-四氧杂-2,9-二硅杂-5,12-环十四二炔的单晶X射线分析显示，化合物 **3-100(1)**的母环呈类椅式构象，两条含炔键的 4C 链相互平行[48]。由于硅原子上两个甲基与炔键两个 α-位的偕甲基强烈的相互作用，致使两个炔键的连接链不能采取锯齿状构象（**3-101**，略去取代基），并使两个炔键间的跨环距离缩短为 0.450 nm，小于 1,8-环十四二炔的 0.464 nm。化合物 **3-100(2)**则由于一条连接链上取代基全部换为苯基,相互作用更加强烈，致使母环变形，在一个晶胞中出现两种构象，即一个扭船式构象（**3-102**，略去取代基）和一个扭椅式

构象（**3-103**，略去取代基），两个构象中的两个炔键均呈交叉状，二面角分别为 61.5°和 64.8°。同时由于硅原子上两个苯环强烈的排斥作用，使 O—Si—O 的键角变小，两个炔键的跨环距离进一步缩小，分别为 0.365 nm 和 0.85 nm。两个化合物的构象均无任何对称因素。

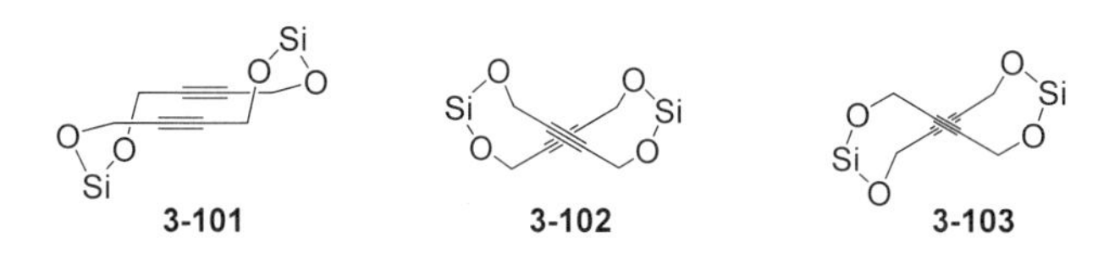

3-101　　**3-102**　　**3-103**

3.9.3.3　1,5-二硫(碲)杂-6,13-环十四二炔的构象

H_2C—≡—X
CH_2　CH_2
CH_2　CH_2
CH_2　CH_2
H_2C—≡—X

3-104(1): X = S; **3-104(2)**: X = Te

单晶 X 射线分析指出，1,5-二硫(碲)杂-6,13-环十四二炔［**3-104(1)**和 **3-104(2)**］在固态时均取类椅式构象（**3-105**），但不是规整的类椅式构象[49]，化合物 **3-104(1)** 和 **3-104(2)**的炔键链分别偏离平行 0.7°和 1.8°；分子中两个炔键对应的炔碳的跨环距离也不相等，化合物 **3-104(1)**分子中，与硫原子相邻的两个炔碳的跨环距离为 0.531 nm，另两个炔碳的跨环距离为 0.539 nm，而化合物 **3-104(2)**相应的数值则分别为 0.551 nm 和 0.574 nm。这些结果皆与杂原子的存在有关。

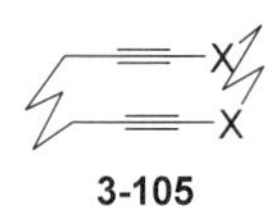

3-105

化合物 **3-104(1)** 的 ^{13}C NMR 谱共有 7 条谱线，化学位移分别为 δ 19.6（CH_2）、δ 26.7(CH_2)、δ 27.2（CH_2）、δ 29.5（CH_2）、δ 32.9（CH_2）、δ 67.5（C≡）、δ 94.8（C≡），即有 5 种亚甲基，两类炔碳，说明分子中两个炔键虽然与平行有 0.7°的偏差，却仍然显示出 C_s 对称性。

3.9.3.4　3,3,7,7,10,10,14,14-八甲基-3,7,10,14-四硅杂-1,8-环十四二炔

3,3,7,7,10,10,14,14-八甲基-3,7,10,14-四硅杂-1,8-环十四二炔（**3-106**）的单晶 X 射线分析指出，分子的两条 Si—CH_2—CH_2—CH_2—Si 链呈锯齿状排列，但是齿尖取向相同，分子构象为阶梯式，或称类船式，两条含炔键的链相互平行，构象具有 C_{2h} 对称性（**3-107**，略去取代基）[44]。

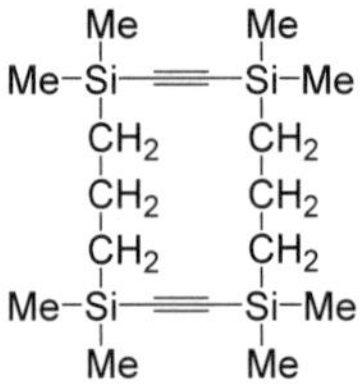

3-106 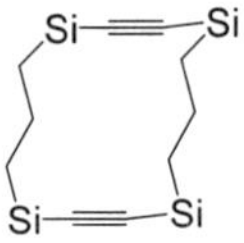　　3-107

以上讨论了1,8-环十四二炔及其含有各种杂原子（Si、N、O、S、Te等）的衍生物的构象。可以看到，其构象是多种多样的，但是，尚未发现明显的规律。

3.9.4　3,3,8,8,11,11,16,16-八甲基-3,8,11,16-四硅杂-1,9-环十六二炔的构象

由于缺乏1,9-环十六二炔的立体化学资料，这里讨论它的四硅杂衍生物——3,3,8,8,11,11,16,16-八甲基-3,8,11,16-四硅杂-1,9-环十六二炔（**3-108**）的构象[44]，以作参考。单晶X射线分析得到它在固态时的构象（透视式**3-109**，略去取代基）。与它的同系物四硅杂环十二二炔和环十四二炔一样，两条Si—CH_2—CH_2—CH_2—CH_2—Si链呈锯齿状排列，但是齿尖取向相同，分子构象为阶梯式，或称类船式，两条含炔键的链相互平行，构象具有C_{2h}对称性。

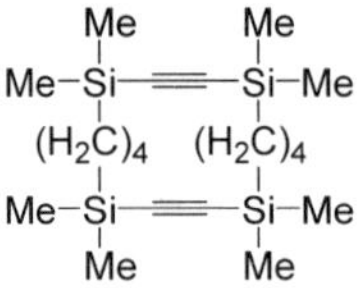

3-108 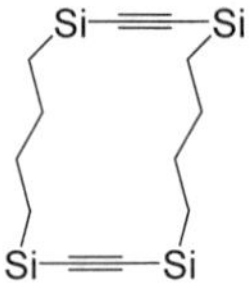　　3-109

3.9.5　1,10-环十八二炔的构象

1,10-环十八二炔（**3-110**）的单晶X射线分析得到它在固态时的构象（**3-111**）[50]，在该构象中，两条连接两个炔键的碳链呈锯齿状，环呈类椅式构象，具有C_{2h}对称性，环中两个炔键的跨环距离长达0.712 nm。

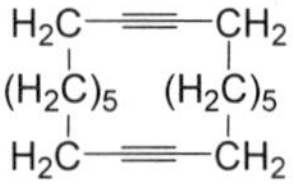

3-110 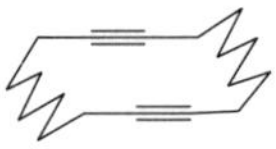　　3-111

3.9.6　1,13-环二十四二炔的构象

1,13-环二十四二炔（**3-112**）的单晶X射线分析得到它在固态时的构象

（**3-113**）[51]。在该构象中，两条连接两个炔键的十亚甲基碳链分为五亚甲基和六亚甲基两部分(两部分共用一个亚甲基)，两部分与炔键连接亚甲基和连接处均取邻位交叉构象，其余部分均取对位交叉构象，两个炔键相互扭曲呈交叉状，夹角 83.3°，含炔键的四碳链的二面角为 178.6°，基本无张力，整个分子为六边形，呈类扭船式构象，具有 C_2 对称性。另外，1,13-环二十四二炔的熔点为 64～65℃，大大低于 1,12-环二十二二炔的熔点（106.5℃），也就是说，仍然符合 *n* 为偶数时，熔点低于邻近 *n* 为奇数同系物熔点的规律。

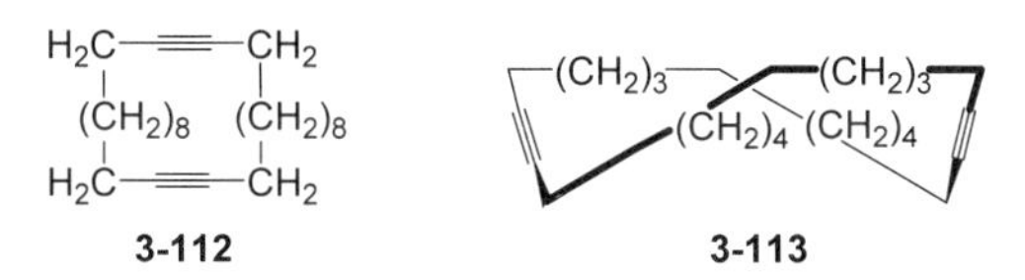

3-112 **3-113**

1,13-环二十四二炔的 ^{13}C NMR 谱显示 6 条吸收峰，化学位移分别为：δ 80.7（C≡）、δ 29.7（CH_2）、δ 29.3（CH_2）、δ 28.8（CH_2）、δ 28.3（CH_2）、δ 18.6（CH_2C≡）。^{13}C NMR 数据说明，溶液中只有一种炔碳和五种亚甲基碳，宏观上分子呈现 C_{2h} 对称性，可能为阶梯式构象。

3.9.7 1,14-环二十六二炔的构象

1,14-环二十六二炔（**3-114**）的单晶 X 射线分析得到它在固态时的构象（**3-115**）[51]。在该构象中，两条连接两个炔键的十一亚甲基碳链中的九碳链呈锯齿状构象，各有一个含两个亚甲基的邻位交叉构象，两个炔键相互平行，分子的这一构象与 1,8-环十四二炔的构象相似，对称性为 C_1，即无任何对称因素。它的熔点为 103～104℃，显著地高于 1,13-环二十四二炔的 64～65℃。

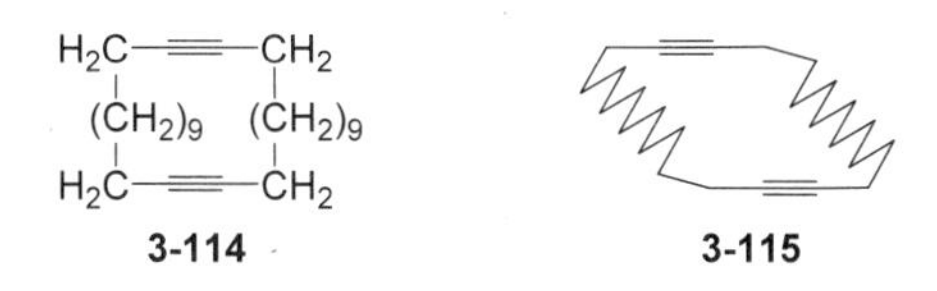

3-114 **3-115**

1,14-环二十六二炔的 ^{13}C NMR 谱显示 7 条吸收峰，化学位移分别为：δ 80.8（C≡）、δ 30.0（CH_2）、δ 29.8（CH_2）、δ 29.5（CH_2）、δ 28.7（CH_2）、δ 28.6（CH_2）、δ 18.7（CH_2C≡）。^{13}C NMR 数据说明，溶液中只有一种炔碳和 6 种亚甲基碳，宏观上分子呈现 C_{2h} 对称性。可以推测，分子在溶液中呈类椅式构象，且对映的两个类椅式构象在快速地转换之中，与 1,8-环十四二炔的情形相同。

参考文献

[1] Ganis P, Giuliano V, Lepore U. Tetrahedron Lett, 1971: 765-768.

[2] Pawar D M, Davis K L, Brown B L, et al. J Org Chem, 1999, 64: 4580-4585.
[3] Anet F A L, Rawdah T N. Tetrahedron Lett, 1979: 1943-1946.
[4] Wang X L, Xue J Y, Hu Z, et al. Chin J Chem, 1990, 8: 385-389.
[5] Han X Y, Wang M A, Liang X M, et al. Chin J Chem, 2004, 22: 563-567.
[6] Zhang C, Gong S, Zhang L, et al. Molecules, 2010, 15: 699-708.
[7] Wilke G. Angew Chem Int Ed, 1963, 2: 105-164.
[8] Unich K G, Martin D J. J Am Chem Soc, 1965, 87: 3518-3520.
[9] Hendrickson J B. J Am Chem Soc, 1967, 89: 7043-7076.
[10] Anet F A L, Rawdah T N. J Am Chem Soc, 1978, 100: 5003-5007.
[11] Dale J. Topics in Stereochemistry Ed by Eliel E L, Allinger N L. 1976, 9: 199-269.
[12] Jmmirzi A, Allegra G. Rendiconti, 1967, 43: 338-349.
[13] Bellott B, Girolami G S. Organometallics, 2009, 28: 2046-2052.
[14] Rawdah T N, El-Faer M Z. Tetrahedron Lett, 1995, 36: 3381-3384.
[15] Rawdah T N, El-Faer M Z. Tetrahedron Lett, 1996, 37: 4267-4270.
[16] Anet F A L, Rawdah T N. J Org Chem, 1980, 45: 5243-5247.
[17] Chernvshova E S, Goddard R, Porschke K R. Organometallics, 2007, 26: 4872-4880.
[18] Baker W, Banks R, Lyon D R, et al. J Chem Soc, 1945: 27-30.
[19] Staab H A, Graf F, Junge B. Tetrahedron Lett, 1966, 7: 743-749.
[20] Brickwood D J, Ollis W D, tephanaton J S, et al. J Chem Soc, Per Trans1, 1978: 1398-1414.
[21] Domiano P, Cozzini P, Claramunt R M, et al. J Chem Soc, Per Trans 2, 1992: 1609-1620.
[22] Jimeno M L, Eiguero J. J Org Chem, 1992, 57: 6682-6684.
[23] Brickwood D J, Ollis W D, Stoddart J F. J Chem Soc, Chem Commun, 1973, 17: 638-640.
[24] Nori-Shargh D, Ghanizadch F R, Hosseini M M, et al. J Mol Struct, THEOCHEM, 2007, 808: 135-144.
[25] Garratt P J, Nicoiaou K C, Sondheimer F. J Am Chem Soc, 1973, 95: 4582-4592.
[26] Yavari I, Esnaashari M, Adib M. J Chem Research (S), 2002: 124-127.
[27] Yavari I, Esnaashari M, Adib M. Monatshefte Chem, 2002, 133: 299-304.
[28] Krause A, Musso H, Boland W, et al. Angew Chem Int Ed Engl, 1989, 28: 1379-1381.
[29] White J D, Gesher B D. Tetrahedron Lett, 1968: 1591-1594.
[30] White J D, Gesher B D. Tetrahedron, 1974, 30: 2273-2277.
[31] Zhang H, Steed J W, Atwood J L. Supermol Chem, 1995, 4: 185-190.
[32] Lutz Jr M R, Zeller M, Sarsah S R S, et al. Supermol Chem, 2012, 24: 803-809.
[33] Wang D, Ivanov M V, Mirzaei S, et al. Org Biomol Chem, 2018, 16: 5712-5717.
[34] Erickson M S, Schilling P, Fronczek F R, et al. Acta Cryst, 1993, C49: 165-167.
[35] Hubert A J, Dale J. J Chem Soc, 1965: 6674-6679.
[36] Dale J. Angew Chem Int Ed, 1966, 5: 1000-1021.
[37] Dale J, Hubert A J, King G S D. J Chem Soc, 1963: 73-86.
[38] Macomber R S, Constantinides I, Bauer J K, et al. J Org Chem, 1996, 61: 727-734.
[39] Anet F A L, Rawdah T N. J Am Chem Soc, 1979, 101: 1887-1888.
[40] Fluegge S, Anoop A, Goddard R, et al. Chem−A Eur J, 2009, 15: 8558-8565.
[41] Gleiter R, Karcher M, Jahn R, et al. Chem Ber, 1988, 121: 735-740.

[42] King R B, Efraty A. J Am Chem Soc, 1972, 94: 3021-3025.
[43] Boss C, Steckli-Evans H, Keese R. Acta Cryst, 1996, C52: 3069-3073.
[44] Eliassen G A, Kioster-Jensen E, Romming C. Acta Chem Scand, 1986, B40: 574-582.
[45] Augdahl E, Borgen G, Dale J, et al. Acta Chem Scand, 1974, B28: 125-129.
[46] Gleiter R, Ramming M, Weigl H, et al. Liebigs Ann /Recueil, 1997: 1545-1550.
[47] Worfart V, Gleiter R, Irngartinger H, et al. Eur J Org Chem, 1998: 2803-2809.
[48] Schaefe C, Gleiter R, Rominger F. Eur J Org Chem, 2003: 3051-3059.
[49] Schulte J H, Werz D B, Rominger F, et al. Org Biomol Chem, 2003, 1: 2788-2794.
[50] Gleiter R, Pflasterer G, Nuber B. J Chem Soc, Chem Commun, 1993: 454-456.
[51] Hellbach B, Gleiter R, Rominger F. Synthesis, 2003: 2535-2541.

第 4 章
大环酮的立体化学

本章重点讨论环十二酮到环十六酮的构象[1]及其取代环十二酮的顺反异构。

4.1 环十二酮及其衍生物的立体化学

4.1.1 环十二酮的构象

环十二酮的结构式如 **4-1** 所示，常温时为无色晶体。环十二酮有多种合成方法[2]，其中最为重要的是以易得的环十二三烯为原料，经环氧化、还原和氧化三步合成的方法[3]。环十二酮的立体化学问题实际就是构象问题。

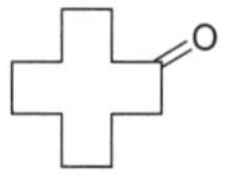

4-1

4.1.1.1 环十二酮的优势构象[4,5]

NMR 技术研究和单晶 X 射线分析指出，环十二酮的构象与环十二烷相似，母环为[3333]方形构象，羰基位于边碳位，并且处于碳锯齿链平面之内，与整个环平面垂直，不过，由于羰基的无序，不能得到完整的晶体结构图。但是，环十二酮的优势构象仍然通过多种方法确定了如投影式 **4-2** 所示的式样，命名为[3333]-2-酮（大环酮构象的命名与大环烯相同，采用“后缀法”）。

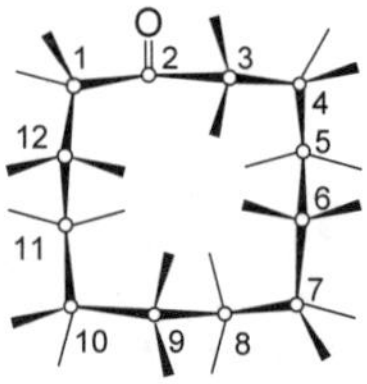

4-2

由计算化学得到的环十二酮碳环的二面角见表 4-1[6]。与其母体环十二烷相比，最为显著的差别是，在环十二酮中与含羰基的 C1—C2—C3—C4 边相连接的 C4—C5—C6—C7 边和 C10—C11—C12—C1 边的二面角分别为 176°和 172°，与标准的 180°相差不大，这是因为 C2 亚甲基替换为羰基后，C2 和 C5 的内向氢之间以及 C2 和 C11 的内向氢之间存在的 1,4-H,H 相互作用消失，跨环张力减小，C4—C5—C6—C7 边和 C10—C11—C12—C1 边向外扩展的需求减小。C7—C8—C9—C10 边与相邻两条边的 1,4-H,H 相互作用仍然存在，向外扩展的需求仍然存在，其二面角仅 146°。

表 4-1　计算化学得到的环十二酮中碳环的二面角

碳链	二面角/(°)	碳链	二面角/(°)	碳链	二面角/(°)
C1—C2—C3—C4	148	C6—C7—C8—C9	−69	C11—C12—C1—C2	−65
C2—C3—C4—C5	−60	C7—C8—C9—C10	146	C12—C1—C2—C3	−76
C3—C4—C5—C6	−70	C8—C9—C10—C11	−69		
C4—C5—C6—C7	176	C9—C10—C11—C12	−68		
C5—C6—C7—C8	−67	C10—C11—C12—C1	172		

注：碳原子编号见 **4-2**。

环十二酮无论在溶液中或是在固态状态下，其构象均为[3333]-2-酮，甚至在包合物中也是如此。例如在棉酚与环十二酮的（1/2）包合物晶体结构中两个环十二酮分子的构象也是[3333]-2-酮[7]。

环十二酮的[3333]-2-酮构象还得到环十二酮肟单晶 X 射线分析的证实[8]（投影式 **4-3**）：碳环的构象为[3333]，肟基在边碳位。

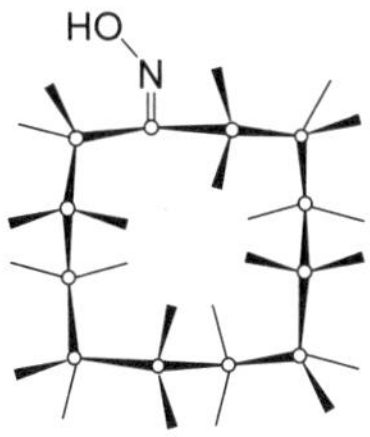

4-3

^{13}C NMR 谱研究指出，环十二酮的构象具有某种对称性，即环十二酮的 ^{13}C NMR 谱[9]仅呈现 7 条谱线，并通过辅助技术对其进行了确认（表 4-2）。如何解释这一结果？计算化学[6]给出了答案：在溶液中环十二酮的构象在不断地转换之中，从一个[3333]-2-酮构象转换为另一个[3333]-2-酮构象（即环中的亚甲基在边碳位和角碳位间相互转换）。这一过程有两种可能的途径（图 4-1）：C_2 假旋

［**4-4(1)**与 **4-4(3)**之间，**4-4(2)**与 **4-4(4)**之间］和 C_s 假旋［**4-4(1)**与 **4-4(2)**之间，**4-4(3)**与 **4-4(4)**之间］。前者在两个[3333]-2-酮构象的动力学平衡中，显示 C_2 对称性，后者则呈现 C_s 对称性，总体上，环十二酮在整个动力学平衡中显示 C_{2v} 对称性。于是上述 ^{13}C NMR 谱得到解释。

表 4-2　环十二酮的 ^{13}C NMR 数据

碳原子序号	C2(C═O)	C1, C3	C4, C12	C5, C11	C6, C10	C7, C9	C8
δ	211.5	40.6	23.1	25.0	25.5	25.4	23.3

注：碳原子序号见 **4-2**。

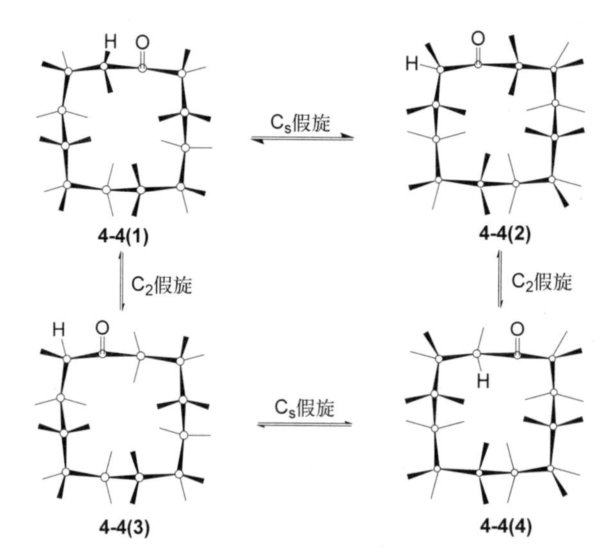

图 4-1　环十二酮[3333]-2-酮构象的转换（仅标出一个 α-H）

低温下 2,2,12,12-四氘代环十二酮及 3,3,4,4,5,5,6,6,7,7,8,8,9,9,10,10,11,11-十八氘代环十二酮的 ^1H NMR 研究，得到了环十二酮分子中几个重要氢原子的化学位移数据[10]。这些氢原子分别是：α-边外向 H（指向环外，符号 exo），α-边内向 H（指向环内，符号 endo），α-角顺 H（与羰基取向相同，符号 syn），α-角反 H（与羰基取向相反，符号 anti）以及 β-角顺 H 和 β'-边内向 H，结果列于表 4-3 并示于 **4-5**。分辨这几个不同位置的氢，对于后面讨论取代环十二酮的构象很重要。

表 4-3　环十二酮部分氢原子的化学位移

H 类型	α-H_{exo}	α-H_{endo}	α-H_{syn}	α-H_{anti}	β-H_{syn}	β'-H_{endo}
δ	2.06	3.21	2.09	2.75	2.04	1.93

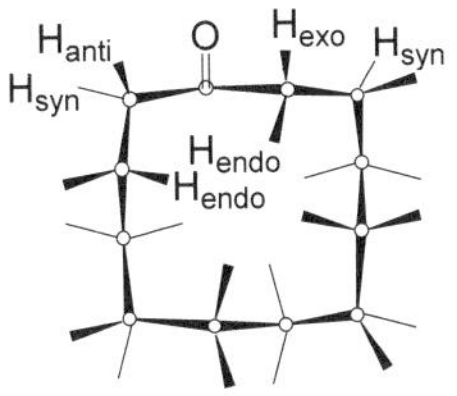

4-5

4.1.1.2　环十二酮的次优构象

计算化学研究[6]指出，低温下，[3333]-2-酮是环十二酮唯一存在的构象，这与前述研究结论一致。[3324]-2-酮（**4-6**）、[3423]-2-酮（**4-7**）、[4323]-3-酮（**4-8**）和[2334]-2-酮（**4-9**）为环十二酮的次优构象,它们在室温以上可有一定比例存在。显然，这些次优构象均衍化自环十二烷的次优构象[2334]或[2343]。

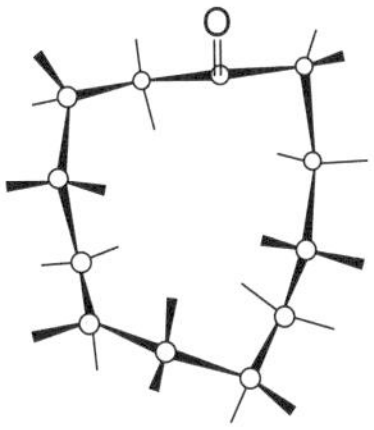

4-6 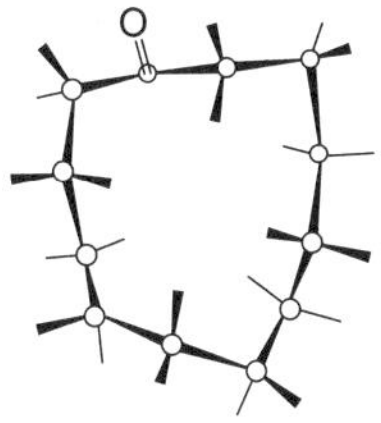　　4-7

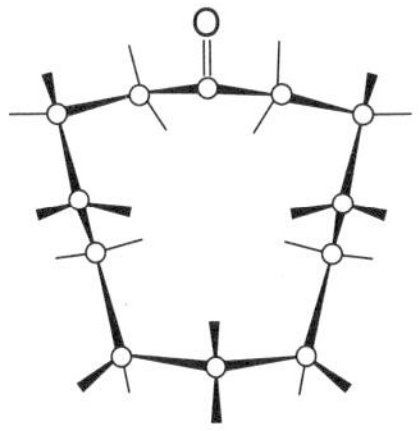

4-8 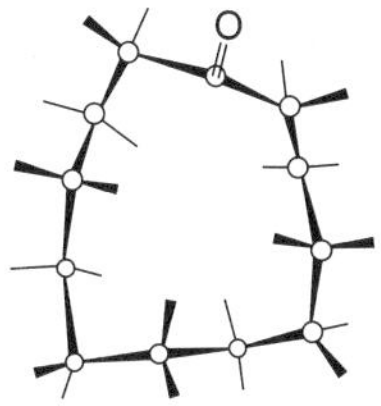　　4-9

2021 年采用宽带转动光谱结合计算化学的研究，也证实[3333]-2-酮是环十二酮的最优构象，而[3324]-2-酮是重要的次优构象，两者丰度的比例为 77∶4[11]。

4.1.2　α-单取代环十二酮的构象及其顺反异构

本节重点讨论 α-单取代环十二酮母环的优势构象，取代基在该构象中的取向；其他次优构象和构象转换的途径，影响因素；以及顺反异构等。

4.1.2.1　α-单取代环十二酮的构象及其相互转换

对一系列 α-单取代环十二酮[12]的计算化学研究表明，它们的最低能量构象衍化自环十二酮的[3333]-2-酮构象。[3333]-2-酮构象有 4 种 α-H，因此有 4 种可能的取代方式而衍生出 4 种可能的构象，它们分别是 *α*-边外-R-[3333]-2-酮（**4-10**）、*α*-角顺-R-[3333]-2-酮（**4-11**）、*α*-角反-R-[3333]-2-酮（**4-12**）以及 *α*-边内-R-[3333]-2-酮（**4-13**）。

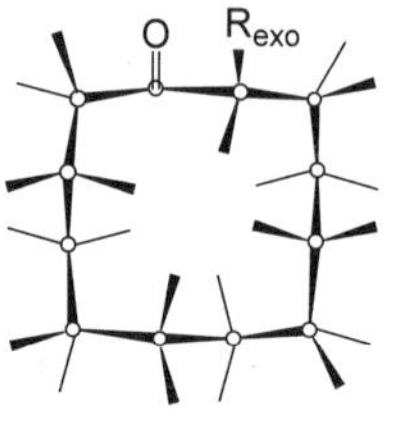

4-10 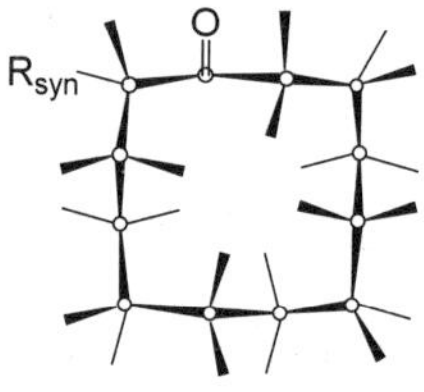　　**4-11**

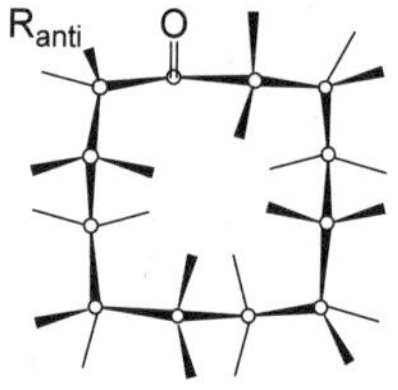

4-12 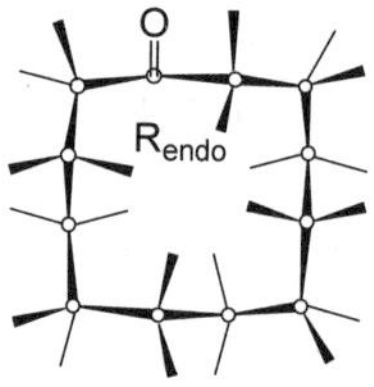　　**4-13**

几个 *α*-单取代环十二酮的 4 种取代模式由计算化学得到的能量值见表 4-4。数据说明，4 种可能构象的稳定性总体上顺序为：*α*-边外-R-[3333]-2-酮 ＞*α*-角反-R-[3333]-2-酮 ＞*α*-角顺-R-[3333]-2-酮 ＞*α*-边内-R-[3333]-2-酮。其中，前三个构象的能量相差不大，而边内取代的构象由于取代基与其他边内向 H 强烈的跨环相互作用，能量要高得多，属于禁阻构象。

表 4-4　4 种 *α*-单取代[3333]-2-酮构象的能量值　　单位：kJ/mol

R	取代位置			
	边外	角顺	角反	边内
NO_2	52.73	52.08	53.57	72.76
CO_2Et	51.49	54.42	53.79	68.48
Br	43.86	45.64	44.51	56.93
SO_2NH_2	39.56	41.17	40.96	71.65
OH	49.42	48.36	50.15	56.46
SPh	43.81	45.73	45.66	63.64
CH_2Ph	48.67	51.09	50.09	86.46
CMe_3	69.38	79.22	70.74	162.36

分子模型分析表明，上述四种构象可以分为两对（透视式表示）：*α*-边外-R-[3333]-2-酮（**4-14**）与 *α*-角顺-R-[3333]-2-酮（**4-15**）和 *α*-角反-R-[3333]-2-酮（**4-16**）与 *α*-边内-R-[3333]-2-酮（**4-17**），如图 4-2 所示。前一对构象相互之

间易于转换，而后一对构象由于 α-边内-R-[3333]-2-酮属于禁阻构象，理论上可以相互转换，但是转换能垒极高，基本上以 α-角反-R-[3333]-2-酮构象的形式存在。

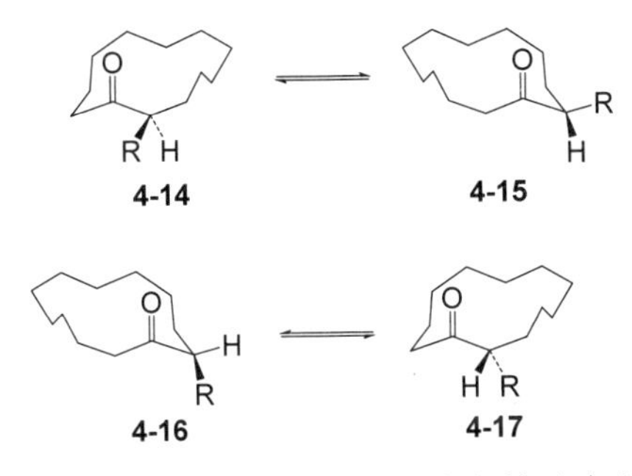

图 4-2　α-单取代环十二酮两对构象的动力学平衡

上述提到的 α-单取代环十二酮究竟取何种构象，计算化学不能给出进一步的答案，需要采用其他手段来解决。单晶 X 射线分析显示[12]，α-溴代环十二酮、α-羟基环十二酮和 α-苄基环十二酮的晶体结构均取 α-角顺-R-[3333]-2-酮构象（**4-15**）。图 4-3 是 α-溴代环十二酮的晶体结构。这一结果表明，它们在固态时没有取能量略低的 α-边外-R-[3333]-2-酮构象，或许 α-角顺-R-[3333]-2-酮构象更有利于分子的定向排列。从单晶 X 射线分析得到的其他信息还有：在此构象中，取代基与羰基大致在一个平面内，两者的二面角约为 20°。

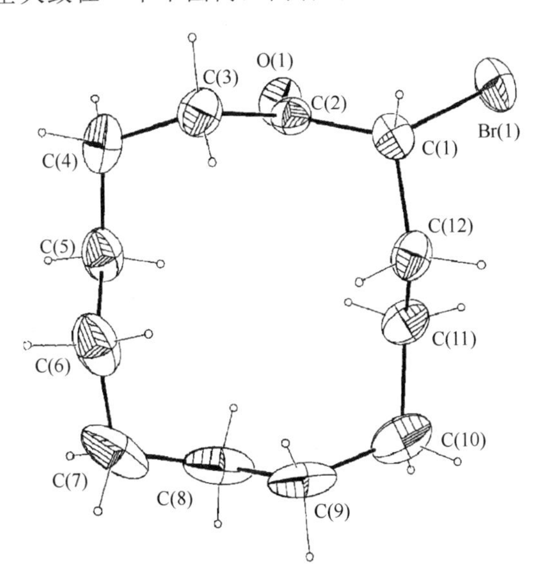

图 4-3　α-溴代环十二酮的晶体结构

但是，上述三个 α-单取代环十二酮的取代基的结构毕竟相对简单，体积较小，如果取代基体积较大，情况则有所变化。两个（卤代苯亚甲基氨基）（卤代苯基)甲基环十二酮的单晶 X 射线分析显示[13]，当取代基的两个苯基的对位取代为氯原子时，构象仍为 α-角顺-R-[3333]-2-酮（**4-18**）。但是，当两个对位取代的氯原子替换为两个邻位取代的溴原子时，构象成为 α-边外-R-[3333]-2-酮（**4-19**）。这是因为苯基邻位上体积较大的溴原子使得与处于近似平面内羰基的非键连相互作用极大地增强，成为支配分子构象的主要因素。

4-18　　**4-19**

α-单取代环十二酮的构象除受取代基体积效应的影响外，还与取代基的电子效应有关[14]。单晶 X 射线分析显示，在 α-苯基环十二酮的晶体结构中，苯基取边外向位［图 4-4（a）］，构象透视式见 **4-20**。然而在 α-环己基环十二酮的晶体结构中，体积大小与苯基相似的环己基却取角顺位［图 4-4（b）］，构象透视式见 **4-21**。这是因为如果苯基取角顺位，则存在苯环的 π 电子与羰基的 π 电子之间的 π-π 相互作用，使分子能量增高［图 4-4（c）］，而环己基无此效应，故 α-环己基环十二酮中的环己基取角顺位，与前述规律一致。需要指出的是，当苯环和十二元环之间插入一个碳或其他杂原子时，如前述的 α-苄基环十二酮，由于苯环和羰基之间的距离加大，这种 π-π 相互作用消失。

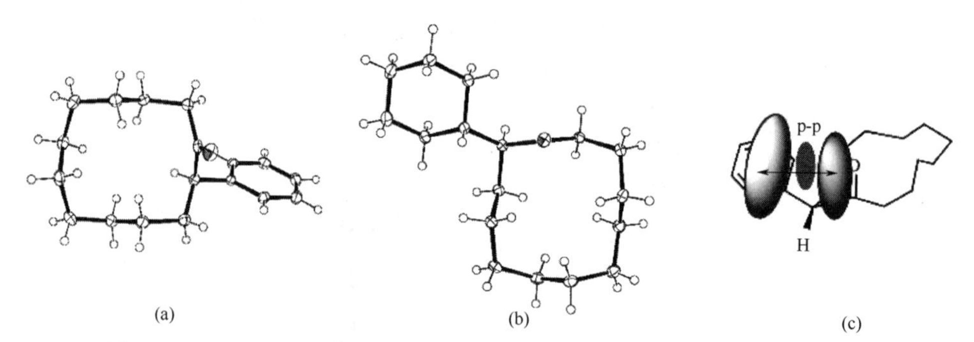

(a)　　(b)　　(c)

图 4-4　α-苯基环十二酮（a）和 α-环己基环十二酮（b）的晶体结构及 α-苯基环十二酮中角位苯基（c）的电子效应示意图

4-20　　**4-21**

在确定了上述 α-单取代环十二酮固态时的构象后，还需要知道它们在溶液中的构象，这需要借助 NMR 技术。

由于 α-单取代环十二酮中取代基 R 所在碳为手性碳，在 ^{1}H NMR 谱中，与之相邻的两个 β-H 磁不等价，因此 α-H 和两个 β-H 之间将有两个偶合常数。通过 Newman 透视式来分析 α-C 和 β-C 上质子之间的关系，结合 Karplus 方程，即可通过偶合常数判断 $H_\alpha—C_\alpha—C_\beta—H_{\beta1}$ 和 $H_\alpha—C_\alpha—C_\beta—H_{\beta2}$ 的二面角，进而推测它们的构象。若取代基占据角顺位（**4-22**），则 α-H 和两个 β-H 的二面角均在 60°左右（**4-23**，局部 Newman 透视式），两个偶合常数均在 3～5 Hz 之间。若取代基占据边外向位（**4-24**），则两个二面角分别在 180°和 60°左右（**4-25**，局部 Newman 透视式），偶合常数大致为 12 Hz 和 3 Hz。

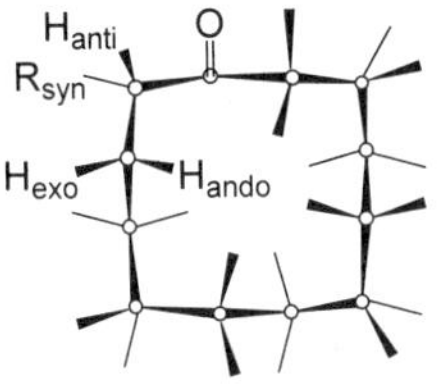

4-22

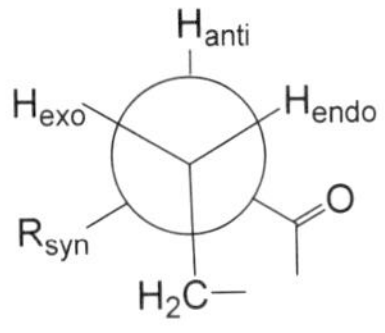

4-23

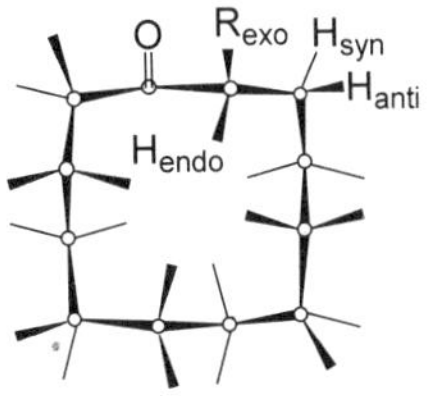

4-24

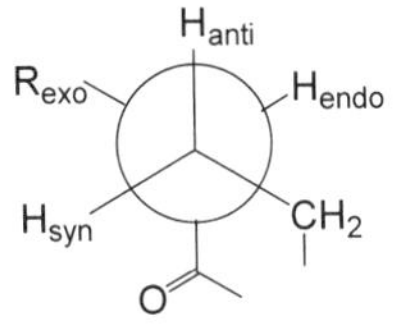

4-25

按上述分析，表 4-5[12]所列的 α-单取代环十二酮，除 R=OH 外，α-H 和两个 β-H 的偶合常数分别在 10.0～11.8 和 2.5～4.2 之间。因此溶液中分子的主要构象是 α-边外-R-[3333]-2-酮，但是存在少量的 α-角顺-R-[3333]-2-酮构象，两种构象处于动力学平衡之中，并与计算化学的结果一致。α-羟基环十二酮较为特殊，在低极性 $CDCl_3$ 中，α-H 和两个 β-H 的偶合常数大体相当，OH 处于角顺位，此时，OH 可以与羰基 O 形成分子内氢键而使构象稳定，即主要取 α-角顺-OH-[3333]-2-酮构象（**4-26**）。当换为 DMSO 作溶剂时，两个偶合常数值的差距增大，原因是，在极性溶剂中分子内部分氢键遭到破坏，分子同时取角顺取代和边外取代两种构象。

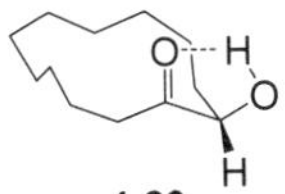

4-26

表 4-5 常温下一些 α-单取代环十二酮 α-H 的 ^{1}H NMR 数据

取代基 R	NO_2	CO_2Et	Br	SO_2NH_2	OH		SPh	CMe_3
溶剂	$CDCl_3$	$CDCl_3$	$CDCl_3$	$CDCl_3$	$CDCl_3$	DMSO-d_6	$CDCl_3$	$CDCl_3$
δ_H	5.21	3.76	4.43	4.36	4.44	4.03	3.89	2.40
$J_{\alpha,\beta1}$/Hz	10.0	10.9	11.7	11.3	4.6	8.2	11.8	11.8
$J_{\alpha,\beta2}$/Hz	4.2	3.2	3.8	3.3	3.1	3.7	3.4	2.5

计算化学对 α-单取代环十二酮的进一步研究指出[15]：

① α-边外-R-[3333]-2-酮(3-边外-R-[3333]-2-酮)构象（**4-27**）和 α-角顺-R-[3333]-2-酮(1-角顺-R-[3333]-2-酮)构象（**4-35**）的确为环十二酮的优势构象。其中，后者的能量稍高。取代基的大小及性质对环骨架的构象和羰基的位置无明显影响。

② 环十二酮还有三个次优构象，它们分别是（按能量递增顺序排列）：2-边外-R-[4233]-3-酮（**4-33**）、3-边外-R-[3243]-2-酮（**4-29**）和 3-边外-R-[3234]-2-酮（**4-31**）。

③ 环十二酮有 4 个能量极大值构象，分别是（按能量递增顺序排列）：1-角顺-R-[33321]-2-酮（**4-34**）、3-边外-R-[31323]-2-酮（**4-30**）、2-边外-R-[31323]-1-酮（**4-32**）和 3-边外-R-[31233]-2-酮（**4-28**）。

④ α-边外-R-[3333]-2-酮(3-边外-R-[3333]-2-酮)构象和 α-角顺-R-[3333]-2-酮（1-角顺-R-[3333]-2-酮）构象的转换过程经历了上述三个次优构象和四个能量极大值构象，遵循 C_s 假旋模式（图 4-5）。取代基的大小和性质不同时，转换能垒有一定差异，但是，对转换路径没有影响。

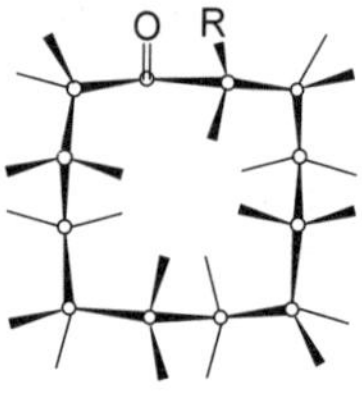

4-27 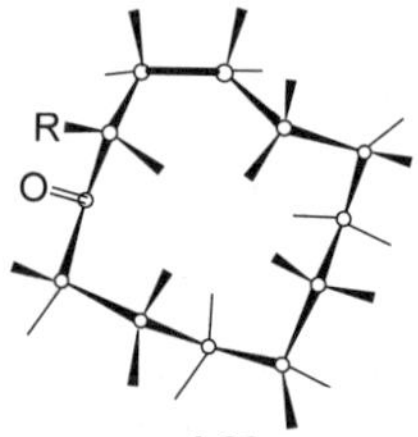 **4-28** 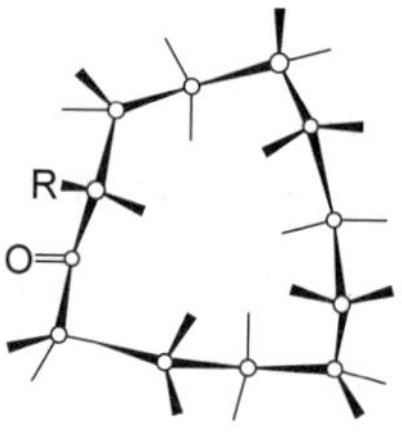 **4-29**

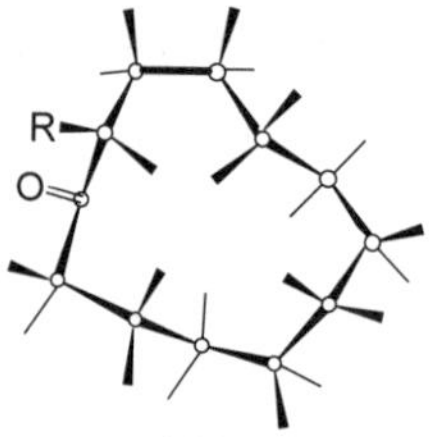

4-30 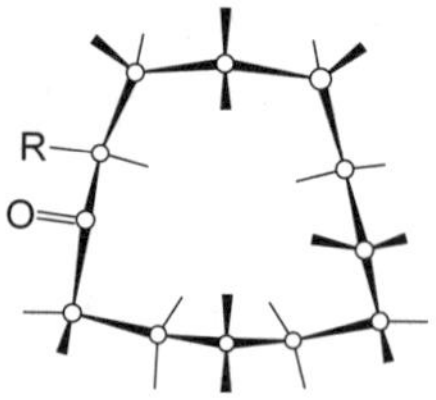 **4-31** 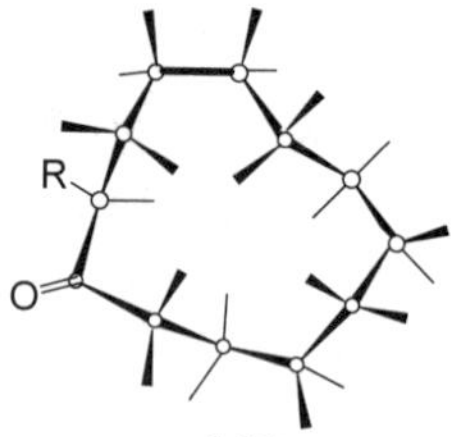 **4-32**

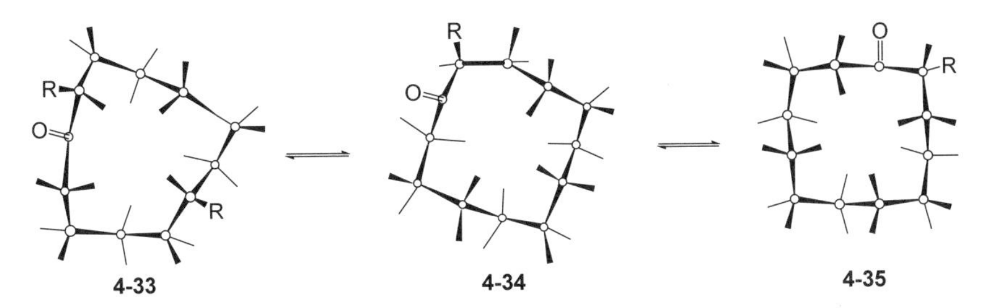

图 4-5　α-边外-R-[3333]-2-酮构象和 α-角顺-R-[3333]-2-酮构象的转换过程

4.1.2.2　影响 α-单取代环十二酮构象转换的因素

^{1}H NMR 技术对 α-单取代环十二酮的研究表明，其构象转换存在溶剂效应和温度效应[16]。

（1）溶剂效应

表 4-6 列出了一些 α-单取代环十二酮在不同极性溶剂中取代基所在 C 原子的 α-H 与两个 β-H 之间的偶合常数。

表 4-6　一些单取代环十二酮在不同极性溶剂中 20℃下 α-H 与 β-H 的偶合常数（单位：Hz）

取代基		benzene-d_6	$CDCl_3$	CD_3OD	acetone-d_6	DMSO-d_6
COPh	$J_{\alpha,\beta1}$	11.8	11.8	11.0	10.9	10.3
	$J_{\alpha,\beta2}$	2.9	2.9	3.1	3.1	3.2
COMe	$J_{\alpha,\beta1}$	11.3	11.5	11.8	10.8	10.6
	$J_{\alpha,\beta2}$	3.1	3.1	3.3	3.3	3.3
CO_2Et	$J_{\alpha,\beta1}$	11.4	11.2	11.2	11.3	10.9
	$J_{\alpha,\beta2}$	3.4	3.6	3.5	3.5	6.4
NO_2	$J_{\alpha,\beta1}$	10.2	10.0	7.9	7.9	6.1
	$J_{\alpha,\beta2}$	4.0	4.2	4.4	4.5	4.6
CO_2Ph	$J_{\alpha,\beta1}$	10.8	10.9	10.2	10.4	6.4
	$J_{\alpha,\beta2}$	3.6	3.6	3.7	3.7	2.6
CN	$J_{\alpha,\beta1}$	7.9	6.5	—	6.4	5.8
	$J_{\alpha,\beta2}$	3.5	5.4	—	3.5	3.5
OH	$J_{\alpha,\beta1}$	—	4.6	7.3	7.1	8.2
	$J_{\alpha,\beta2}$	—	3.1	3.0	2.9	3.7
SO_2NH_2	$J_{\alpha,\beta1}$	11.4	11.3	11.8	11.9	11.9
	$J_{\alpha,\beta2}$	3.1	3.2	3.0	3.0	2.8

注：溶剂极性以偶极矩 μ（D）表征，极性（偶极矩）按以下顺序依次增加：苯（benzene-d_6，$\mu = 0$）<氯仿（$CDCl_3$，$\mu = 3.4$）<甲醇（CD_3OD，$\mu = 5.7$）<丙酮（acetone-d_6，$\mu = 9.6$）<二甲亚砜（DMSO-d_6，$\mu = 13.2$）。

根据两个偶合常数与构象的关系，可以得到如下结论：除取代基为 OH 和 SO_2NH_2 的取代环十二酮外，溶剂效应的基本趋势是，在非极性或低极性溶剂中，化合物基本或主要呈 *α*-边外-R-[3333]-2-酮构象（*α*-H 的两个偶合常数分别为 7.9～11.8 Hz 和 2.9～4.0 Hz），随着溶剂极性的增加，平衡向 *α*-角顺-R-[3333]-2-酮构象方向移动。但是，直至在极性最高的溶剂二甲亚砜中，一些化合物，如取代基为 CO_2Et、COPh、COMe 的单取代环十二酮，虽然出现一定量的 *α*-角顺-R-[3333]-2-酮构象，却仍然以 *α*-边外-R-[3333]-2-酮构象为主（*α*-H 的两个偶合常数分别为 10.3～10.9 Hz 和 3.2～6.4 Hz）；另一些化合物，如取代基为 NO_2、CO_2Ph、CN 的单取代环十二酮，则以 *α*-角顺-R-[3333]-2-酮构象为主（*α*-H 的两个偶合常数分别为 5.8～6.4 Hz 和 2.6～4.6 Hz）。对这一溶剂效应的解释如下：*α*-单取代环十二酮是一个以羰基和取代基为一极，碳环部分为另一极的偶极分子，当取代基处于方形构象的一角时（**4-36**），偶极长稍长，其偶极矩稍大于取代基处于方形构象的边外时的偶极矩（**4-37**）。由于极性溶剂更有利于构象 **4-37** 的溶剂化，因此，通常情况下，无论化合物在动力学平衡中最初以何种构象为主，随着溶剂极性的增加，平衡总是向构象 **4-37** 的方向移动。*α*-羟基环十二酮的溶剂效应已在前面讨论过，*α*-氨磺酰基环十二酮的溶剂效应与其相同，但是由于氨磺酰基的体积较大，与羰基有强烈的非键连相互作用，在非极性溶剂中以 *α*-边外-R-[3333]-2-酮构象为主，*α*-角顺-R-[3333]-2-酮构象（形成氢键）所占比例很少，到高极性的二甲亚砜中时，构象完全被体积较大的取代基支配，全部转换为 *α*-边外-R-[3333]-2-酮构象。

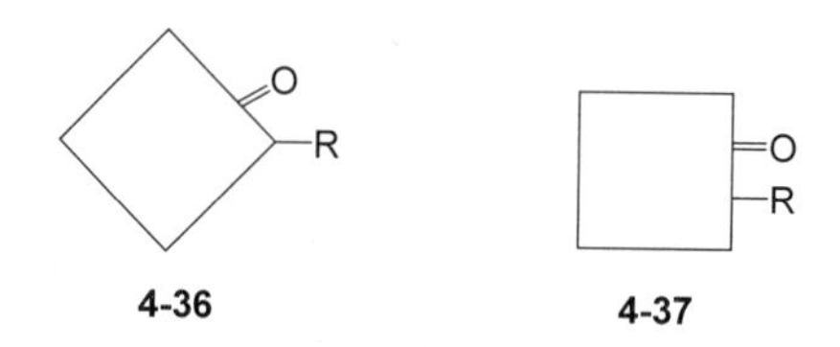

（2）温度效应

表 4-7 列出了一些 *α*-单取代环十二酮在不同温度下，在二甲亚砜中取代基所在碳原子 *α*-H 与两个 *β*-H 之间的偶合常数。根据两个偶合常数与构象的关系，可以发现，其中取代基为 SO_2NH_2、CO_2Et、COPh 和 COMe 的 *α*-单取代环十二酮在 20℃时以 *α*-边外-R-[3333]-2-酮构象为主（*α*-H 的两个偶合常数分别为 10.3～11.9 Hz 和 2.8～3.4 Hz），随着温度的升高，平衡略向 *α*-角顺-R-[3333]-2-酮构象方向移动（100℃时，*α*-H 的两个偶合常数分别为 9.9～10.9 Hz 和 3.3～3.9 Hz）。而取代基为 NO_2 和 CO_2Ph 的 *α*-单取代环十二酮 20℃时，*α*-角顺-R-[3333]-

2-酮构象所占比例较大（α-H 的两个偶合常数分别为 6.1～6.4 Hz 和 2.6～4.6 Hz），随着温度升高平衡略向 α-边外-R-[3333]-2-酮构象方向移动（100℃时，α-H 的两个偶合常数分别为 6.9～7.4 Hz 和 3.6～4.8 Hz）。因而，α-单取代环十二酮构象转换的温度效应可表述为：升温有利于两个构象的平均化，降温则促使平衡向能量较低的构象方向移动。

表 4-7　一些 α-单取代环十二酮不同温度下在 DMSO 中 α-H 与 β-H 的偶合常数（单位：Hz）

取代基		温度/℃				
		20	40	60	80	100
SO_2NH_2	$J_{\alpha,\beta1}$	11.9	11.7	11.5	11.2	10.9
	$J_{\alpha,\beta2}$	2.8	3.0	3.1	3.2	3.3
CO_2Et	$J_{\alpha,\beta1}$	10.9	10.8	10.7	10.6	10.4
	$J_{\alpha,\beta2}$	3.4	3.6	3.7	3.8	3.9
COPh	$J_{\alpha,\beta1}$	10.3	10.2	10.1	10.0	9.9
	$J_{\alpha,\beta2}$	3.2	3.3	3.4	3.4	3.4
COMe	$J_{\alpha,\beta1}$	10.6	10.5	10.4	10.3	10.1
	$J_{\alpha,\beta2}$	3.3	3.6	3.5	3.6	3.7
NO_2	$J_{\alpha,\beta1}$	6.1	6.6	7.1	7.1	7.4
	$J_{\alpha,\beta2}$	4.6	4.7	4.8	4.8	4.8
CO_2Ph	$J_{\alpha,\beta1}$	6.4	6.5	6.7	6.8	6.9
	$J_{\alpha,\beta2}$	2.6	2.9	3.4	3.4	3.6

4.1.2.3　α-单取代环十二酮的顺反异构——羰基顺反异构

在分析环十二酮的优势构象[3333]-2-酮时，已知它有 4 种不等价的 α-H，因而可以形成 4 种不同构象的 α-单取代环十二酮，这 4 种构象可以分为两对，即 α-边外-R-[3333]-2-酮构象和 α-角顺-R-[3333]-2-酮构象为一对，它们可以相互转换；α-角反-R-[3333]-2-酮构象和 α-边内-R-[3333]-2-酮构象为一对，但是，后者作为禁阻构象存在的可能性很小。实际上，这两对构象构成了一种新型的顺反异构。这是由大环酮羰基垂直于母环平面的特点决定的，以它作为参照，即构成一种新的顺反异构现象，暂且称为羰基构成的顺反异构，或简称“羰基顺反异构”。对于 α-单取代环十二酮来说，这种羰基顺反异构的顺式异构体可以取两种构象，即 α-边外-R-[3333]-2-酮构象和 α-角顺-R-[3333]-2-酮构象，而反式异构体通常仅取 α-角反-R-[3333]-2-酮构象，α-边内-R-[3333]-2-酮构象由于取代基与环内 H 强烈的跨环相互作用，能量极高，而成为禁阻构象。前面仅对羰基顺式异构体的构象进行了详细的讨论，没有涉及羰基反式异构体。这是因为，以环十二酮为原料，通常的取代反应分离得到的是构型为羰基顺式的 α-单取代环十二酮。

2006 年，一个构象为 α-角反-R-[3333]-2-酮的 α-单取代环十二酮，即构型为羰基反式的 α-(1-羟基环十二烷基)环十二酮（**4-38**）首次被报道[17]，该化合物是由 *O*-三甲基硅基环十二烯在 $TiCl_4$ 的催化下，与环十二酮反应得到的。

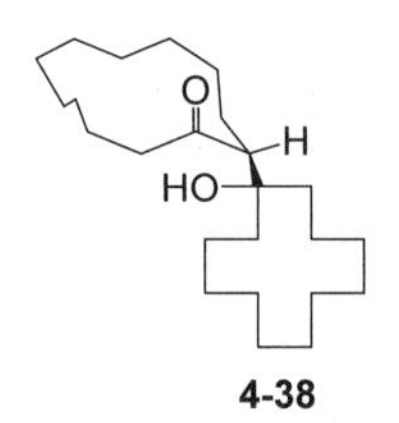

单晶 X 射线分析证实它在固态时，作为取代基的 1-羟基环十二烷基处于环十二酮的角反位，两个十二元环均取[3333]构象（图 4-6）。^{1}H NMR 谱显示，在溶液中，取代基所在的 α-C 上的 α-H 的化学位移为 δ 2.57，与 β-H 的两个偶合常数分别为 3.5 Hz 和 9.5 Hz，与 X 射线分析的结果基本一致。

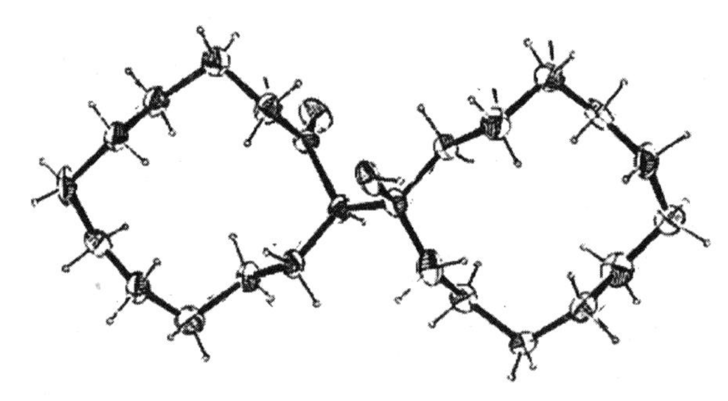

图 4-6　具有羰基反式构型的 α-(1-羟基环十二烷基)环十二酮的晶体结构

之后，一组由环十二酮与取代苯甲醛通过醇醛缩合反应得到的 α-[羟基(芳基)甲基]环十二酮，其构型为羰基反式 α-单取代环十二酮，并由代表性化合物 α-[羟基(4-甲苯基)甲基]环十二酮（**4-39**）的单晶 X 射线分析所证实[18]。以及一组环十二酮与芳醛、苯胺反应得到的 Mannich 衍生物，其构型也是羰基反式 α-单取代环十二酮,并由代表性化合物 α-[(三氟甲基苯基)(苯基氨基)]甲基环十二酮的单晶 X 射线分析所证实（**4-40**）[19]。

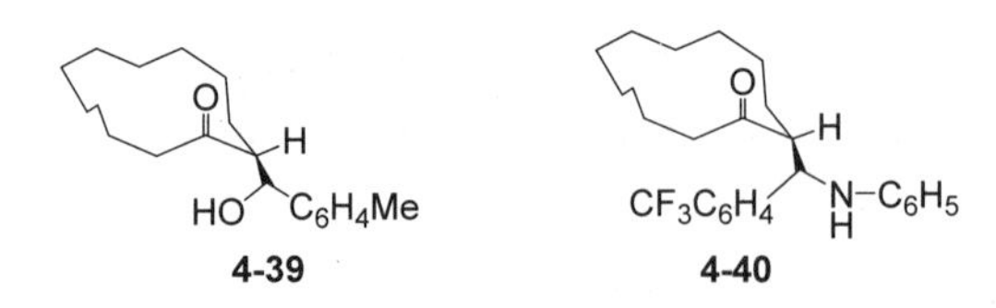

上述出现的几个构象为 α-角反-R-[3333]-2-酮的 α-单取代环十二酮预示着取代环十二酮的羰基顺反异构现象呼之欲出，但还需要系统性的研究。2021 年，几对 α-单取代环十二酮的羰基顺反异构体被设计合成，它们的基本物理化学性质的差异证实了这一异构现象的存在[20]。羰基顺式异构体［**4-41(1)**～**4-46(1)**］以环十二酮为原料，NaH 为碱，由卤代烷或酰卤的取代反应得到（图 4-7）；羰基反式异构体仍以环十二酮为原料，先由醇醛缩合反应得到具有羰基反式构型的缩合产物，通过一步（氧化）或两步（脱氧）基团修饰，得到结构对应的羰基反式异构体［**4-41(2)**～**4-46(2)**］（图 4-8）。

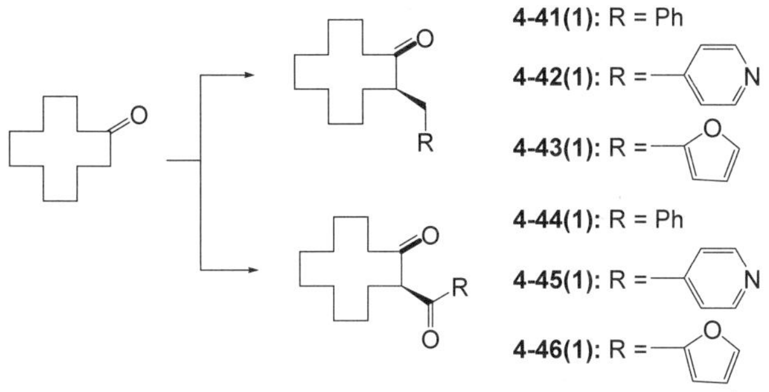

4-41(1): R = Ph
4-42(1): R =
4-43(1): R =
4-44(1): R = Ph
4-45(1): R =
4-46(1): R =

图 4-7　α-单取代环十二酮羰基顺式异构体的合成

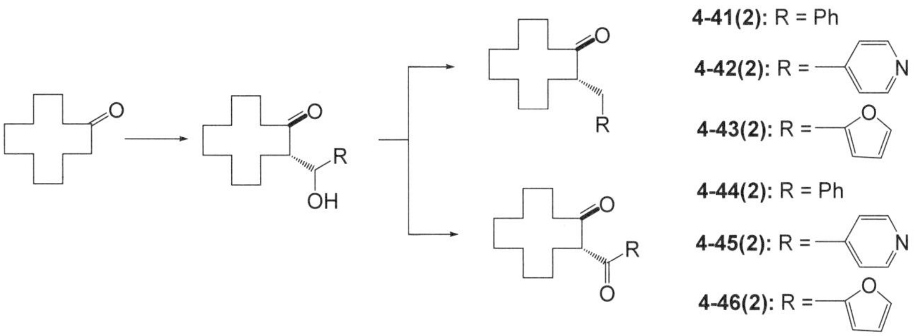

4-41(2): R = Ph
4-42(2): R =
4-43(2): R =
4-44(2): R = Ph
4-45(2): R =
4-46(2): R =

图 4-8　α-单取代环十二酮羰基反式异构体的合成

表 4-8 的数据显示了合成的 6 对 α-单取代环十二酮羰基顺反异构体在理化性质上的差异。熔点差异显著，在 4～13℃之间。而核磁共振氢谱和碳谱的差异较小，但是，有大于误差范围的差异。这可以做如下解释：顺反异构体在空间关系上差别较大，因而在晶体中的堆砌差别较大，致使熔点差别显著；而顺反异构体在基团间的诱导效应差别较小，因而核磁共振氢谱和碳谱差异较小。此外，化合物 **4-45(2)**的晶体结构也提供了羰基反式构型的证据（固态时构象取 α-角反-R-[3333]-2-酮）（图 4-9）。

表 4-8 图 4-7 和图 4-8 中化合物的部分物理化学数据

化合物	m.p./℃	δ_H（α-H）	δ_C（C=O，α-C）
4-41(1)	55～57	2.80～2.89	214.26，53.39
4-41(2)	68～70	2.88～2.95	214.33，53.43
4-42(1)	80～82	—	212.72，52.33
4-42(2)	73～75	—	212.86，52.49
4-43(1)	43～45	—	213.57，50.39
4-43(2)	35～37	—	213.74，50.46
4-44(1)	90～92	4.47	207.60，63.59
4-44(2)	101～103	4.49	207.47，63.48
4-45(1)	106～108	4.42	206.86，63.94
4-45(2)	98～100	4.40	206.82，63.93
4-46(1)	100～102	4.30	206.82，62.76
4-46(2)	104～106	4.32	206.75，62.68

注：化合物 **4-42(1)**、**4-42(2)**、**4-43(1)**和 **4-43(2)**的 α-H 吸收峰因重叠而不能分辨。

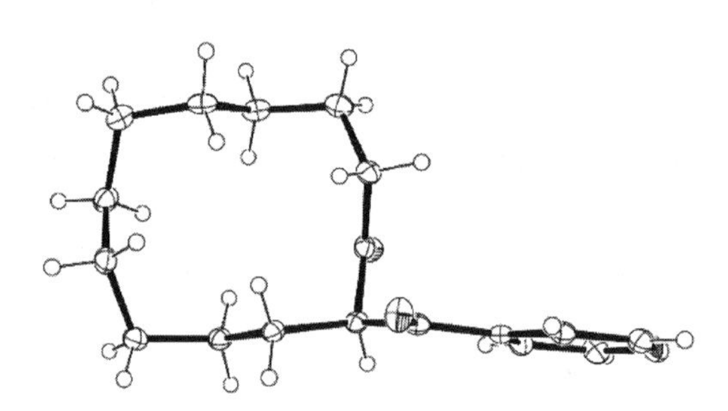

图 4-9 化合物 **4-45(2)**的晶体结构

4.1.2.4 α-单取代环十二酮立体异构的再讨论

本节对 α-单取代环十二酮的立体异构做一个系统的小结。如图 4-10 所示，一个 α-单取代环十二酮（**4-47**）可以区分为一对顺反异构体，即 α-羰基顺式异构体（**4-48**）和 α-羰基反式异构体（**4-49**），这已得到实验的验证。可以推测的是，**4-48** 和 **4-49** 又可以分别拆分为一对对映异构体。**4-48** 拆分为一对光活异构体 **4-50**（含两种构象）和 **4-51**（含两种构象），在固态时，视取代基 R 的体积和性质，它们可以取 α-边外-R-[3333]-2-酮［**4-50(1)**和 **4-51(1)**］或 α-角顺-R-[3333]-2-酮构象［**4-50(2)**和 **4-51(2)**］，在溶液中两种构象处于动力学平衡之中。**4-49** 也可拆分为 **4-52** 和 **4-53** 一对光活异构体，一般情况下，α-角反-R-[3333]-2-酮［**4-52(1)**和 **4-53(1)**］是这两个对映体的唯一构象，α-边内-R-[3333]-2-酮构象［**4-52(2)**和 **4-53(2)**］作为禁阻构象存在的可能性很小。

为什么 α-单取代环十二酮可能有 4 个光活异构体？可以这样分析：由于环十二酮的羰基垂直于母环，存在一个前手性面，当 α-位引入一个取代基后，不但 α-碳成为手性中心，整个分子还存在一个手性面，因此 α-单取代环十二酮将有 4 个光活异构体。上述推测尚无实例支持，但是可以期待。

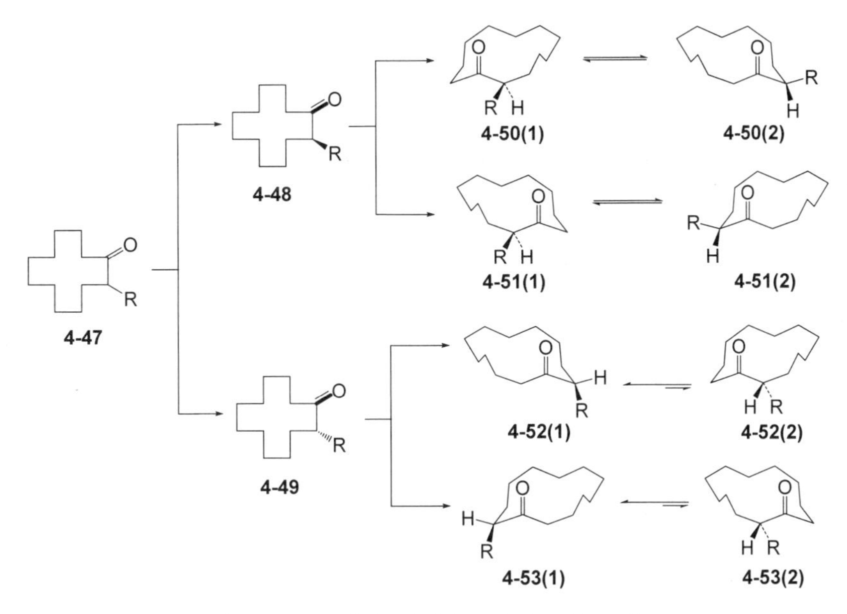

图 4-10　α-单取代环十二酮的立体异构

4.1.3　α-单取代环十二酮肟和缩氨基硫脲的构象及类羰基顺反异构[21,22]

本节讨论的 α-单取代环十二酮肟及缩氨基硫脲由羰基顺 α-单取代环十二酮（**4-54**）与羟胺或氨基硫脲反应制得（图 4-11）。

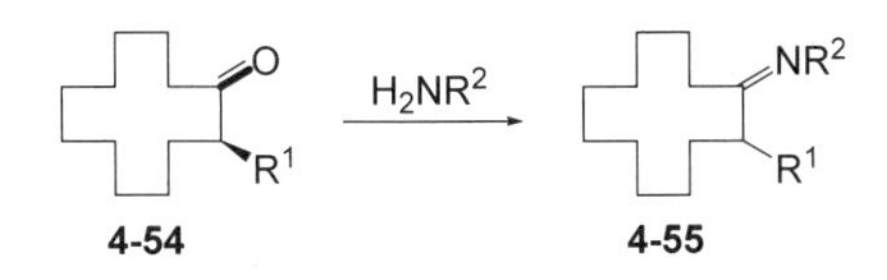

图 4-11　α-单取代环十二酮肟及缩氨基硫脲的合成

由上述方法制得的 α-单取代环十二酮肟或缩氨基硫脲（**4-55**）均经过 X 射线分析获得它们在固态时的构象。其构象共分三种类型，分别是 α-边外-R^1-[3333]-2-酮肟（缩氨基硫脲）（**4-56**）、α-角反-R^1-[3333]-2-酮肟（缩氨基硫脲）

(**4-57**) 和 α-角反-R^1-[2334]-2-酮肟（缩氨基硫脲）(**4-58**)（表 4-9）。

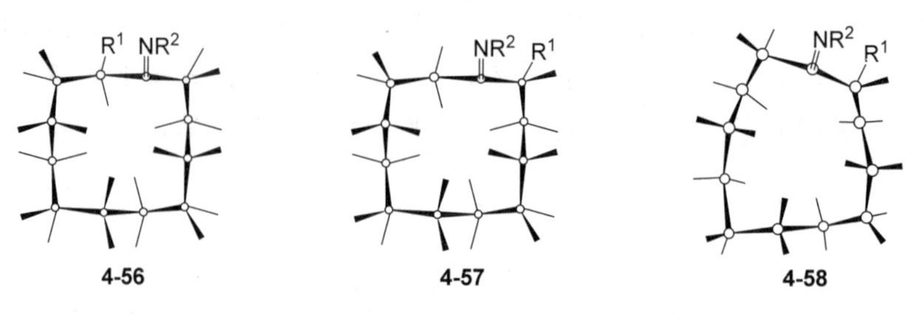

表 4-9　化合物 **4-55** 的结构及构象

R^1	R^2	构象名称	构象类型
$PhSO_2$	OH	α-边外-苯磺酰基-[3333]-2-酮肟	**4-56**
MeS	$NHCSNHC_6H_4Me$-*p*	α-边外-甲硫基-[3333]-2-酮缩氨基硫脲	**4-56**
SO_2Me	OH	α-边外-甲磺酰基-[3333]-2-酮肟	**4-56**
$PhCH_2$	OH	α-角反-苄基-[3333]-2-酮肟	**4-57**
Et	$NHCSNHC_6H_4Me$-*p*	α-角反-乙基-[3333]-2-酮缩氨基硫脲	**4-57**
Et	OH	α-角反-乙基-[3333]-2-酮肟	**4-57**
OH	OH	α-角反-羟基-[2334]-2-酮肟	**4-58**
MeS	OH	α-边外-甲硫基-[3333]-2-酮肟	**4-56**
		α-角反-甲硫基-[3333]-2-酮肟	**4-57**

α-单取代环十二酮的氨衍生物有如下立体化学特征：

① 与 α-单取代环十二酮存在以羰基为参照的顺反异构一样，这类化合物存在以亚氨基为参照的顺反异构，可称为类羰基顺反异构。α-边外-R^1-[3333]-2-酮肟（缩氨基硫脲）(**4-56**) 只是类羰基顺式异构体的一种构象，它的另一构象应是 α-角顺-R^1-[3333]-2-酮肟（缩氨基硫脲）（这里没有得到这种构象的类羰基顺式异构体），两者可以相互转换，前者是优势构象。一般来说，α-角反-R^1-[3333]-2-酮肟（缩氨基硫脲）(**4-57**) 是类羰基反式异构体的优势构象。α-角反-R^1-[2334]-2-酮肟（缩氨基硫脲）(**4-58**) 是类羰基反式异构体的另一种构象（母体构象不同），究竟取何种构象，显然与两个取代基 R^1、R^2 的结构有关。

② 从制备反应的结果来看，α-单取代环十二酮肟(缩氨基硫脲）的类羰基顺反异构体均易得到，它们的顺反选择性将在第 6 章讨论。遗憾的是至今未见成对的类羰基顺反异构体的报道，其理化性质的差异也需要进一步研究。

③ 表 4-9 中的最后一个化合物（α-甲硫基环十二酮肟）有两种构象（图 4-12），实际是一对类羰基顺反异构体。但是，它们不是被分别合成的，而是在一锅反应中得到的，结晶时以 1∶1 的比例作为共晶析出[23]，其晶胞堆积图见图 4-13。

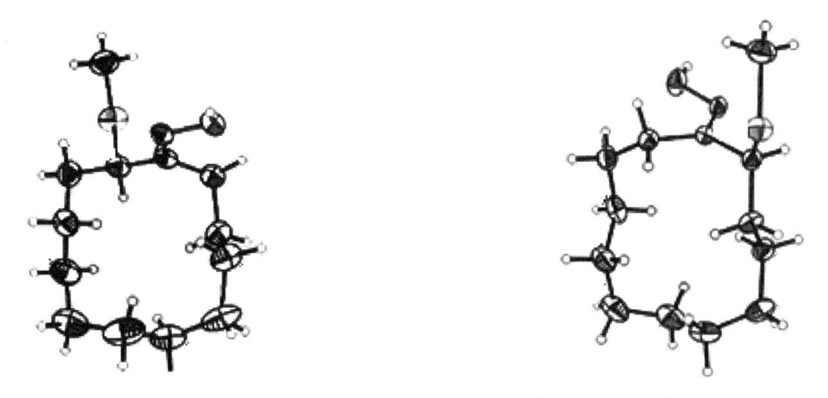

图 4-12　化合物 α-甲硫基环十二酮肟的晶体结构

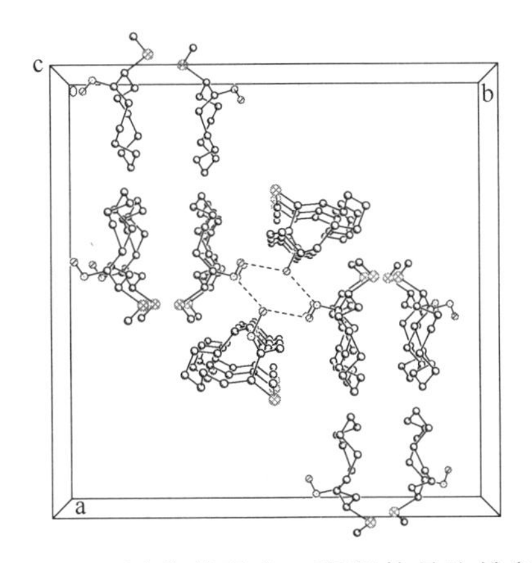

图 4-13　α-甲硫基环十二酮肟的晶胞堆积图

4.1.4　α,α-二取代环十二酮的构象及其羰基顺反异构

已知环十二酮的优势构象为[3333]-2-酮，α-单取代环十二酮母环的优势构象仍然是[3333]-2-酮。如果 α,α-二取代环十二酮母环的构象还是[3333]-2-酮，则它将有两种可能的构象，即 α-角顺-R^1-α-角反-R^2-[3333]-2-酮（**4-59**）和 α-边外-R^1-α-边内-R^2-[3333]-2-酮（**4-60**）。但是，构象 **4-60** 由于分子中的边内取代基与其他内向氢存在强烈的跨环相互作用，为禁阻构象，因此，构象 **4-59** 成为 α,α-二取代环十二酮的唯一构象。现有的研究证实了这一推断。

几个取代基类型不同的 α,α-二取代环十二酮的晶体结构[24]显示，它们在固态时的优势构象均为 α-角顺-R^1-α-角反-R^2-[3333]-2-酮。其中 α-溴代-α-苯甲酰基环十二酮的晶体结构见图 4-14。

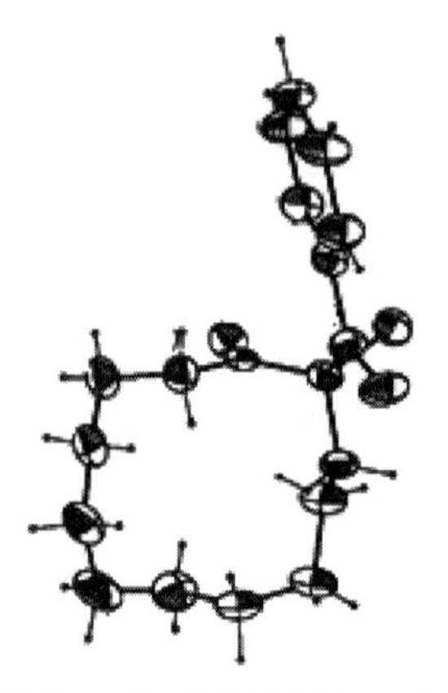

图 4-14　α-溴代-α-苯甲酰基环十二酮的晶体结构

表 4-10 是一组 α,α-二取代环十二酮一个特征质子的 ^{1}H NMR 数据[24]。所有化合物的化学位移、裂分式样、偶合常数均说明该质子是 α-角顺-R^1-α-角反-R^2-[3333]-2-酮构象中的 α'位的边内向氢（**4-61**）：8 重峰的裂分式样和具有一个大约 18 Hz 的同碳偶合常数（α'-内向 H 与 α'-外向 H 之间）以及另外两个一大一小的偶合常数［J 为 10.1～12.5 Hz（α'-内向 H 与 β'-顺角 H 之间二面角约 180°）和 2.4～5.7 Hz（α'-内向 H 与 β'-角反 H 之间的二面角约为 60°）］，化学位移在烷烃区的最低场（δ 2.45～3.11）（**4-62**，局部 Newman 透视式）。因此，α,α-二取代环十二酮在溶液中的构象主要是 α-角顺-R^1-α-角反-R^2-[3333]-2-酮。

表 4-10　α,α-二取代环十二酮 α'-边内向 H 的 ^{1}H NMR 数据

取代基		^{1}H NMR			
R^1	R^2	δ (α'-H_{endo})	$J_{\alpha',\alpha'}$/Hz	$J_{\alpha',\beta'1}$/Hz	$J_{\alpha',\beta'2}$/Hz
Et	CO_2Et	2.91 (ddd)	18.1	10.9	2.6
Me	CO_2Et	2.93 (ddd)	17.9	11.6	2.4
CH_2CN	CO_2Et	3.11 (ddd)	18.6	12.5	3.0
Br	CO_2Et	2.87 (ddd)	18.4	10.1	3.2
Br	CH_3CO	2.45 (ddd)	18.2	12.2	5.7
Br	PhCO	2.95 (ddd)	18.7	10.7	3.5
CH_2CH_2CHO	NO_2	2.83 (ddd)	18.9	12.3	3.0

4-61　　4-62

当两个取代基（R^1 和 R^2）的结构不相同时，α,α-二取代环十二酮存在以羰基为参照的顺反异构，即羰基顺反异构。根据两个取代基与羰基取向的异同，而区分为两个异构体。建议命名异构体 **4-63** 为 α-羰基顺-R^1-α-羰基反-R^2-环十二酮，异构体 **4-64** 为 α-羰基顺-R^2-α-羰基反-R^1-环十二酮。当前文献显示，尚未见有成对的 α,α-二取代环十二酮的羰基顺反异构体的报道，尚不知道它们在理化性质上的差异。

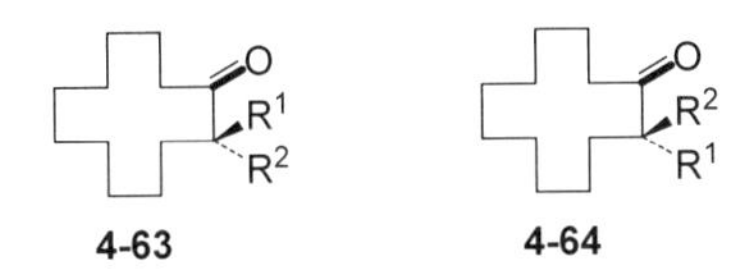

4-63　　4-64

4.1.5　α,α'-二取代环十二酮的构象及其羰基顺反异构

4.1.5.1　α,α'-二取代环十二酮的羰基顺反异构预测

表 4-11 是预测的 α,α'-二取代环十二酮 4 种羰基顺反异构体及其以[3333]-2-酮为母体时可能的构象。这里需要注意的是，取代基与羰基的顺反关系均以母环构象取[3333]-2-酮为准（表中括号内的构象为禁阻构象，实际情况下它们的母环必定取其他次优构象，此处仅用作判断分子构型时的参考）。于是，“α-羰基顺”是指取代基处于角顺位时的状态，当取代基处于 α-边外向位时等同于 α-羰基顺，因为它们可以相互转换。同样，“α-羰基反”是取代基处于 α-角反位时的状态，当取代基处于 α-边内向位时等同于 α-羰基反，因为理论上它们可以相互转换。因此，4 个羰基顺反异构体分别是 α-羰基顺-R^1-α'-羰基顺-R^2-环十二酮（羰基全顺式）、α-羰基反-R^1-α'-羰基反-R^2-环十二酮（羰基全反式）、α-羰基顺-R^1-α'-羰基反-R^2-环十二酮（羰基顺反式）、α-羰基顺-R^2-α'-羰基反-R^1-环十二酮（羰基顺反式）。当 R^1 与 R^2 的结构完全相同时，两种羰基顺反式异构体则是互为镜像的同一种构型异构体。

表 4-11　α,α'-二取代环十二酮的羰基顺反异构体的名称、构型式及其以[3333]-2-酮为母体时可能的构象

异构体名称	构型式	以[3333]-2-酮为母体时可能的构象
α-羰基顺-R^1-α'-羰基顺-R^2-环十二酮	**4-65(1)**	**4-65(2)** ⇌ **4-65(3)**
α-羰基反-R^1-α'-羰基反-R^2-环十二酮	**4-66(1)**	(**4-66(2)**)　(**4-66(3)**)
α-羰基顺-R^1-α'-羰基反-R^2-环十二酮	**4-67(1)**	(**4-67(2)**)　**4-67(3)**
α-羰基顺-R^2-α'-羰基反-R^1-环十二酮	**4-68(1)**	**4-68(2)**　(**4-68(3)**)

4.1.5.2　取代基相同的 α,α'-二取代环十二酮的构象与构型

取代基相同的四个 α,α'-二取代环十二酮（**4-69**～**4-72**）由环十二酮通过直接取代反应或进一步氧化获得（图 4-15）[25,26]。

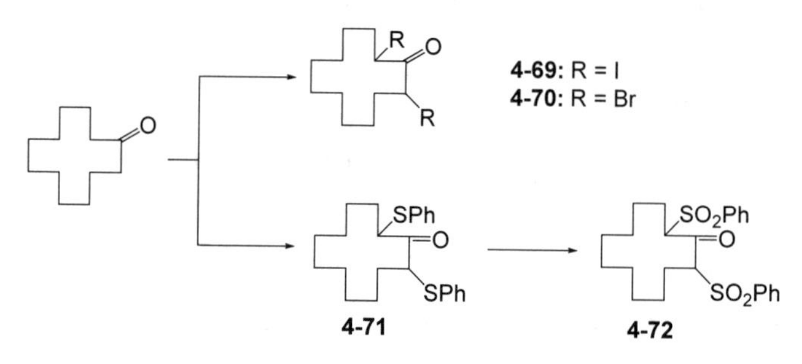

图 4-15　α,α'-二取代环十二酮的合成

上述化合物 ^{1}H NMR 谱和 ^{13}C NMR 谱的部分数据列于表 4-12。从表 4-12 可以发现，氢谱中几个化合物的 α-H 和 α'-H 仅显示为一个 dd 峰，与各自相邻的两个 β-H 的两个偶合常数分别为 7.9～9.3 Hz 和 3.3～4.0 Hz，说明 α-H 与 β-H

的两个偶合常数与 α'-H 与 β'-H 的两个偶合常数已完全平均化；碳谱中母环仅有七条吸收峰，具有 C_s 对称性。这些特征说明分子的构象为 α-角顺-R-α'-边外-R-[3333]-2-酮，两个互为镜像的构象处于动力学平衡之中，构型为羰基全顺式（表 4-11）。

表 4-12　4 个 α,α'-二取代环十二酮的部分 NMR 数据

化合物	δ_H（α-H）	δ_C（C═O 及其余环碳）
4-69	5.16（dd, 2H, J = 9.3 Hz, 3.4 Hz）	198.9, 35.1, 25.8, 25.2, 24.8, 24.7, 21.8
4-70	5.00（dd, 2H, J = 8.9 Hz, 3.3 Hz）	196.0, 48.7, 32.6, 24.6, 24.5, 22.6, 21.8
4-71	4.28（dd, 2H, J = 7.9 Hz, 4.0 Hz）	200.6, 53.7, 28.7, 24.4, 24.0, 21.6, 21.4
4-72	4.82（dd, 2H, J = 8.0 Hz, 3.9 Hz）	194.4, 72.7, 25.6, 25.2, 24.2, 22.4, 22.1

其中，取代基为 SPh 和 SO_2Ph 的两个化合物（**4-71**、**4-72**）的单晶 X 射线分析证实了上述推测，它们在固态时的构型为羰基全顺式，构象为 α-角顺-R-α'-边外-R-[3333]-2-酮。化合物 **4-72** 的晶体结构见图 4-16[25]。

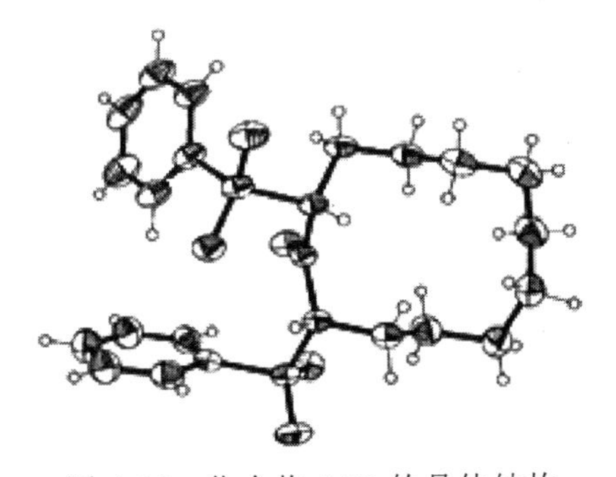

图 4-16　化合物 **4-72** 的晶体结构

上面讨论了一般情况下取代基相同且构型为羰基全顺式的 α,α'-二取代环十二酮的构象。某些特殊情况下，它们可能取不同的构象，如 α,α'-二苯基环十二酮。研究者曾以 α,α'-二溴环十二酮为原料，与 Ph_2CuLi 反应，经过精心分离得到被称为顺式和反式的两种 α,α'-二苯基环十二酮（实为羰基全顺式和羰基顺反式），顺式和反式的收率比为 93∶7[27]，足见羰基反式 α,α'-二取代环十二酮的难以获得。图 4-17 是它们的晶体结构和构象透视式。其中，羰基全顺式 α,α'-二苯基环十二酮的构象为 α-边外-苯基-α'-边外-苯基-[4323]-3-酮（**4-73**）。它的母环为什么没有取[3333]-2-酮构象，而取了[4323]-3-酮构象？这是因为如果母环取[3333]-2-酮构象，则其中一个苯环必定取 α-角顺位，于是在苯环和羰基之间引起严重的 π-π 相互作用，而使分子能量升高，所以 α-边外，α'-边外-二苯基-[4323]-3-酮是羰基全顺式 α,α'-二苯基环十二酮的优势构象，也是它的晶体的构象。羰基顺反式 α,α'-二苯基环十二酮的构象则为 α-角反，α'-边外-二苯基-[3333]-2-酮（图 4-18）。从前面讨论 α,α'-二取代环十二酮的羰基顺反异构体的构型可知，研究者没有得到羰基全反式二苯基环十二酮，可以预计，获得这一异构体的难度更高，其母环构象也不可能是[3333]-2-酮，最可能是[2343]-2-酮。

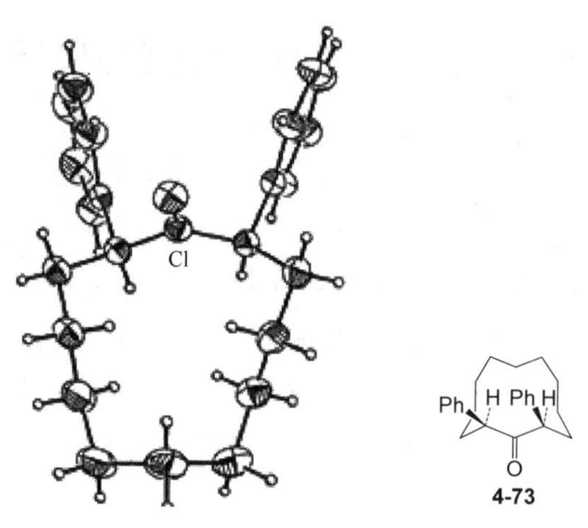

图 4-17　α,α'-二苯基环十二酮羰基全顺式异构体的晶体结构及构象透视式（**4-73**）

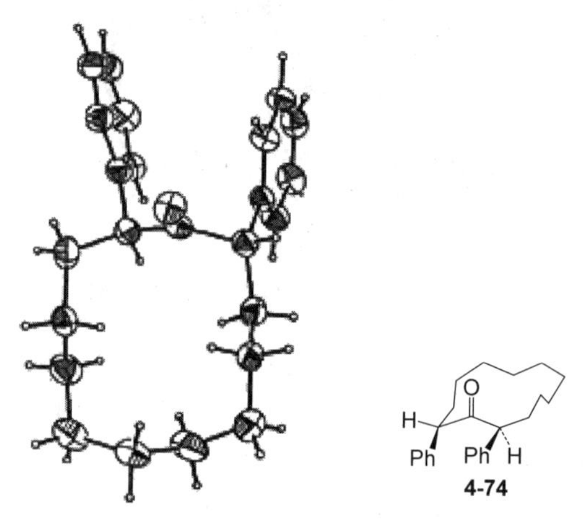

图 4-18　α,α'-二苯基环十二酮羰基顺反式异构体的晶体结构及构象透视式（**4-74**）

前面讨论的是 α,α'-二苯基环十二酮两种羰基顺反异构体在固态时的构象。下面讨论其在溶液中的构象。表 4-13 所载的 ^{1}H NMR 数据说明，无论是羰基全顺式异构体还是羰基顺反式异构体，它们在溶液中，两个苯环显示为一个多重峰，两个 α-H 显示为一个 dd 峰，分子显示出对称性。已知羰基全顺式异构体在固态时的构象为 α-边外-苯基-α'-边外-苯基-[4323]-3-酮（**4-73**），具有 C_s 对称性，而通过键的假旋，它可以转换为两个 α-角顺-苯基-α'-边外-苯基-[3333]-2-

酮构象［**4-75(1)**和 **4-75(2)**］，因此在溶液中，α-边外，α'-边外-二苯基-[4323]-3-酮构象与互为镜像的两个 α-角顺，α'-边外-二苯基-[3333]-2-酮构象处于动力学平衡之中（图 4-19），它的氢谱数据是多种构象平均化的结果。顺反式异构体的氢谱数据是两个互为镜像的 α-羰基顺,α'-羰基反二苯基环十二酮（**4-74** 和 **4-76**）平均化的结果（图 4-20），而这两个互为镜像的反式异构体应是在反应中产生的，因为角反位苯基难于通过边内向位苯基转换为另一个构象的角反位苯基。

表 4-13　α,α'-二苯基环十二酮顺反异构体的部分 ^{1}H NMR 数据

异构体	δ	
羰基全顺式异构体	7.07 (m, 10H, Ph)	4.09 (dd, 2H, α-H)
羰基顺反式异构体	6.91 (m, 10H, Ph)	3.85 (dd, 2H, α-H)

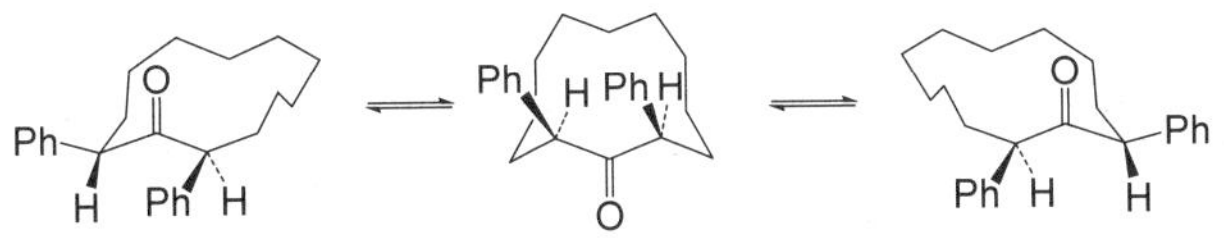

4-75(1)　4-73　4-75(2)

图 4-19　羰基全顺式 α,α'-二苯基环十二酮构象的相互转换

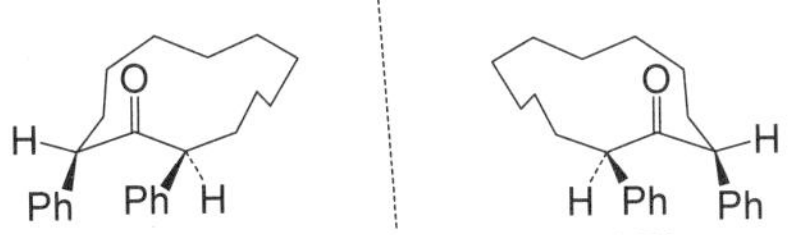

4-74　4-76

图 4-20　两个互为镜像的 α-羰基顺,α'-羰基反二苯基环十二酮的构象

4.1.5.3　取代基不同（$R^1 \neq R^2$）时羰基全顺式 α,α'-二取代环十二酮的构象

（1）取代基大小不同时 α,α'-二取代环十二酮的构象——取代基的立体效应

在讨论取代基大小不同的 α,α'-二取代环十二酮的构象时，可以认为它们与取代基相同的 α,α'-二取代环十二酮一样，母环具有[3333]-2-酮构象。而这里所说的取代基大小首先是看与碳环 α-C 相连原子的大小，这可用它们的范德华半径来衡量：Br 为 0.195 nm，S 为 0.185 nm，C 为 0.172 nm，N 为 0.150 nm；其次再看与其相连的原子或基团。据此，表 4-14[25]所载的 6 个化合物的两个取代基均是 $R^1 > R^2$，并根据两个取代基大小的差异分为 3 组。第一组有 $PhSO_2$/Br、Br/$PhCH_2$ 和 Br/Et 三个组合，每个组合的两个基团大小差异明显。第二组有 CMe_3/Br 和 Br/NO_2 两个组合，它们的两个基团大小有较大的差异。最后一个组

合 PhS/Br，两个基团的大小略有差异。在此基础上，分析表 4-14 所列的 ^{1}H NMR 谱和 ^{13}C NMR 谱数据可以发现：第一组 3 个化合物较大基团所在碳上的 α-H 的两个偶合常数分别为 11.1～11.4 Hz 和 3.5～3.6 Hz，表明较大基团基本取边外向位；仅有一个化合物有较小基团的两个偶合常数为 6.3 Hz 和 3.0 Hz，表明该基团基本取角顺位。第二组两个化合物较大基团所在碳上的 α-H 的两个偶合常数分别为 10.3～10.5 Hz 和 3.2～3.8 Hz，表明较大基团多数取边外向位；较小基团的两个偶合常数分别为 5.9～7.1 Hz 和 3.8～4.1 Hz，表明较小基团多数取角顺位。最后一个化合物两组偶合常数分别为 9.6 Hz 和 3.5 Hz 及 7.8 Hz 和 3.6 Hz，虽然仍然说明较大基团占据边外向位，较小基团占据角顺位，但是差距不大。因此，在溶液中，取代基大小不同的 α,α'-二取代环十二酮取两种 α-角顺-R-α'-边外-R-[3333]-2-酮构象，其中，较大基团取边外向位的构象为优势构象（**4-77**），较小基团取边外向位的构象为次优构象（**4-78**），所占比例的大小与基团大小的差别有关，差别越大，较大基团取边外向位的构象所占比例越大，如图 4-21 所示。

表 4-14　取代基大小不同的 α,α'-二取代环十二酮的部分 NMR 数据

R^1/R^2	δ_H (α-H，α'-H)	δ_C (C=O 及其余环碳)
$PhSO_2$/Br	4.59 (dd, J = 11.1 Hz, 3.6 Hz, 1H, $PhSO_2CH$) 5.50 (dd, J = 6.3 Hz, 3.0 Hz, 1H, BrCH)	195.0, 70.2, 57.1, 31.2, 26.3, 26.0, 25.7, 23.9, 22.9, 22.7, 22.0, 21.3
Br/ $PhCH_2$	4.65 (dd, J = 11.1 Hz, 3.5 Hz, 1H, BrCH) —	204.8, 50.3, 48.9, 32.4, 28.3, 26.2, 26.1, 23.8, 23.7, 23.1, 21.9, 20.9
Br/Et	4.76 (dd, J = 11.4 Hz, 3.6 Hz, 1H, BrCH) —	205.0, 50.2, 48.6, 32.5, 28.4, 26.2, 26.1, 23.9, 23.6, 22.8, 22.2, 21.8
CMe_3/Br	2.71 (dd, J = 10.3 Hz, 3.2 Hz, 1H, Me_3CCH) 4.78 (dd, J = 7.1 Hz, 3.8 Hz, 1H, BrCH)	206.3, 57.8, 57.6, 31.5, 27.4, 26.2, 26.1, 25.7, 25.5, 24.5, 23.3, 22.7
Br/NO_2	4.70 (dd, J = 10.5 Hz, 3.8 Hz, 1H, BrCH) 5.82 (dd, J = 5.9 Hz, 4.1 Hz, 1H, O_2NCH)	192.1, 88.7, 47.0, 31.9, 28.3, 26.1, 25.8, 23.7, 23.5, 23.4, 22.4, 20.8
PhS/Br	4.15 (dd, J = 9.6 Hz, 3.5 Hz, 1H, PhSCH) 5.09 (dd, J = 7.8 Hz, 3.6 Hz, 1H, BrCH)	197.5, 52.7, 51.7, 32.4,29.6, 25.0, 24.9, 24.6, 24.3, 22.6, 22.2,21.8

注：由于重叠，$PhCH_2$ 和 Et 所在碳原子 α-H 的吸收峰不能分辨。

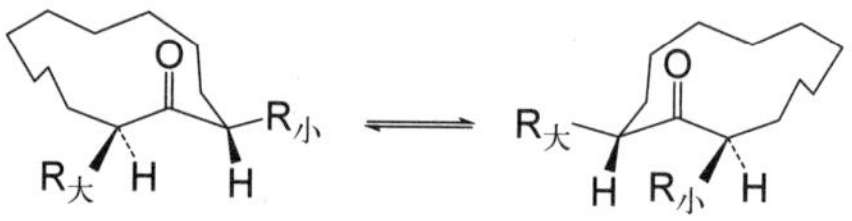

图 4-21　取代基大小不同的 α,α'-二取代环十二酮两种构象的动态平衡

上述 NMR 技术对取代基大小不同的 α,α'-二取代环十二酮在溶液中的构象的研究结果获得单晶 X 射线分析的证实[25]。两个取代基团大小差别不大的 α-硝基-α'-溴环十二酮的晶体结构如图 4-22 所示，固态时母环构象为[3333]-2-酮，

较大基团 Br 原子取边外向位，较小基团 NO_2 取角顺位，分子构象为 α-边外-硝基-α′-角顺-溴-[3333]-2-酮（**4-79**），也就是说，结晶时以优势构象形式析出。

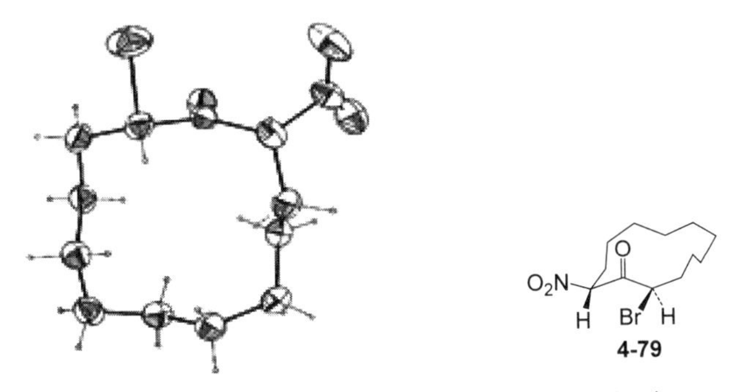

图 4-22　α-硝基-α′-溴环十二酮的晶体结构和构象透视式（**4-79**）

（2）α-苯基(环己基)-α′-R-环十二酮的构象——取代基的电子效应

与上节一样，在讨论 α-苯基(环己基)-α′-R-环十二酮的构象时，可以首先认定母环的构象为[3333]-2-酮，然后再分析表 4-15 所列数据[14]。表 4-15 中，4 个 α-苯基-α′-R-环十二酮的苯基所在碳的 H 均为 dd 峰，两个偶合常数分别为 10.0～11.3 Hz 和 2.6～3.7 Hz，表明苯基处于边外向位的构象是优势构象（**4-80**），而另一基团占据边外向位的构象为次优构象（**4-81**），两者处于动力学平衡中，如图 4-23 所示。而 4 个对应的 α-环己基-α′-R-环十二酮的 R 基团所在碳的 H 均为 dd 峰，两个偶合常数分别为 10.8～12.2 Hz 和 3.3～3.6 Hz，说明 R 基团（Br，I，PhSO，$PhSO_2$，均大于环己基）占据边外向位的构象为优势构象（**4-82**），而环己基占据边外向位的构象为次优构象（**4-83**），两者处于动力学平衡之中，如图 4-24 所示。苯基和环己基的大小相似，然而在 α-角顺取代-α′-边外取代-[3333]-2-酮构象中，取向正好相反，再次说明苯基电子效应的存在——苯基 π 电子和羰基 π 电子之间的 π-π 相互作用。

表 4-15　4 组 α-苯基(环己基)-α′-R-环十二酮的部分 ^1H NMR 数据

取代基	δ_H (α-H, α′-H)	取代基	δ_H (α′-H①)
Ph/Br	4.18 (dd, J = 11.3 Hz, 3.1 Hz,1H, PhCH) 4.81 (dd, J = 7.1 Hz, 3.0 Hz, 1H, BrCH)	C_6H_{11}/Br	4.72 (dd, J = 11.4 Hz, 3.5 Hz, 1H, BrCH)
Ph/I	4.16 (dd, J = 10.8 Hz, 3.5 Hz, 1H, PhCH) 4.95 (dd, J = 9.4 Hz, 3.5 Hz, 1H, ICH)	C_6H_{11}/I	4.97 (dd, J = 12.2 Hz, 3.6 Hz, 1H, ICH)
Ph/PhSO	3.86 (dd, J = 11.3 Hz, 2.6 Hz, 1H, PhCH) 4.41 (dd, J = 8.7 Hz, 5.8 Hz, 1H, PhSOCH)	C_6H_{11}/PhSO	3.86 (dd, J = 11.2 Hz, 3.6 Hz, 1H, PhSOCH)
Ph/$PhSO_2$	4.14 (dd, J = 10.0 Hz, 3.7 Hz, 1H, PhCH) 4.38 (dd, J = 7.7 Hz, 3.9 Hz, 1H, $PhSO_2$CH)	C_6H_{11}/$PhSO_2$	3.86 (dd, J = 10.8 Hz, 3.3 Hz, 1H, $PhSO_2$CH)

① 由于重叠，环己基所在 α′-C 上的 α′-H 的吸收峰不能分辨。

4-80　　4-81

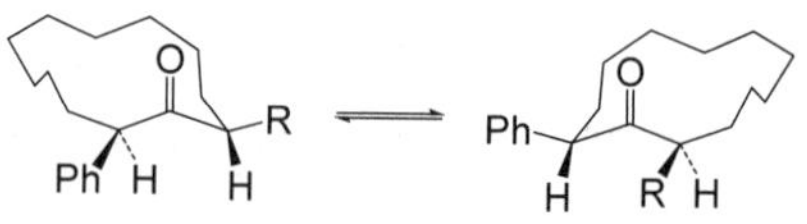

图 4-23　α-苯基-α'-R-环十二酮两种构象的动力学平衡

4-82　　4-83

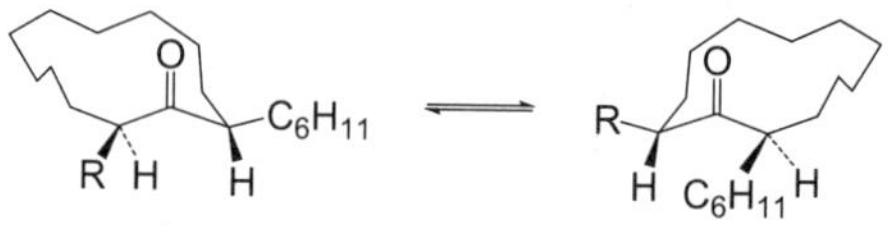

图 4-24　α-环己基-α'-R-环十二酮两种构象的动力学平衡

单晶X射线分析证实了 ^{1}H NMR技术对在溶液中 α-苯基(环己基)-α'-R-环十二酮的构象的研究结果[14]。α-苯基-α'-溴-环十二酮的晶体结构显示，母环构象为[3333]-2-酮，苯基占据边外向位，溴占据角顺位（图 4-25），分子构象为 α-苯基-α'-溴-[3333]-2-酮（**4-84**），与溶液中该化合物的优势构象一致。而 α-环己基-α'-溴-环十二酮的晶体结构显示，母环构象仍为[3333]-2-酮，而与苯基大小相似的环己基改为占据角顺位，溴占据边外向位（图 4-26），分子构象为 α-环己基-α'-溴-[3333]-2-酮（**4-85**），而这正是 α-环己基-α'-R-环十二酮在溶液中的优势构象。

4-84

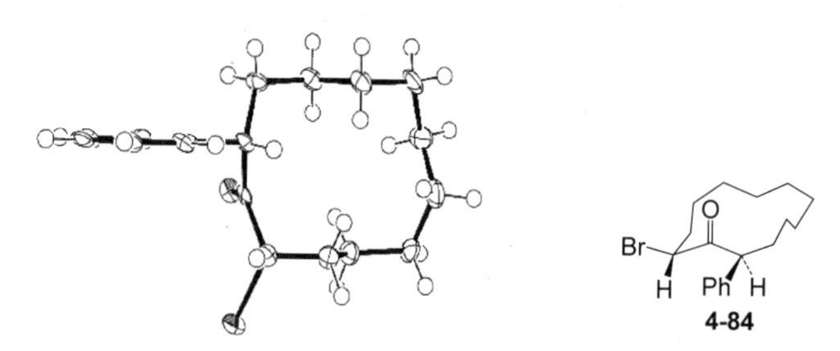

图 4-25　α-苯基-α'-溴-环十二酮的晶体结构和构象透视式（**4-84**）

4-85

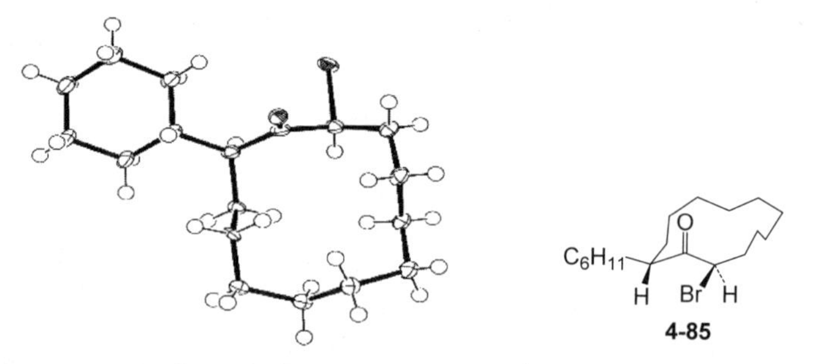

图 4-26　α-环己基-α'-溴-环十二酮的晶体结构和构象透视式（**4-85**）

4.1.6　α,β'-二取代环十二酮的构象及其羰基顺反异构

4.1.6.1　α,β'-二取代环十二酮羰基顺反异构的预测

α,β'-二取代环十二酮预期的羰基顺反异构体的名称、构型式及其以[3333]-2-酮为母体时可能的构象见表 4-16。与 4.1.5 节具有两个取代基的 α,α'-二取代环十二酮一样，α,β'-二取代环十二酮存在四种可能的羰基顺反异构体，表中同样列出了它们可能采取的以[3333]-2-酮为母环的构象，括号中的构象为禁阻构象，实际存在的构象必定以其他次优构象为母环。而不同是，“β-羰基顺”对应 β-边内向位，“β-羰基反”对应边外向位，理论上它们可以相互转换。

表 4-16　预期的 α,β'-二取代环十二酮羰基顺反异构体的名称、构型式及其以[3333]-2-酮为母体时可能的构象

异构体名称	构型式	以[3333]-2-酮为母体时可能的构象	
α-羰基顺-R^1-β'-羰基顺-R^2-环十二酮	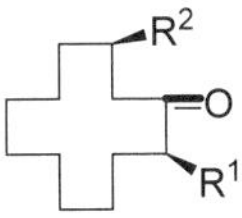 **4-86(1)**	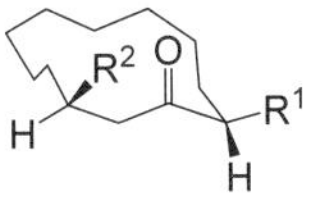 **4-86(2)** 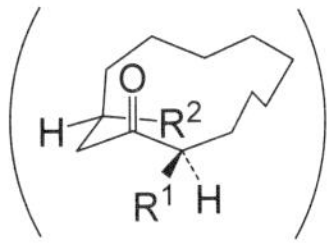	(**4-86(3)**)
α-羰基反-R^1-β'-羰基反-R^2-环十二酮	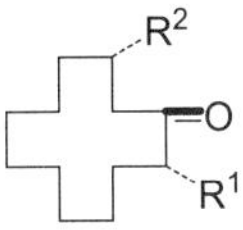 **4-87(1)**	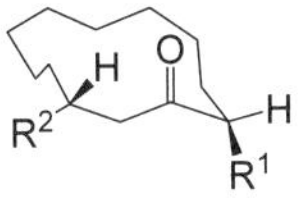 **4-87(2)** 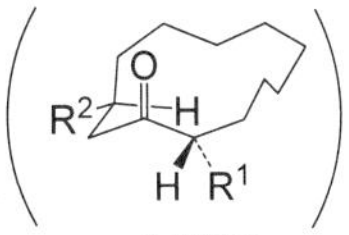	(**4-87(3)**)
α-羰基顺-R^1-β'-羰基反-R^2-环十二酮	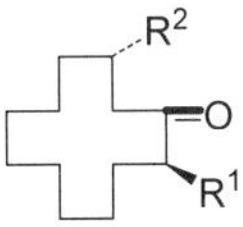 **4-88(1)**	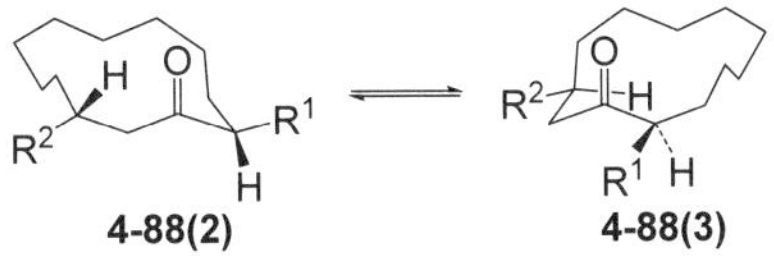 **4-88(2)** ⇌	**4-88(3)**
α-羰基反-R^1-β'-羰基顺-R^2-环十二酮	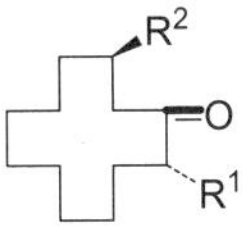 **4-89(1)**	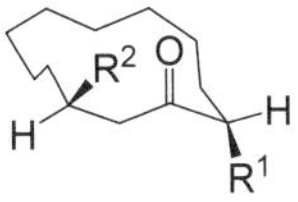 **4-89(2)** 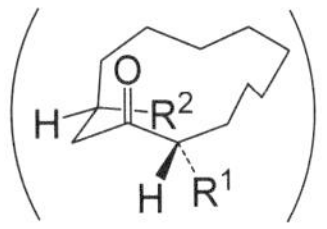	(**4-89(3)**)

4.1.6.2　α-R-β'-苯基环十二酮的构象与构型

作为 α, β'-二取代环十二酮的例子，本节讨论 α-R-β'-苯基环十二酮的构象与构型[28]。这类化合物以环十二酮为原料，首先制得 2-环十二烯酮（**4-90**），

然后与苯硼酸反应得到 β-苯基环十二酮（**4-91**），最后与溴、碘或卤化物/碱发生取代反应而制得 α-R-β'-苯基环十二酮（**4-92**）（图 4-27）。

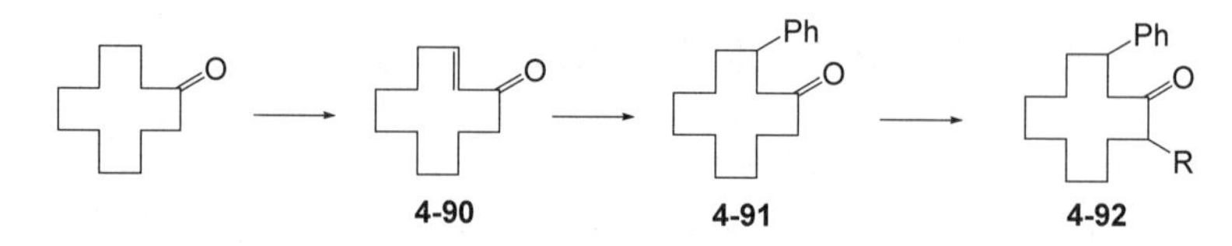

图 4-27　α-R-β'-苯基环十二酮的合成

利用 ^{1}H NMR 技术对由图 4-27 合成路线合成的 α-R-β'-苯基环十二酮进行了研究，数据显示（表 4-17），取代基 R 所在 α-C 上的 H，表现为 dd 峰，而偶合常数变化较大，又由于吸收峰的重叠，没能得到化合物 **4-92(3)**、**4-92(4)**和**4-92(5)**相应的偶合常数；苯基所在 β'-C 上的 H，与 α'-C 和 γ'-C 上的 H 有着复杂的偶合裂分关系，无法获得偶合常数，因而难以确定取代基 R 和苯基的位置和取向。α'-C 上的两个质子因为磁不等价，表现出同碳偶合，并进一步与 β'-H 偶合，呈现出双 dd 峰，但是无论 α'-C 处于角碳位还是边碳位，均是一个 dd 峰的偶合常数为同碳偶合常数加一个大偶合常数，另一个 dd 峰为同碳偶合常数加一个小偶合常数，而两个 α'-H 的同碳偶合常数在 12.7～17.4 Hz 之间，变化较大，难以判断 α'-C 的所处位置（边碳或角碳），这就需要借助单晶 X 射线分析先来确定它们在固态时的构象。

表 4-17　α-R-β'-苯基环十二酮的部分特征 ^{1}H NMR 数据

化合物序号	R	δ_H		
		α-H	α'-H1	α'-H2
4-92(1)	Br	4.59 (dd, J =12.2 Hz, 3.6 Hz)	—	3.08 (dd, J =14.4 Hz, 3.1Hz)
4-92(2)	I	4.99 (dd, J =11.3 Hz, 3.6 Hz)	—	3.31 (dd, J =13.5 Hz, 2.9 Hz)
4-92(3)	Me	—	3.33 (dd, J =12.7 Hz, 8.5 Hz)	2.37 (dd, J =12.7 Hz, 2.2 Hz)
4-92(4)	n-Bu	—	3.36 (dd, J =12.8 Hz, 8.6 Hz)	2.38 (dd. J =12.7 Hz, 2.2 Hz)
4-92(5)	CH_2Ph	—	3.31 (dd, J =17.4 Hz, 11.3 Hz)	2.19 (dd, J =17.4 Hz, 2.8 Hz)
4-92(6)	COPh	4.67 (dd, J =9.8 Hz, 3.3 Hz)	2.99 (dd, J =16.0 Hz, 10.5 Hz)	2.75 (dd, J =16.0 Hz, 3.2 Hz)
4-92(7)	OMe	4.01 (dd, J =6.7 Hz, 2.9 Hz)	—	2.53 (dd, J =16.6 Hz, 3.1 Hz)
4-92(8)	$PhSO_2$	4.51 (dd, J =9.3 Hz, 2.2 Hz)	—	—

单晶 X 射线分析显示，化合物 **4-92(4)**、**4-92(5)** 和 **4-92(7)** 具有共同的特征，即 R 和苯基同处于含羰基的四碳链的两个角碳上。**4-92(5)** 的晶体结构见图 4-28，构象为 *α*-角顺-苄基-*β*′-角反-苯基-[3333]-2-酮（构象透视式 **4-93**）。而化合物 **4-92(8)** 却具有不同的特征，即取代基 R 处于含羰基的四碳链的边碳上，苯基处于另一条四碳链的边碳上。**4-92(8)** 的晶体结构见图 4-29，构象为 *α*-边外-苯磺酰基-*β*′-边外-苯基-[3333]-2-酮（构象透视式 **4-94**）。

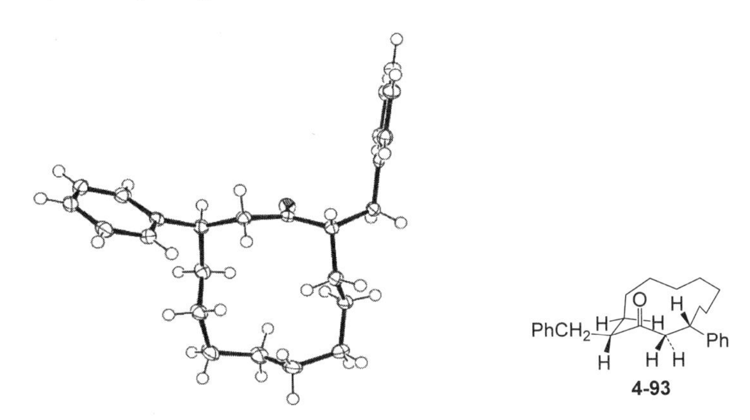

图 4-28　化合物 **4-92(5)** 的晶体结构和构象透视式（**4-93**）

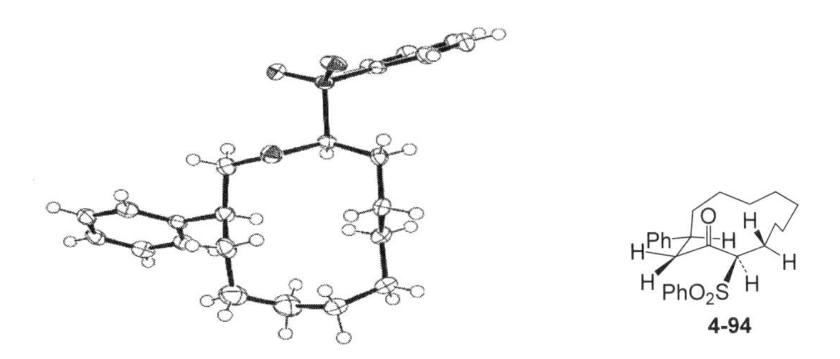

图 4-29　化合物 **4-92(8)** 的晶体结构和构象透视式（**4-94**）

但是，化合物 **4-92(5)** 和 **4-92(8)** 的晶体结构与它们的 ^{1}H NMR 数据并不完全相符，更像是处于构象 **4-93** 和 **4-94** 两种状态之间。从动力学的角度来看，两种构象（以通式形式 **4-95** 和 **4-96** 表示）可以通过 C_s 假旋相互转换，即它们在溶液中处于动力学平衡之中（图 4-30）。结晶时，化合物以优势构象的形态析出。这样，^{1}H NMR 数据与晶体结构之间的差异得到解释。

在上述 4 个化合物固态时构象的基础上，假定所有 8 个化合物均取构象 **4-95** 或构象 **4-96**，应用计算化学方法获得 8 个化合物的相对能量数据（表 4-18）。结果两者十分吻合：构象 **4-95** 是化合物 **4-92(5)** 的最低能量构象，而构象 **4-96**

是化合物 **4-92(8)**的最低能量构象。据此可以判断，化合物 **4-92(2)**的最低能量构象是构象 **4-96**，而化合物 **4-92(3)**、**4-92(4)**、**4-92(6)**和 **4-92(7)**的最低能量构象是构象 **4-95**。化合物 **4-92(1)**的两种构象能量差很小，构象 **4-96** 的相对能量值略高于构象 **4-95**，但是，从 ^{1}H NMR 数据来看，优势构象更像是构象 **4-96**。

图 4-30　*α*，*β*′-二取代环十二酮两种构象（**4-95** 和 **4-96**）的相互转换

表 4-18　8 个 *α*-R-*β*′-苯基环十二酮两种构象的相对能量值　单位：kJ/mol

化合物	**4-92(1)**	**4-92(2)**	**4-92(3)**	**4-92(4)**	**4-92(5)**	**4-92(6)**	**4-92(7)**	**4-92(8)**
构象 **4-95**	0.00	10.44	0.00	0.00	0.00	0.00	0.00	9.62
构象 **4-96**	1.09	0.00	3.58	20.24	583.55	214.91	30.86	0.00

从上述 8 个化合物所取优势构象可以得到一个初步的结论，即这类化合物取何种构象存在立体效应：在构象 **4-95** 中，取代基 R 处于角顺位，R 越大，与羰基之间的排斥力越大，因而当 R 大到一定程度时，化合物的优势构象转换为构象 **4-96**，如化合物 **4-92(2)**和 **4-92(8)**即取构象 **4-96**（R 分别是体积较大的 I 和 $PhSO_2$）；反之，化合物取构象 **4-95**。

根据上述构象研究结果，可以得出结论，由图 4-27 所示合成路线得到的 *α*-R-*β*′-苯基环十二酮的构型为 *α*-羰基顺-*R*-*β*′-羰基反-苯基环十二酮。可以推定由该路线合成的 *α*-R^1-*β*′-R^2-环十二酮也具有同样的构型。但是，表 4-16 中所预测的其他 3 种构型的 *α*-R^1-*β*′-R^2-环十二酮尚属未知，当然也不知道它们在理化性质上的差异。

4.1.7　*α*,*α*,*α*′-三取代环十二酮的构象及其顺反异构

4.1.7.1　*α*,*α*,*α*′-三取代环十二酮的羰基顺反异构预测

α,*α*,*α*′-三取代环十二酮预期的羰基顺反异构体，及其名称、构型式和以[3333]-2-酮为母体时可能的构象见表 4-19。其中，基团的引入顺序是 R^1 先，R^2 后，R^3 则可先可后，预期的羰基顺反异构体共有 4 种：**4-97(1)**、**4-98(1)**、**4-99(1)** 和 **4-100(1)**。如果 R^1 = R^2，则 *α*-羰基顺-R^2-*α*-羰基反-R^1-*α*′-羰基顺-R^3-环十二酮［**4-97(1)**］等同于 *α*-羰基顺-R^1-*α*-羰基反-R^2-*α*′-羰基顺-R^3-环十二酮［**4-98(1)**］；

α-羰基顺-R^2-α-羰基反-R^1-α'-羰基反-R^3-环十二酮［**4-99(1)**］等同于 α-羰基顺-R^1-α-羰基反-R^2-α'-羰基反-R^3-环十二酮［**4-100(1)**］，异构体简化为两种。从预期的母环为[3333]-2-酮的构象来看（括号中的构象为禁阻构象，只在理论上存在），R^3 取羰基顺式位时，可取一种母环为[3333]-2-酮的构象［**4-97(2)**或 **4-98(2)**］，另一种为禁阻构象［**4-97(3)**或 **4-98(3)**］，而当 R^3 取羰基反式位时［**4-99(1)**或 **4-100(1)**］，以[3333]-2-酮为母环的构象［**4-99(2)**、**4-99(3)**、**4-100(2)**和 **4-100(3)**］均为禁阻构象，化合物只能取其他次优构象。

表 4-19　预期的 α,α,α'-三取代环十二酮羰基顺反异构体的名称、构型式及其以[3333]-2-酮为母体时可能的构象

化合物名称	构型式	以[3333]-2-酮为母体时可能的构象	
α-羰基顺-R^2-α-羰基反-R^1-α'-羰基顺-R^3-环十二酮	**4-97(1)**	**4-97(2)**	**4-97(3)**
α-羰基顺-R^1-α-羰基反-R^2-α'-羰基顺-R^3-环十二酮	**4-98(1)**	**4-98(2)**	**4-98(3)**
α-羰基顺-R^2-α-羰基反-R^1-α'-羰基反-R^3-环十二酮	**4-99(1)**	**4-99(2)**	**4-99(3)**
α-羰基顺-R^1-α-羰基反-R^2-α'-羰基反-R^3-环十二酮	**4-100(1)**	**4-100(2)**	**4-100(3)**

4.1.7.2　α,α,α'-三取代环十二酮的构象

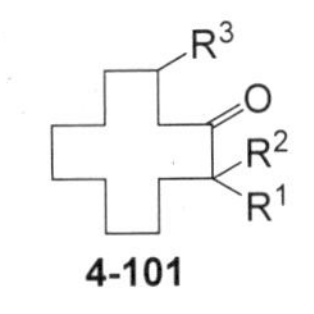

4-101

采用 ^{1}H NMR 技术、单晶 X 射线分析及计算化学对一组 α,α,α'-三取代环十二酮（**4-101**，R^1、R^2 和 R^3 的结构见表 4-20）的构象进行了研究[29]。从 ^{1}H NMR

技术得到的特征数据来看，α'-H 与两个 β'-H 的偶合常数一大一小，大者在 8.5～10.9 Hz 之间，小者在 3.8～5.4 Hz 之间（表 4-20），R^3 似应以在边外向位为主，而 R^1 和 R^2 可以确定在角碳位，但是不能认定其母环一定是环十二酮的优势构象[3333]-2-酮。单晶 X 射线分析（表 4-20）表明，在固态时化合物 **4-101(1)**、**4-101(2)**、**4-101(8)**的母体构象均为[3333]-2-酮，其构象通式为表 4-19 预测的 **4-97(2)**或 **4-98(2)**，究竟是哪一构象与 R^1 和 R^2 的取代顺序有关［**4-101(8)**的晶体结构见图 4-31］。化合物 **4-101(4)**、**4-101(5)**母体的构象均为[3324]-2-酮［**4-101(4)**的晶体结构见图 4-32，构象通式 **4-102**］。也就是说，α,α,α'-三取代环十二酮母环的构象既可能是[3333]-2-酮，也可能是[3324]-2-酮。如何判断其他 α,α,α'-三取代环十二酮母环在固态时的构象，这就需要计算化学的协助。

表 4-20　α,α,α'-三取代环十二酮部分 ^{1}H NMR 数据和 X 射线分析结果

化合物序号	化合物结构			^{1}H NMR		X 射线分析结果（母环构象）
	R^1	R^2	R^3	$J_{\alpha'\text{-H},\beta'\text{-H1}}$/Hz	$J_{\alpha'\text{-H},\beta'\text{-H2}}$/Hz	
4-101(1)	Br	Br	Br	8.8	5.4	[3333]-2-酮
4-101(2)	Br	Br	CO_2Et	10.9	3.8	[3333]-2-酮
4-101(3)	Br	CO_2Et	Br	9.1	5.1	—
4-101(4)	Br	COPh	Br	8.5	5.2	[3324]-2-酮
4-101(5)	CO_2Et	COPh	Br	9.2	5.4	[3324]-2-酮
4-101(6)	Br	Et	Br	9.9	4.8	—
4-101(7)	Br	CH_2Ph	Br	9.2	5.0	—
4-101(8)	Et	CO_2Et	Br	9.6	5.0	[3333]-2-酮
4-101(9)	Et	CO_2Et	Ph	10.4	4.2	—
4-101(10)	CH_2Ph	CH_2Ph	CH_2Ph	—	—	—

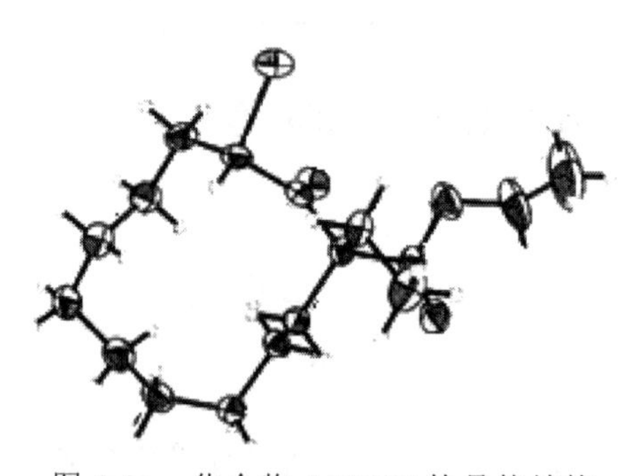

图 4-31　化合物 **4-101(8)**的晶体结构

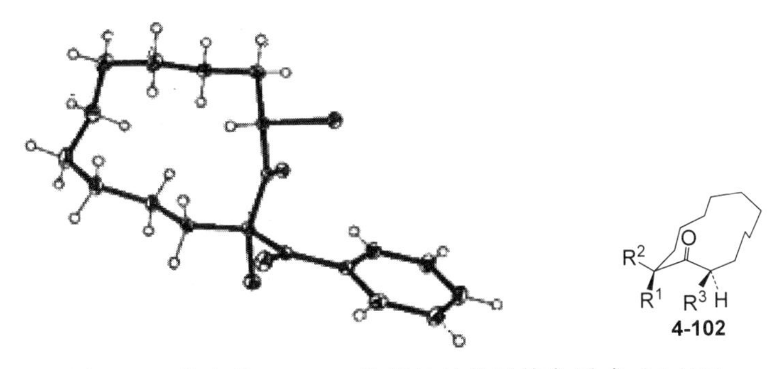

图 4-32　化合物 **4-101(4)**的晶体结构及构象通式（**4-102**）

表 4-21 所列是利用计算化学对母环为[3333]-2-酮和[3324]-2-酮的上述 10 个化合物的相对能量值的计算结果。化合物 **4-101(1)**、**4-101(2)**、**4-101(4)**、**4-101(5)**、**101(8)**的计算结果与单晶 X 射线分析结果一致：化合物 **4-101(1)**、**4-101(2)**、**4-101(8)**母环取[3333]-2-酮构象时能量最低，是它们的优势构象，而化合物 **4-101(4)**、**4-101(5)**母环取[3324]-2-酮构象时能量最低，是这两个化合物的优势构象。因此，计算化学的结果是可信的。从化合物的相对能量值来看，化合物 **4-101(3)**、**4-101(6)**母环的优势构象应是[3333]-2-酮，化合物 **4-101(7)**、**4-101(9)**、**4-101(10)**母环的优势构象应是[3324]-2-酮。

表 4-21　化合物 4-101 母环取不同构象时的相对能量值　单位：kJ/mol

化合物序号	**4-101(1)**	**4-101(2)**	**4-101(3)**	**4-101(4)**	**4-101(5)**	**4-101(6)**	**4-101(7)**	**4-101(8)**	**4-101(9)**	**4-101(10)**
[3333]-2-酮	0.00	0.00	0.00	30.27	29.63	0.00	31.28	0.00	29.44	56.38
[3324]-2-酮	32.56	31.48	14.28	0.00	0.00	28.34	0.00	17.39	0.00	0.00

4.1.4 节和 **4.1.5** 节的讨论结果指出，在 α,α-二取代环十二酮中，两个较大的取代基，如 Br 和 COPh 同时存在时，母环的构象仍为[3333]-2-酮。而在 α,α'-二取代环十二酮中，两个取代基均为较大的 SO_2Ph 或 SPh 时，母环的构象也仍然保持[3333]-2-酮构象，仅当两个取代基为苯基，且处于顺式时，由于苯基与羰基强烈的 π-π 相互作用，才使母环取[4323]-2-酮构象。因此，可以得出结论，仅当 α,α,α'-三取代环十二酮中，3 个取代基的总体积大到一定程度时，其母环的构象才会由[3333]-2-酮转换为[3324]-2-酮，至于大到何种程度，目前并无定论。

从表 4-20 也可以发现，α,α,α'-三取代环十二酮的 ^{1}H NMR 谱中，α'-H 与两个 β'-H 的两个偶合常数并不是典型的[3333]-2-酮构象中相应质子的偶合常数。α,α,α'-三取代环十二酮分子的两个构象（α-角顺-R^2-α-角反-R^1-α'-边外-R^3-[3333]- 2-酮与 α-角顺-R^2-α-角反-R^1-α'-边外-R^3-[3324]-2-酮）在溶液中处于动力学平衡之中，如图 4-33 所示。结晶时，以其中一种构象即优势构象的形态析出。

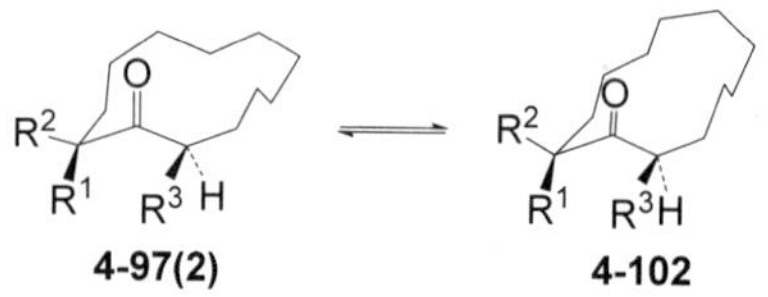

图 4-33　两个 α,α,α'-三取代环十二酮构象的动力学平衡

根据上述构象研究的结果可以得出结论，上述 α,α,α'-三取代环十二酮的构型为 α-羰基顺-R^2-α-羰基反-R^1-α'-羰基顺-R^3-环十二酮，相信 α-羰基顺-R^1-α-羰基反-R^2-α'-羰基顺-R^3-环十二酮也不难得到，且具有相同的构象特征。由于尚未见它们被成对地合成，当然也不知道它们在理化性质上的差异。此外，构型为 α-羰基顺-R^2-α-羰基反-R^1-α'-羰基反-R^3-环十二酮和 α-羰基顺-R^1-α-羰基反-R^2-α'-羰基反-R^3-环十二酮的 α,α,α'-三取代环十二酮的构象预计不能以[3333]-2-酮为母体，合成可能有难度，但是，仍然期待它们的出现。

4.1.8　含环十二酮单元的桥环化合物的构象

（1）12-碘-15-氧代双环[9.3.1]十五烷-1-羧酸乙酯（**4-103**）[30]

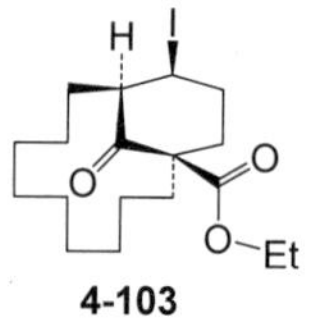

桥环化合物 **4-103** 母体由一个十二元环和一个六元环以反式并合的方式构成。图 4-34 是其晶体结构和构象式（**4-104**）。通常把羰基看成是十二元环的一部分，因此，十二元环实为环十二酮，并取[3333]-2-酮构象，而六元环取椅式构象。该化合物也可以看成是 α,α,α'-三取代环十二酮衍生物：环己烷与环十二酮相连的两条边分别占据边外向位和角反位，而另一取代基乙氧羰基取角顺位。

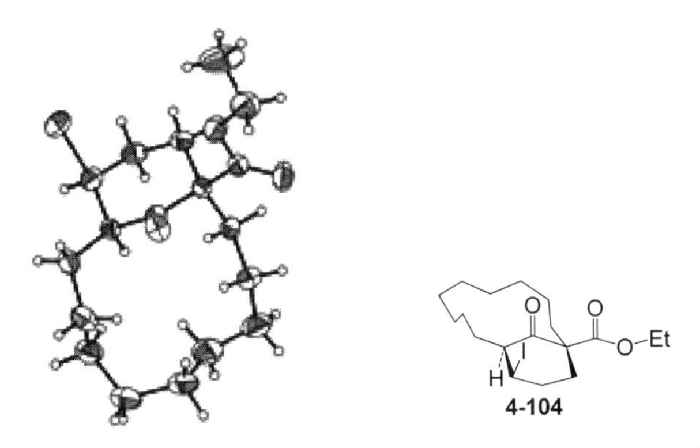

图 4-34　化合物 **4-103** 的晶体结构和构象透视式（**4-104**）

（2）18-羟基-19-氧代三环[9.7.1.0^{1,14}]十九烷-11-羧酸甲酯（**4-105**）[31]

H
HO
O
O
O−Me
4-105

桥环化合物 **4-105** 的母体由十二元环和十氢萘的一个六元环以顺式并合的方式构成。图 4-35 是它的晶体结构和构象透视式（**4-106**）。这里把羰基看成十二元环的一部分，因此十二元环实为环十二酮，在该化合物中取[2334]-2-酮构象。为什么这里的环十二酮取[2334]-2-酮构象？这是因为在它的 α-C 和 α'-C 上共连接有四个取代基：与其形成桥环的六元环的两条边，十氢萘另一六元环的一条边以及甲氧羰基。这样，α-C 和 α'-C 均不能作为边碳，只能成为角碳，因此，环十二酮只能取十二元环的次优构象，即[2334]构象。还要指出的是，它的分子结构中，十二元环没有用“十字式”表示，它的构象不是[3333]，而是采用了文献中的“三角式”，但是，这并没有准确反映它的构象特征。在该化合物中，十氢萘的两个六元环均取椅式构象。

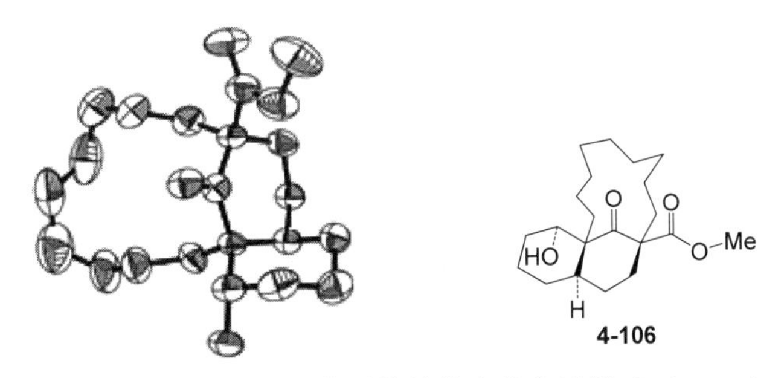

图 4-35　化合物 **4-105** 的晶体结构和构象透视式（**4-106**）

4.2 环十三酮的构象及 Goto 命名法

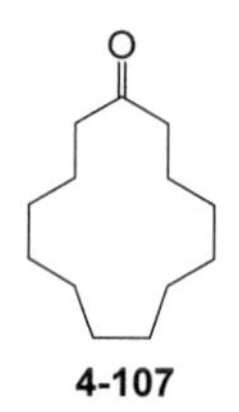

4-107

环十三酮的结构如 **4-107** 所示。早期的研究表明，即使在低温下，核磁共振技术包括 ^{1}H NMR 谱和 ^{13}C NMR 谱都不能为它的构象提供有用的信息，X 射线分析也由于分子在晶体中的无序而不能解析它的晶体结构[5]。幸运的是，低温下环十三酮氨衍生物的 X 射线分析获得成功。对环十三酮肟[8]和环十三酮缩苯氨基脲[32]晶体结构的分析表明，它们的母环均取[337]构象，间接证明了环十三酮在固态时具有[337]构象。只是亚氨基（相当于羰基，以下直接简称为酮）的位置有差异：在环十三酮肟晶体中，母环取[733]-3-酮构象，而在环十三酮缩苯氨基脲晶体中，母环取[733]-4-酮构象。多年之后，研究者对环十三酮-2,4-二硝基苯腙的晶体结构进行了更精细的分析[33],得到与环十三酮肟一样的结论，即母环取[733]-3-酮构象。然而，角碳的认定值得商榷，七键边难于以锯齿状碳链与两条三键边构成三角形，以投影式的形式表达的构象也难以获得认同。问题出在如何认定碳链的局部构象以及如何定义边碳和角碳，这方面 Goto 命名法更为合理[34]。Goto 命名法需要以碳链的二面角作为基础，并对邻位交叉和对位交叉以及边碳和角碳做如下定义(ω 代表二面角)：

正邻位交叉：$0° \leqslant \omega < 120°$，

负邻位交叉：$0° > \omega > -120°$，

对位交叉：$120° \leqslant |\omega| \leqslant 180°$。

边碳：与至少一个呈对位交叉的碳原子相邻，并自身呈对位交叉的碳原子。

角碳：与一个呈邻位交叉的碳原子相邻，且自身呈邻位交叉的碳原子。两个邻位交叉的符号相同者为真角（genuine corner），“真”字可忽略；两个邻位交叉符号相反者为伪角（pseudo corner），在它连接的两条边的第一个阿拉伯数字右上方标以“′”。本书在角碳的认定上将适当放宽其二面角的范围。

邻位交叉正负号认定的方法如下：设碳链为 A-B-C-D，该碳链初始状态为全对位交叉，A-B 键按顺时针方向转动至与 C-D 键重合，从 B-C 键方向观察到的二面角为正，反之为负。

下面以环十三酮缩苯氨基脲和环十三酮-2,4-二硝基苯腙为例，详细讨论它们的构象。

图 4-36 是根据环十三酮缩苯氨基脲的晶体结构文献认定的[733]-4-酮构象（**4-108**）和本书认定的构象（**4-109**）。表 4-22 列出了它的碳环的二面角。为便于比较，图中碳环的编号与表中碳环的编号完全一致。从表 4-22 的二面角的数据来看，母环的 C5、C8 和 C11 认定为角碳没有问题，它们的两个相邻二面角均为邻位交叉，数值分别为−43°和−57°，−72°和−76°以及−77°和−72°。显然其余碳原子均被先前的研究者认定为边碳，从而构成三角形构象。但是，两个三碳链和一个七碳链难于构成一个三角形构象，问题出在 C1 上。环中以 C1 为中心，相邻的两个二面角为−96°和 60°，C1 应认定为伪角，母环应为[3334′]-1-酮构象。这一构象的特点是羰基（亚氨基）处于角位，这种角位羰基构象曾在 *α*-单取代环十二酮的构象转换中出现过（见 **4.1.2** 节）。计算化学研究表明，偕二取代的这两种角碳能量上有一定差异，伪角的能量大约高 2.5 kJ/mol[35]。

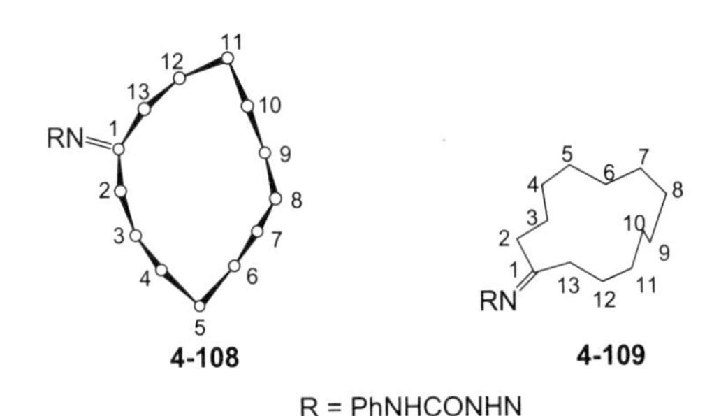

图 4-36　环十三酮缩苯氨基脲的[733]-4-酮构象（**4-108**）和[3334′]-1-酮构象（**4-109**)（图中酮羰基以亚胺形式存在）

表 4-22　环十三酮苯缩氨基脲晶体结构中十三碳环的二面角　　单位：(°)

碳环	二面角	碳环	二面角	碳环	二面角
C1—C2—C3—C4	165	C6—C7—C8—C9	−72	C11—C12—C13—C1	156
C2—C3—C4—C5	171	C7—C8—C9—C10	−76	C12—C13—C1—C2	−96
C3—C4—C5—C6	−43	C8—C9—C10—C11	173	C13—C1—C2—C3	60
C4—C5—C6—C7	−57	C9—C10—C11—C12	−77	—	—
C5—C6—C7—C8	165	C10—C11—C12—C13	−72	—	—

图 4-37 展示的是文献认定的环十三酮-2,4-二硝基苯腙的[733]-3-酮构象（**4-110**）和本书认定的[3334′]-2-酮构象（**4-111**）。表 4-23 列出了它的碳环的二面角。同样，为便于比较，图中碳环的编号与表中碳环的编号完全一致。根据前面的分析，C3、C6、C9 为角碳，C13 可以认定为伪角，母环取[3334′]-2-酮构象。

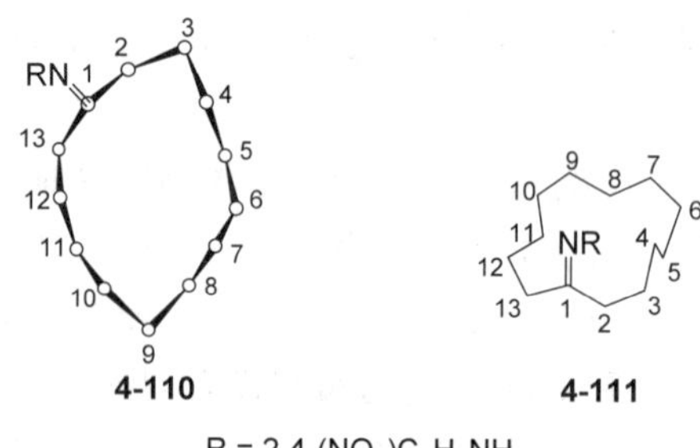

图 4-37　环十三酮-2,4-二硝基苯腙的[733]-3-酮构象（**4-110**）和[3334']-2-酮构象（**4-111**)（图中酮羰基以亚氨基形式存在）

表 4-23　环十三酮-2,4-二硝基苯腙晶体结构中十三碳环的二面角　单位：(°)

碳环	二面角	碳环	二面角	碳环	二面角
C1—C2—C3—C4	−67.14	C6—C7—C8—C9	165.98	C11—C12—C13—C1	61.91
C2—C3—C4—C5	−74.04	C7—C8—C9—C10	−59.54	C12—C13—C1—C2	−106.70
C3—C4—C5—C6	174.27	C8—C9—C10—C11	−42.72	C13—C1—C2—C3	161.03
C4—C5—C6—C7	−76.56	C9—C10—C11—C12	−176.67	—	—
C5—C6—C7—C8	−73.64	C10—C11—C12—C13	−164.47	—	—

环十三酮-2,4-二硝基苯腙晶体结构的 X 射线分析还显示，2,4-二硝基苯腙基团几乎垂直于十三元环的平均平面，两者的夹角为 82.66°，与环十二酮的特点一致。

低温 ^{13}C NMR 研究表明，环十三酮-2,4-二硝基苯腙在溶液中有强度不等的两个羰基（亚氨基）吸收峰，化学位移分别为 δ 220.5 和 δ 216.8。这表明该分子在溶液中母环至少有两种构象[36]，但是不能确定是否就是[3334']-1-酮和[3334']-2-酮这两种构象。

最后还需要讨论的是，在第 2 章大环烷的构象中已经知道，环十三烷的优势构象均为五边形或三角形，而四边形皆为高能构象，为何环十三酮碳环的优势构象均为四边形[3334]？如果仔细分析它们的晶体数据可以发现其中的关系。若将环十三酮缩苯氨基脲的晶体结构中 C12—C13—C1—C2 链的二面角（>90°）看成是对位交叉，则 C1、C2 成为角碳，碳环构象成为[13333]。同理，将环十三酮-2,4-二硝基苯腙晶体结构中 C12—C13—C1—C2 链的二面角(>90°)看成是对位交叉，则碳环构象成为[13333]。因此，环十三酮的[3334']构象应源自环十三烷的[13333]构象，是其部分扭曲的结果，可能与羰基的存在相关。

4.3　环十四酮的构象

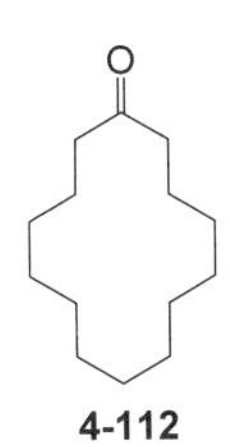

4-112

环十四酮的结构如 **4-112** 所示。早期的低温 ^{13}C NMR 研究显示，环十四酮的羰基有两条谱线，强度比为 3∶2，α-C 的吸收峰复杂，可以说明环十四酮在溶液中至少有两个不同的构象[37]。低温 X 射线分析显示，环十四酮在固态时，碳环具有金刚石晶格的[3434]构象，与环十四烷的优势构象一致，但是羰基的位置不能确定[38]。如环十三酮，环十四酮肟的晶体结构得到完整的解析[8]，其碳环二面角列于表 4-24。其二面角数据说明，C2、C5、C9、C12 为角碳，相应的二面角在 54.4°～64.8°之间，与标准邻位交叉的 60°契合，其余均为边碳，相应的二面角在 170.6°～179.5°之间，同样也与标准对位交叉的 180°契合，因此，碳环是一个基本规整，呈矩形的[3434]构象。羰基（肟基）在 4 键边上，母环构象为[4343]-2-酮（肟）（**4-113**）。

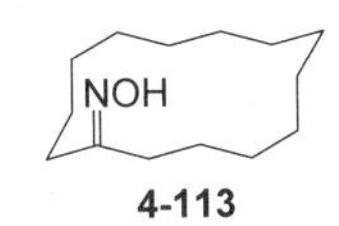

4-113

表 4-24　环十四酮肟晶体结构中十四碳环的二面角　单位：(°)

碳环	二面角	碳环	二面角	碳环	二面角
C1—C2—C3—C4	−61.9	C6—C7—C8—C9	−176.6	C11—C12—C13—C14	63.1
C2—C3—C4—C5	170.6	C7—C8—C9—C10	54.4	C12—C13—C14—C1	−172.9
C3—C4—C5—C6	−61.8	C8—C9—C10—C11	59.1	C13—C14—C1—C2	173.4
C4—C5—C6—C7	−58.0	C9—C10—C11—C12	−171.0	C14—C1—C2—C3	−62.7
C5—C6—C7—C8	179.5	C10—C11—C12—C13	64.8	—	—

另一个环十四酮衍生物的例子是二氢西松烷酮（dihydroplexaurolone）[39]，系统命名为 3,9,13-三甲基-6-异丙烯基-4,10-二羟基环十四酮（**4-114**）。单晶 X 射线分析指出，它的母环为[3434]构象,但是羰基的位置与环十四酮肟不同，处于一条四键边的中位，母环构象为[4343]-3-酮（**4-115**）。

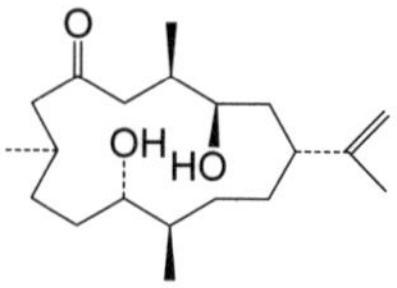

4-114 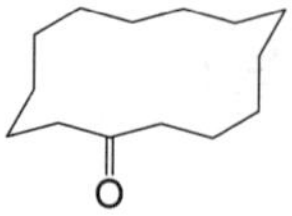　　4-115

4.4　环十五酮的构象

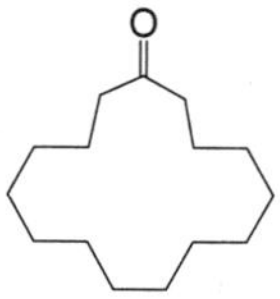

4-116

环十五酮的结构如**4-116**所示。实践证明，对于环十五酮的构象，低温NMR技术不能给出明确的结论，而值得庆幸的是，低温X射线分析对环十五酮固态时的构象研究获得成功[40]。表4-25是其碳环的二面角。观察表4-25可以发现，C7、C10和C15为角碳，但是C3和C4却比较特殊。为了更好地描述环十五酮的构象，这里需要引入Goto命名法中的融合角（fused angle）概念，即两个对位交叉之间仅有一个邻位交叉时，如C3—C4，它既含在C15—C1—C2—C3—C4边(呈锯齿状)中，又在C3—C4—C5—C6—C7这条呈锯齿状的边中，因此将其命名为融合角。在计算边的长度时，重复将它纳入相连的两条边中，并在第一条边的右上方记一个“*”，以表示C3—C4键被重复计算了一次。于是，环十五酮的构象被命名为[4*435]-2-酮（**4-117**）。

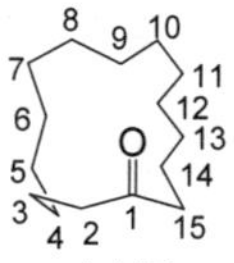

4-117

总体形象仍是四边形，环的总键数仍为(4+4+3+5)−1 = 15(减去因为融合角而重复计算的C3—C4键)。从表4-25还可以发现，碳链呈对位交叉的二面角在144.6°～178.9°之间，而碳链呈邻位交叉的二面角在47.6°～72.9°之间，偏差范围均较大，说明碳环的扭曲程度较大。另外，十五碳环是共平面的，平均偏差为0.0382 nm。O1—C1—C2—C15二面角为66.12°，也就是说，羰基与碳环平面之间与垂直状态有大约24°的差距。

表 4-25　环十五酮晶体结构中十五碳环的二面角　　单位：(°)

碳环	二面角	碳环	二面角	碳环	二面角
C1—C2—C3—C4	144.6	C6—C7—C8—C9	59.9	C11—C12—C13—C14	174.2
C2—C3—C4—C5	−72.9	C7—C8—C9—C10	−178.9	C12—C13—C14—C15	−157.6
C3—C4—C5—C6	168.1	C8—C9—C10—C11	70.2	C13—C14—C15—C1	58.6
C4—C5—C6—C7	172.8	C9—C10—C11—C12	70.3	C14—C15—C1—C2	47.6
C5—C6—C7—C8	52.9	C10—C11—C12—C13	−154.0	C15—C1—C2—C3	−177.3

环十五酮缩苯氨基脲[41]的晶体结构曾在早些时候在低温下由 X 射线分析解析。环部分的二面角见表 4-26。观察表 4-26 可以发现，C1、C5、C8、C12、C15 为角碳，其中，C1 是伪角。因此，十五碳环的命名为[1′3434]，整个分子的构象为[1′3434]-1-酮（缩苯氨基脲）（**4-118**）。取代亚氨基处于角碳位，应与其取代基体积较大有关，处于角碳位可以减小跨环相互作用。

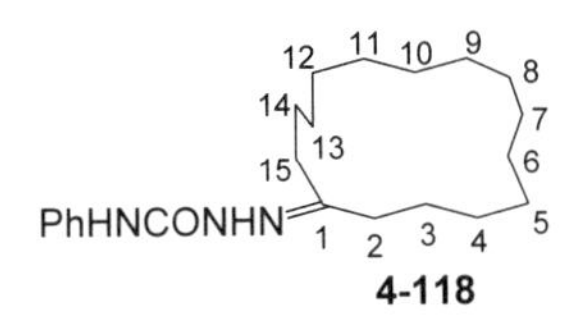

4-118

第 2 章曾提到，由计算方法得到的环十五烷的次优构象包括[13434]，这里为其找到一个实例。

表 4-26　环十五酮缩苯氨基脲晶体结构中碳环的二面角　单位：(°)

碳环	二面角	碳环	二面角	碳环	二面角
C1—C2—C3—C4	179.0	C6—C7—C8—C9	59.8	C11—C12—C13—C14	−53.4
C2—C3—C4—C5	178.0	C7—C8—C9—C10	56.8	C12—C13—C14—C15	−173.9
C3—C4—C5—C6	57.6	C8—C9—C10—C11	−177.8	C13—C14—C15—C1	−39.2
C4—C5—C6—C7	58.6	C9—C10—C11—C12	174.4	C14—C15—C1—C2	−69.5
C5—C6—C7—C8	−177.6	C10—C11—C12—C13	−58.2	C15—C1—C2—C3	4.6

4.5　环十六酮的构象

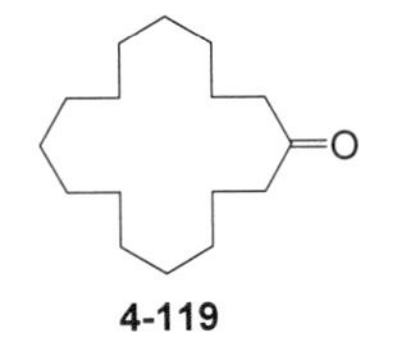

4-119

环十六酮的结构如 **4-119** 所示。早期的研究表明，低温 NMR 技术不能为环十六酮的构象提供有用的信息[37]。低温下环十六酮及其他氨衍生物环十六酮肟的单晶 X 射线分析也由于分子在晶体中的无序而没有成功[8,42]。

计算化学研究表明[43]，以环十六烷的优势构象[4444]为母体，用羰基替换其中一个亚甲基，可以得到环十六酮的三种构象：[4444]-2-酮（**4-120**）、[4444]-3-酮（**4-121**）和[4444]-1-酮（**4-122**），它们的相对能量分别为 0 kJ/mol、1.30 kJ/mol 和 3.27 kJ/mol。若以环十六烷的次优构象[3535]为母体可衍生出环十六酮的四种构象，能量则均高于由[4444]构象衍生出的三种构象。

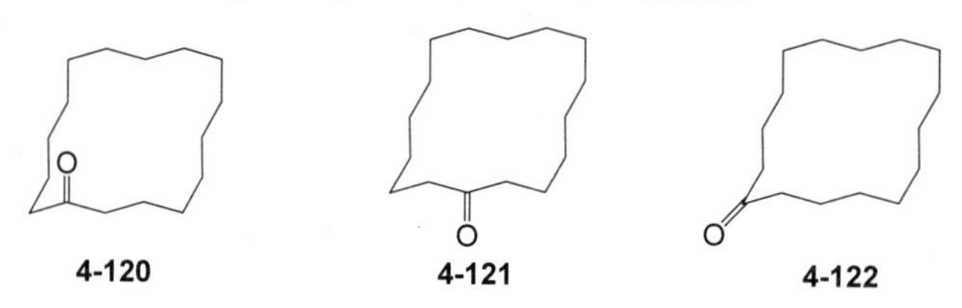

环十六酮缩苯氨基脲单晶的低温 X 射线分析获得成功[32]。它的母环取环十六烷的优势构象[4444]。

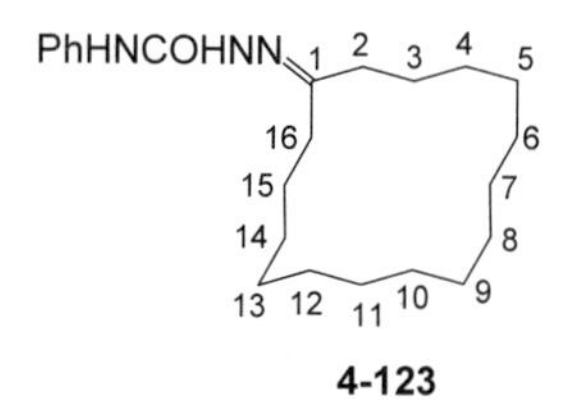

表 4-27 是其碳环的二面角，其中，C1、C5、C9、C13 为角碳，碳环取四边形的[4444]构象，亚氨基位于 C1 角碳位，构象命名为[4444]-1-酮缩苯氨基脲（**4-123**）。表 4-27 显示，碳链呈对位交叉的二面角在 157.2°～179.4°之间，基本在正常范围内。而碳链呈邻位交叉的二面角也大多在正常范围内，但是，C16—C1—C2—C3 的二面角仅 28.8°，在这一局部区域，扭曲程度较大。

表 4-27　环十六酮缩苯氨基脲晶体结构中十六碳环的二面角　单位：(°)

碳环	二面角	碳环	二面角
C1—C2—C3—C4	−169.2	C9—C10—C11—C12	−177.3
C2—C3—C4—C5	−165.2	C10—C11—C12—C13	62.6
C3—C4—C5—C6	−48.8	C11—C12—C13—C14	63.2
C4—C5—C6—C7	−61.4	C12—C13—C14—C15	−170.4
C5—C6—C7—C8	−178.3	C13—C14—C15—C16	−179.4
C6—C7—C8—C9	−176.3	C14—C15—C16—C1	−157.2
C7—C8—C9—C10	69.5	C15—C16—C1—C2	65.4
C8—C9—C10—C11	70.6	C16—C1—C2—C3	28.8

4.6 大环酮的一般立体化学特征

前面已详细讨论了环十二酮及其衍生物的立体化学特征，对于环十三酮到环十六酮仅做了简要的讨论。这里可以归纳出大环酮两个重要的立体化学特征。

① 大环酮与大环烷一样，既有一定刚性，存在优势构象，又有一定的柔性，呈现出构象的多样性，且可以通过键的假旋相互转换，在溶液中至少存在 C_2 或 C_s 这样简单的对称性。它们的 ^{13}C NMR 数据（表 4-28）[9]表明，环中与羰基相连的两条碳链上，与羰基等距离的两个碳原子有相同的化学位移，显示为一条吸收峰，分子表现出宏观对称性。

表 4-28　环十二～环十六酮的 ^{13}C NMR 数据（δ_C）

化合物	C1(C═O)	C2	C3	C4	C5	C6	C7	C8	C9
环十二酮	211.5	40.6	23.1	25.0	25.5	25.4	23.3		
环十三酮	211.5	42.2	23.8	27.3	26.5	26.7	25.4		
环十四酮	210.8	40.8	22.9	26.0	25.7	26.3	25.2	24.4	
环十五酮	211.2	42.3	24.0	28.4	27.6	27.6	27.3	27.1	
环十六酮	210.5	41.0	22.4	26.6	26.2	26.0	25.2	25.5	25.7

注：环十二酮的 ^{13}C NMR 数据已在 4.1 节使用，此处再次列出，以便比较。

② 取代大环酮存在羰基顺反异构。由于大环酮中的羰基与环平面呈垂直或近似垂直关系，于是形成了以羰基作为参照的顺反异构（图 4-38）。目前，仅仅 α-单取代环十二酮的羰基顺反异构被证实，随着更多研究者的参与，相信会有更多有意义的发现。

图 4-38　大环酮羰基顺反异构示意图
（**4-124** 为羰基顺式异构体，**4-125** 为羰基反式异构体）

4.7 1,2-环十二烷二酮及其衍生物的构象

4.7.1 1,2-环十二烷二酮的构象

1,2-环十二烷二酮的结构如 **4-126** 所示。^{17}O NMR 研究表明[44]，溶液中 1,2-环十二烷二酮两个羰基的二面角为 180°。实际上将环十二烷的优势构象［3333］一条边的两个边碳(亚甲基)替换为羰基，正好与 ^{17}O NMR 的结论一致，两个羰基分处于母环的两面，并分别与母环平面垂直，两个羰基的二面角正好是 180°，其构象命名为[3333]-2,3-二酮（**4-127**）。

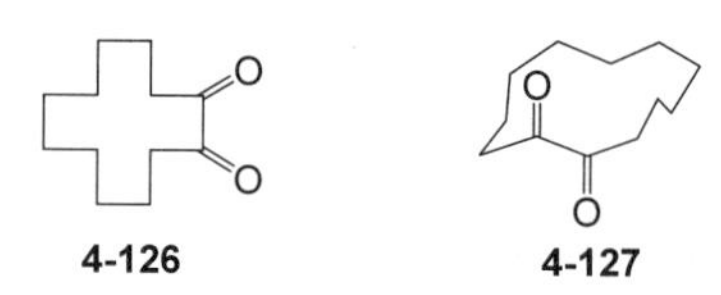

环十二酮与亚硝酸甲酯反应得到 1,2-环十二烷二酮单肟[45]，再经醚化得到 α-氧代环十二酮肟醚，代表性化合物 α-氧代环十二酮肟基对氟苯基醚的单晶 X 射线分析证实，固态时与 1,2-环十二烷二酮有相似的构象（**4-128**）[46]，羰基和亚氨基分处于母环的两面，并分别与母环平面基本垂直，说明上述推断的正确性。

O

NOC_6H_4F-*p*

4-128

4.7.2 α-单取代环十二烷二酮单肟的构象

α-单取代环十二烷二酮单肟（**4-129**）由羰基顺 α-单取代环十二酮与亚硝酰氯($NaNO_2$+HCl)反应制得（图 4-39）[47]。

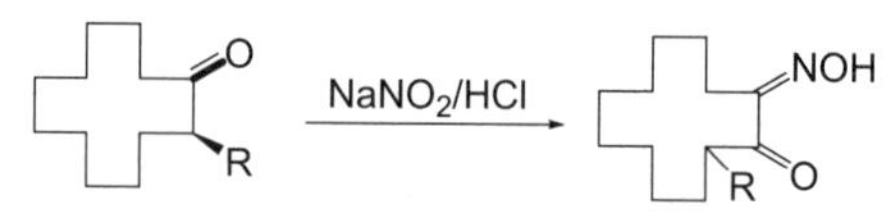

4-129(1): R = SO_2Ph; **4-129(2):** R = CO_2Et;
4-129(3): R = Br; **4-129(4):** R = SO_2Me;
4-129(5): R = CH_2Ph; **4-129(6):** R = NO_2

图 4-39　α-单取代环十二烷二酮单肟的合成

上述 α-单取代环十二烷二酮单肟的两个代表性化合物 **4-129(1)**和 **4-129(2)**经 X 射线分析发现，两个化合物具有两种不同的构象（晶体结构见图 4-40）：α-边外-R-[4233]-2,3-二酮单肟（**4-130**，简称构象 1）和 α-角反-R-[3333]-2,3-二酮单肟（**4-131**，简称构象 2）。

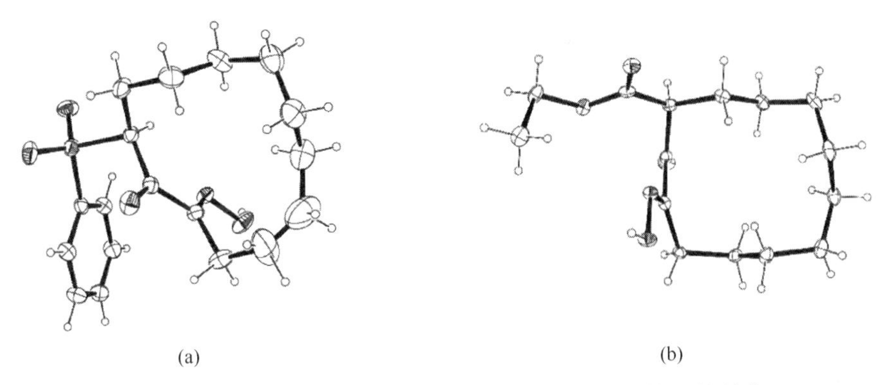

图 4-40　化合物 **4-129(1)**（a）和 **4-129(2)**（b）的晶体结构

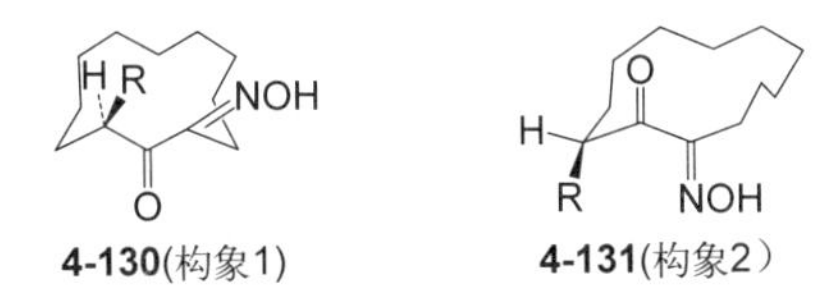

上述构象 1 的母体构象实为[2334]，是环十二烷的一个次优构象，而构象 2 的母体构象为[3333]，是环十二烷的优势构象。前者为羰基顺式异构体，后者为羰基反式异构体，由于取代基不同，未能成对。另外，X 射线分析还给出了羰基和亚氨基之间的二面角。在构象 1 中，该二面角为 168°，在构象 2 中为 162°，与未取代的环十二烷二酮中两个羰基的关系基本一致。

几个 α-单取代环十二烷二酮单肟（**4-129**）的 ^{1}H NMR 谱中，羰基 α-碳上的质子与相邻碳上的两个质子之间的偶合常数在 7.8～9.6 Hz 和 3.5～5.4 Hz 之间。 以前的分析已经指出，无论取代基位于边外向位还是角反向位，α-碳上质子的两个偶合常数均为一大一小。也就是说，不能利用 α-位质子的两个偶合常数来判断这类化合物的构象。但是，利用计算化学获得它们的两种构象的相对能量，进而判断其余化合物可能采取的构象却是可行的。表 4-29 列出了由计算化学得到的 6 个化合物两种可能构象的相对能量。化合物 **4-129(1)**的低能构象是构象 1，而化合物 **4-129(2)**的低能构象是构象 2，这与 X 射线分析结果一致，说明计算结果可信。其余化合物中，化合物 **4-129(3)**、**4-129(4)**、**4-129(5)**的低能构象均是构象 1，化合物 **4-129(6)**的低能构象是构象 2。但是，总体来说，两种构象的能量差距不大，说明反应虽然具有羰基顺反选择性，但是选择性不强。

表 4-29　α-单取代环十二烷二酮单肟两种构象的相对能量　单位：kJ/mol

化合物序号	**4-129(1)**	**4-129(2)**	**4-129(3)**	**4-129(4)**	**4-129(5)**	**4-129(6)**
构象 1	0	7.09	0	0	0	1.05
构象 2	12.08	0	5.51	10.50	7.35	0

4.8　偶数对称大环二酮的构象[1]

本节讨论偶数对称大环二酮（**4-132**），与两个羰基相连的碳链长度相等。讨论的范围为 $n = 5$～12，即环十二烷二酮～环二十六烷二酮。

O=C$(CH_2)_n$ / $(CH_2)_n$C=O

4-132

偶数对称大环二酮偶极矩[48]具有随环碳原子数的增加呈交替变化的规律（图 4-41）。十二元环、十六元环、二十元环具有较大的偶极矩，且其数值显著高于十四元环、十八元环。于是，就构象研究而言，可以得出两条结论：①两个羰基不可能处于角碳位，否则不会有大的偶极矩；②在十二元环、十六元环、二十元环二酮中，两个羰基处于平行位置，即两个羰基处于碳环平面同侧。而在十四元环、十八元环二酮中，两个羰基处于反平行位置，即两个羰基处于碳环平面两侧。这些结论也适用于更大的偶数对称大环二酮。

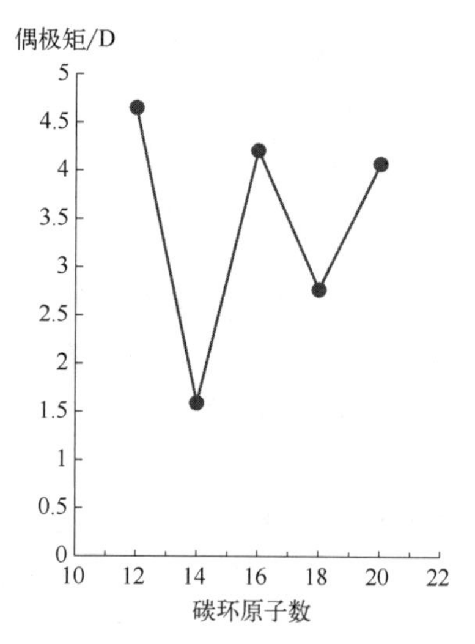

图 4-41　偶数对称大环二酮的偶极矩（25℃，苯溶液）

图 4-42 显示了偶数大环烷转换为偶数对称大环二酮时的构象通式。在第 2 章中已讨论过，偶数大环烷的优势构象或次优构象的通式可以表述为[3*m*3*m*]，其中 *m* 为自然数。于是，就对称性而言，偶数大环烷的构象可以分为两类：当 *m* = 奇数时，构象具有 D_2 对称性（**4-133**）（当 *m* = 3 时特殊，此时为环十二烷，具有 D_4 对称性），两条 3 键链的锯齿状取向相反，当处于对角线的两个角碳 *α*-位的亚甲基替换为羰基后，两个羰基必然分布在碳环平面的同侧（**4-134**），偶极矩必然较大。当 *m* = 偶数时，构象具有 C_{2h} 对称性，两条 3 键链的锯齿状取向相同（**4-135**），当处于对角线的两个角碳 *α*-位的亚甲基替换为羰基后，两个羰基必然分布在碳环平面的两侧（**4-136**），偶极矩必然较小。

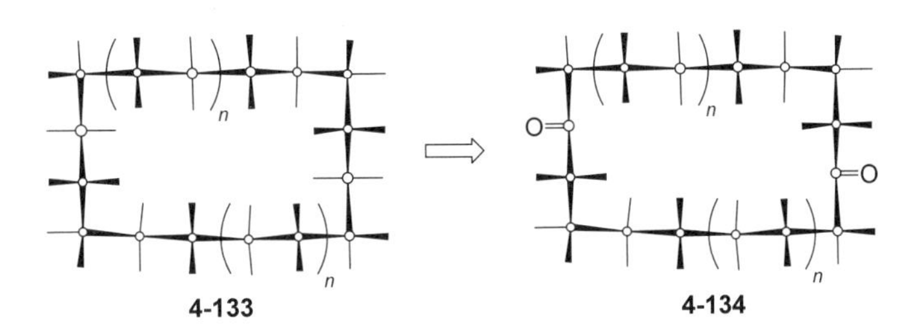

n = 0（十二元环），1（十六元环），2（二十元环），3（二十四元环）

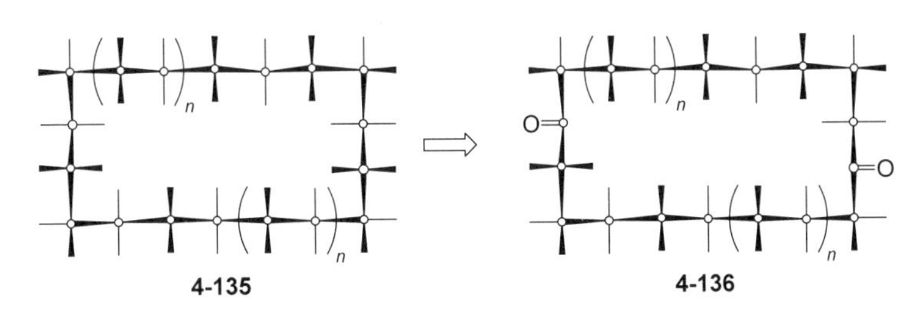

n = 0（十四元环），1（十八元环），2（二十二元环），3（二十六元环）

图 4-42　偶数大环烷转换为偶数对称大环二酮的构象通式

单晶 X 射线分析表明[49]，当碳环构象表述为[3*m*3*m*]，*m* = 奇数时，偶数对称大环二酮固态时的构象与推测完全一致，即 1,7-环十二烷二酮的构象为[3333]-2,8-二酮，1,9-环十六烷二酮的构象为[3535]-2,10-二酮，1,11-环二十烷二酮的构象为[3737]-2,12-二酮，1,13-环二十四烷二酮的构象为[3939]-2,14-二酮。然而当碳环构象表述为[3*m*3*m*]，*m* = 偶数时，偶数对称大环二酮固态时的构象出现了多种情况：1,8-环十四烷二酮的构象为[4343]-3,10-二酮，两个羰基在两条四键边的 *β*-位上，而不在三键边的 *α*-位上；1,10-环十八烷二酮的构象为[42124212]-3,12-二酮，呈多边形，与[3*m*3*m*]类型的构象相去甚远[50]；1,12-环二十二烷二酮的构象为[3838]-2,13-二酮，与推测一致；1,14-环二十六烷二酮更为特殊，可能由于环的柔韧性增加，出现同质多晶现象[51]，两种晶体中，片状晶体的构象与推测一致，为[3 10 3 10]-2,15-二酮，而针状晶体的构象则是[364364]-2,15-二酮。

参考文献

[1] 王明安，张宁，王道全. 有机化学, 2003, 23: 619-627.

[2] 闫晓静，冯启，金淑惠，等. 精细化工中间体，2008，38(2)：1-8.

[3] Feng Q, Yuan D K, Wang D Q, et al. Green and Sustainable Chem, 2011, 1: 63-69.

[4] Anet F A L, Cheng A K, Krane J. J Am Chem Soc, 1973, 95: 7877-7878.

[5] Groth P. Acta Chem Scand,1979, 33: 203-205.

[6] Rawdah T N, El-Faer M Z. Tetrahedron, 1990, 46: 4101-4108.

[7] Dowda M K, Stevensb E D. Acta Cryst, 2003, C59: o397-o399.

[8] Groth P. Acta Chem Scand,1979, 33: 503-513.

[9] Berger S, Diehl B W K. Magentic Resonce Chem, 1988, 26: 327-333.

[10] Rawdah T N. Tetrahedron, 1991, 41: 8579-8586.

[11] Burevschi E, Sanz M E. Molecules, 2021, 26: 5162.

[12] 王道全，杨晓亮，王明安. 化学学报, 2002, 60: 475-480.

[13] Karthikeyan N S, Gunasekar R, Sathiyanarayanan K I, et al. Syn Commun, 2012, 42: 3429-3440.

[14] Yang M, Wang D, Wang M. Current Org Chem, 2020, 24: 1139-1147.

[15] 路慧哲，王明安，王道全. 高等学校化学学报, 2004, 25: 120-123.

[16] 王明安，梁晓梅，韩翔宇，等. 有机化学, 2004, 24: 554-557.

[17] Wang, M A, Tu G Z, Ma Z C,et al. Chin J Chem, 2006, 24: 205-209.

[18] Sathesh V, Umamahesh B, Ramachandran G, et al. New J Chem, 2012, 36: 2292-2301.

[19] Venkatesan S, Karthikeyan N S, Rathore R S, et al. Med Chem Res, 2014, 23: 5086-5101.

[20] Yang M, Wang D, Wang M. Sci J Chem, 2021, 9(6): 145-154.

[21]王明安，闫晓静，刘建平，等. 化学学报, 2007, 65: 1657-1662.

[22]张春艳，陈守聪，王道全，等. 化学学报, 2010, 68: 989-995.

[23] Saikia B, Pathak D, Sarma B. CrystEngComm, 2021, 23: 4583-4606.

[24]王明安，马祖超，路慧哲，等. 化学学报, 2003, 61: 445-449.

[25]王明安，马祖超，王道全. 化学学报, 2003, 61: 399-405.

[26] Horiuchi C A, Takahashi E. Bull Chem Soc Jpn, 1994, 67: 271-273.

[27] Lei X, Doubleday C, Turro N J. Tetrahedron Lett, 1986, 27: 4671-4674.

[28] 杨明艳，张莉，王道全，等. 高等学校化学学报, 2017, 38: 403-412.

[29]Wang M A, Zhang N, Lu H Z, et al. Chin J Chem, 2007, 25: 1196-1201.

[30] Fresu S, Schurmann M, Preut H, et al. Acta Cryst, 2004, E60: o833-o834.

[31] Fresu S, Schurmann M, Preut H, et al. Acta Cryst, 2004, E60: o403-o405.

[32] Groth P. Acta Chem Scand, 1980, 34: 609-620.

[33] Valente E J, Pawar D M, Fronczekc F R, et al. Acta Cryst, 2008, C64: o447-o449.

[34] Goto H. Tetrahedron, 1992, 48: 7131-7144.

[35] Keller T H, Neeland E C, Rettig S, et al. J Am Chem Soc, 1988, 110: 7858-7868.

[36] Noe E A, Fronczek F R, Pawar D M, et al. 235th ACS National Meeting. New Orleans, LA, United States, April 6-10, 2008, 2008: ORGN-129.

[37] Anet F A L, Cheng A K, Krane J. J Am Chem Soc, 1973, 95: 7877-7878.

[38] Groth P. Acta Chem Scand, 1975, 29: 374-380.

[39] Chan W R, Tint W F. Tetrahedron, 1989, 45: 103-106.

[40] Noe E A, Pawara D M, Fronczek F R. Acta Cryst, 2008, C64: o67-o68.

[41] Hoek W G M, Oonk H A J, Kroon J. Acta Cryst, 1979, B35: 1858-1861.

[42] Groth P. Acta Chem Scand, 1976,30: 294-296.

[43] Allinger N L，Gorden B, Profeta S. Tetrahedron, 1980, 36: 859-864.

[44] Cerfontain H, Kruk C, Rexwinkel R, et al. Can J Chem, 1987, 65: 2234-2237.

[45] 侯学太, 陈昶, 梁晓梅, 等. 农药学学报, 1999, 1: 40-44.

[46] 李明磊, 梁晓梅, 覃兆海, 等. 农药学学报, 2006, 8: 209-213.

[47] 陈守聪, 张春艳, 张莉, 等. 化学学报, 2011, 69: 1354-1360.

[48] Alvik T, Borden G, Dale J. Acta Chem Scand, 1972, 26: 1805-1816.

[49] Gudmundsdottir A D, Lewis T J, Randall L H, et al. J Am Chem Soc, 1996, 118: 6167-6184.

[50] Allinger N L, Gorden B J, Newton M G, et al. Tetrahedron, 1982, 38: 2905-2909.

[51] Lewis T J, Rettig S J, Scheffer J R, et al. J Am Chem Soc, 1991, 113: 8180-8181.

第 5 章 大环内酯及大环内酰胺的立体化学

本章主要以天然产物为例，讨论十二至十六元环内酯的构象，同时讨论偶数大环内酰胺的构象。

5.1 大环内酯的结构特征

大环内酯最基本的结构特征就是环内含有酯基。酯基（包括相连的两个碳原子，以下均如此定义）一般有两种构象，即 *S*-反式构象（**5-1**）和 *S*-顺式构象（**5-2**）。当具有 *S*-反式构象酯基的四个原子(C1—C2—O3—C4)处于同一平面时，O3 原子的一对孤对电子可与羰基的 π-反键轨道及 C4-H 的 σ-反键轨道相互重叠而存在超共轭相互作用，*S*-顺式构象的酯基无此作用，因而，酯基的 *S*-反式构象较 *S*-顺式构象稳定，其能量大约相差 13 kJ/mol[1-4]。

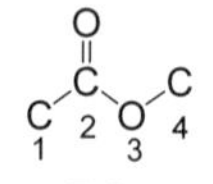

5-1 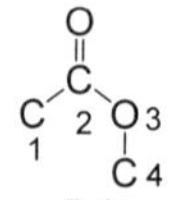　　**5-2**

虽然普通环内酯的酯基由于环的约束而取顺式构象，但是大环烷却是由数条共平面的锯齿状碳链构成，因此将其中一条 3 碳键或 3 碳键以上碳链的两个相邻边碳原子替换为具有锯齿状的 *S*-反式构象的酯基却是适宜的。而且，由于羰基和氧原子上都没有内向氢原子，也就没有了 1,4-H,H 相互作用，从而降低了环内的跨环张力，有利于环的稳定。已有的研究表明，大环内酯中酯基均取 *S*-反式构象。需要说明的是，当有取代基存在时，需遵循大环构象分析的一般规律，即取代基应占据边外向位或角位，二取代碳原子必定占据角位，以避免严重的跨环相互作用，另外还需考虑不饱和键的存在等。

为了与前面各章相协调，并便于比较，本书一般不以系统命名法命名内酯，而以环的大小称之。

5.2　十二元环内酯的构象

将环十二烷优势构象[3333]（**5-3**）的任一条边替换为具有 *S*-反式构象的酯基，只能得到一种构象，如图 5-1 所示，建议将该构象命名为[3333]-2,3-内酯（**5-4**），即方括号内的数值代表母体的构象，采用“后缀法”表示环的类型，编号从酯羰基一边的角碳开始，“2”代表酯羰基的位置，“3”代表酯基氧原子的位置。其他如烯、羰基、杂原子等均放在方括号前，以示该分子被认定为内酯类化合物。边碳上取代基取向的标识与前面各章相同，角位取代基均以酯羰基的取向为参照，以角顺或角反来命名其取向。其他更高级大环内酯的构象以同样方式命名。

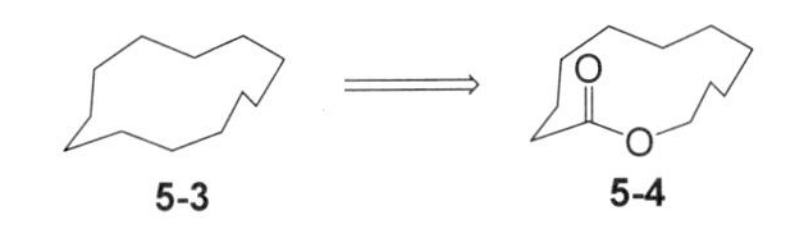

图 5-1　环十二烷[3333]优势构象衍化为十二元环的[3333]-2,3-内酯

上述十二元环内酯的[3333]-2,3-内酯构象，没有任何取代基，因此十分简单，实际存在的十二元环内酯构象将会复杂得多。下面以几个实例做进一步的说明。

5.2.1　Dendrodolides 的构象

Dendrodolides 是一组从海洋真菌中分离得到的十二元环内酯类化合物。通过各种波谱技术建立了它们的分子结构，改良的 Mosher 法确认了手性碳原子的构型，部分化合物还通过单晶 X 射线分析获得了晶体结构。这里讨论其中三个化合物的构象[5]。这 3 个化合物（**5-5**、**5-6**、**5-7**）的分子结构、晶体结构及其构象透视式见图 5-2。

化合物 **5-5** 的内酯环上带有一个酮羰基、一个羟基和一个甲基［**5-5(1)**］。它的晶体结构显示，固态时母环的构象是[3333]-2,3-内酯，这样，酯基成为一条 3 键边，*R*-构型的 C3 上的 OH 占据另一条 3 键边的边外向位，酮羰基在第 3 个 3 键边上，取向与酯羰基相同，而 *R*-构型的 C11 上的 Me 正好取酯羰基的角反位，整个分子的构象为 4-角反-甲基-8-氧代-12-边外-羟基-[3333]-2,3-内酯［**5-5(2)**］。

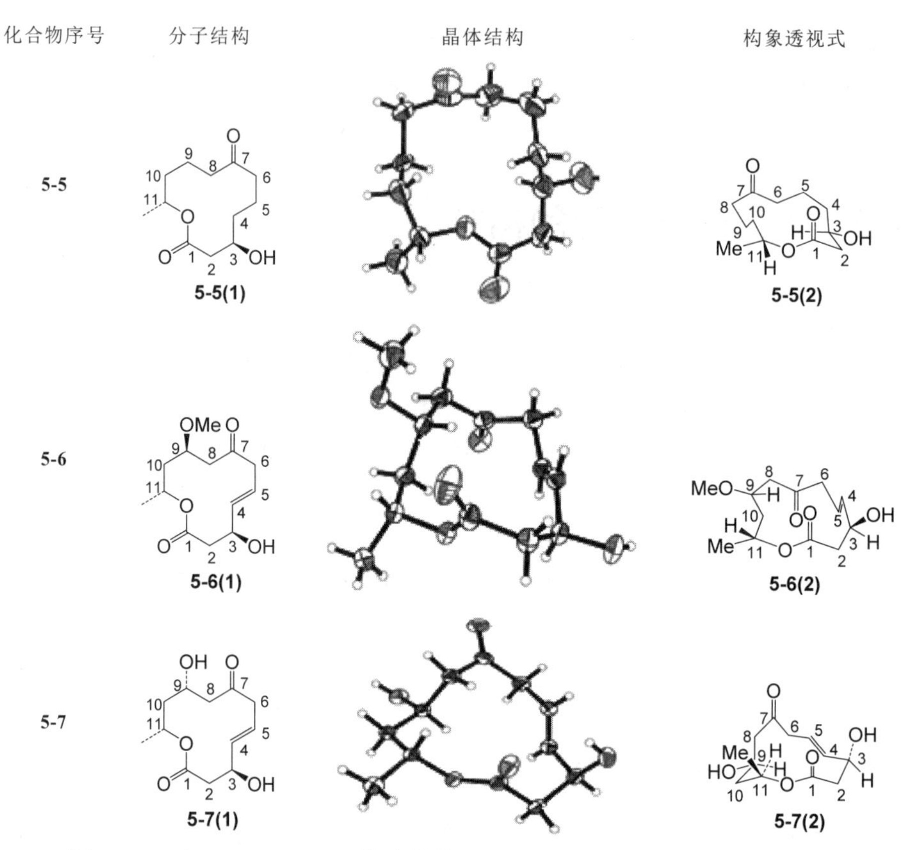

图 5-2　3 个 Dendrodolides 化合物的分子结构、晶体结构和构象透视式

与化合物 **5-5** 相比较，化合物 **5-6** 的分子结构[**5-6(1)**]有两处变化：C4-C5 间的饱和键变为环内反式烯键，由于酯基和反式烯键(连同相连的两个碳原子)各构成一个共平面的三键边，于是，C2 和 C3 只能占据角位而成为角碳。C9 上增加了一个 MeO，构型为 *S*，如果这一片段的构象不变的话，MeO 基团将取边内向位，这是被禁阻的。于是，MeO 基团必须取边外向位，这就导致 C7 酮羰基取向的翻转，以及角碳 C11 成为伪角。它的晶体结构证实了这一分析，其母环的构象为[3′3231]，整个分子的构象为 4-伪角反-甲基-6-边外-甲氧基-8-氧代-10-反-烯-11-角顺-羟基-[3′3231]-2,3-内酯［**5-6(2)**］。如果从环烷烃的角度来看这一构象，母环的构象相当于环十二烷的[13233]构象，能量比环十二烷的优势构象［3333］高 32.9 kJ/mol。

化合物 **5-7** 的分子结构［**5-7(1)**］与化合物 **5-6** 的分子结构［**5-6(1)**］相似，仅 C9 上的取代基变更为羟基，构型为 *R*，若羟基换为甲氧基，则化合物 **5-7** 与 **5-6** 互为差向异构体。它的晶体结构显示，仅仅由于 C9 构型的变化，也就是羟基的取向发生变化，使得构象发生了极大的变化：其母环的构象为[4341]，C7酮羰基位于角碳位，C10成为角碳，其结果C9上的羟基和C11上的甲基均可取边外向位。整个分子的构象为4-边外-甲基-6-边外-羟基-8-氧代-10-反-烯-12-角顺-羟基-[4341]-2,3-内酯［**5-7(2)**］。其母环的构象相当于环十二烷的[1434]构象，它的能量比环十二烷的[3333]构象高49.0 kJ/mol[6]。

5.2.2 类弯孢菌素A的构象

文献将该化合物简要命名为14-deoxyoxacyclododecindione，和弯孢菌素(curvularin)等同时分离自半知菌二级代谢物，暂称类弯孢菌素A（**5-8**）[7]。通过波谱技术建立了该化合物的分子结构，单晶X射线分析获得了它的一水合物的晶体结构，并确定了C10和C11的构型分别为*S*和*R*[8]。类弯孢菌素A母环的二面角见表5-1。为简便起见，仅对内酯环部分进行了编号。

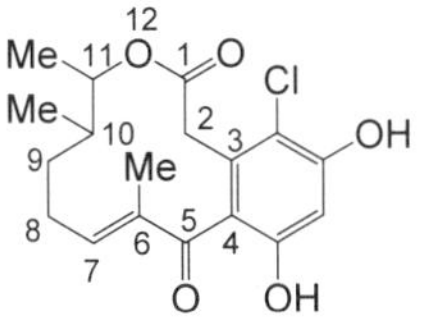

5-8 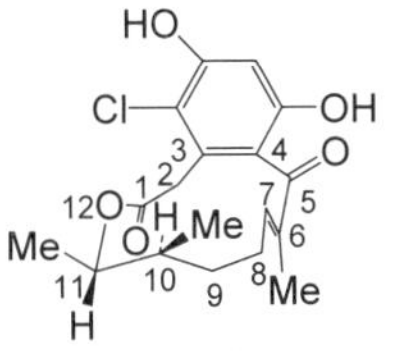　　**5-9**

表5-1　类弯孢菌素A晶体结构中内酯环的二面角　　单位：(°)

碳环	二面角	碳环	二面角	碳环	二面角
C1—C2—C3—C4	100.2	C5—C6═C7—C8	178.4	C9—C10—C11—O12	−65.3
C2—C3—C4—C5	4.7	C6═C7—C8—C9	106.9	C10—C11—O12—C1	114.7
C3—C4—C5—C6	−74.3	C7—C8—C9—C10	−68.5	C11—O12—C1—C2	179.7
C4—C5—C6═C7	−19.3	C8—C9—C10—C11	120.2	O12—C1—C2—C3	0.9

类弯孢菌素A分子中含有几个足以影响构象的基团：一个酯基，一个环内反式C═C双键，一个与大环并合的取代苯基（相当于一个顺式C═C双键）以及C6上的甲基。环的二面角数据表明，该环有6个角碳，它们分别是C2、C3、C4、C5、C8、C11，其中C4、C8、C11为伪角。C2—C3—C4—C5片段的二面角为4.7°，属全重叠型构象，这一构象也是顺式C═C双键的特征，其并合的取代苯环与大环的平均平面基本垂直。由于上述特征，C4成为伪角，并构成3个一键边。酯基所在的3键边C11—O12—C1—C2的二面角为179.7°，是标准的对位交叉构象。反式C═C双键所在的3键边C5—C6═C7—C8的二面角为178.4°，接近标准的对位交叉构象。上述两条3键边锯齿的取向相同（此

处可比较环十二烷[3333]构象中锯齿的取向），从而使 C8、C11 成为伪角。3 键边 C8—C9—C10—C11 的二面角为 120.2°，向外扩展甚多，与标准对位交叉的 180°相去甚远，勉强属于对位交叉的范围，这是因为分子的其他部分相当刚性，没有向外扩展的可能（此处可对照环十二烷[3333]构象四条边的二面角）。最后还要说明为何酯基和反式 C═C 双键所在的两条 3 键边的锯齿取向相同，因为如果反向，则酯羰基或 C6 上的甲基将与苯环同面，形成强烈的跨环相互作用。分子中，C5 酮羰基取角位，C10 的构型为 *S*，其上的甲基取边外向位，C11 上的甲基取角反位，都对分子的构象没有大的影响。因此，类弯孢菌素 A 在固态时的构象是 4-角反,5-边外,9-三甲基-10-氧代-8-反,11-顺-二烯-[3′3′31′11]-2.3-内酯（**5-9**，忽略并合的芳基）。

5.2.3 邻麝香草酸三内酯（tri-ortho-thymotide）的构象

邻麝香草酸三内酯首次制备于 1865 年，系水杨酸三内酯的一个衍生物（**5-10**）[9]。由于苯环上甲基和异丙基的存在，便于 NMR 技术的研究，因此它受到研究者的关注。1952 年研究发现[10,11]，其能与许多小分子形成包合物，由此开发了外消旋体的播种结晶拆分法，是继 Pasteur 的手工分拣法之后，首次开发的具有实用价值的机械拆分法，并发现光活邻麝香草酸三内酯在溶液中易于外消旋化。

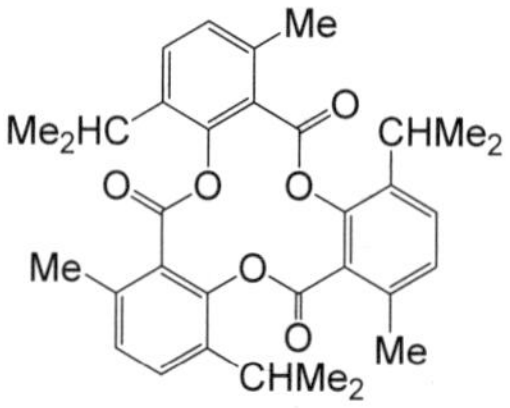

5-10

邻麝香草酸三内酯分子中，3 个酯基均取 *S*-反式构象，其中酯羰基垂直于苯氧基平面，因而是非平面分子，存在螺旋不对称性(helical dissymmetry)或简称螺旋性(helicity)，也就是说，该分子具有手性。Cahn 等建议[12]，具有左手螺旋的异构体称为 *R*-构型，具有右手螺旋的异构体称为 *S*-构型。有的文献将具有左手螺旋的异构体称为 M-异构体，具有右手螺旋的异构体称为 P-异构体，源自最初研究的某些螺旋化合物，具有左手螺旋的异构体呈(−)-旋光性(minus)，具有右手螺旋的异构体呈(+)-旋光性(plus)之故[13]。

变温 NMR 技术研究表明[14-16]，溶液中，邻麝香草酸三内酯存在两种构象，即桨式构象（**5-11**）和螺旋式构象（**5-12**），这两种构象均可拆分为一对对映异构体。由于这些构象的特殊性，已不能采用 Dale 命名系统来命名，而改用 Hendrickson 命名法命名(见第三章 3.2 节）。在桨式构象中，3 个酯羰基的取向相同，即 3 个酯羰基氧原子在母环平均平面的一边，具有 C_3 对称性。在螺旋式构象中，两个酯羰基氧原子和其余一个酯羰基氧原子分处母环平均平面的两侧，呈 C_1 对称性。在低温时该分子取桨式构象，温度稍高，例如−7℃即出现螺旋式构象，在 68℃的乙醇溶液中，螺旋式构象的丰度可达 14%。

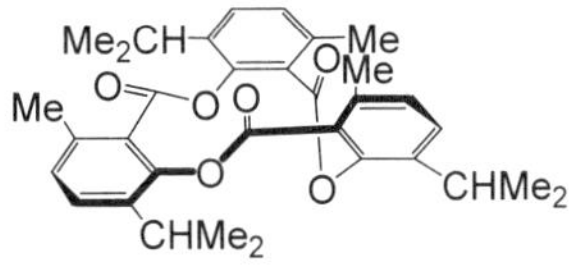

5-11 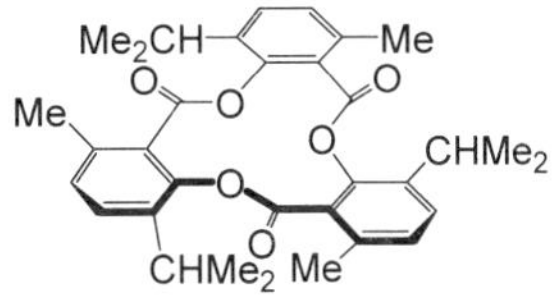　　**5-12**

光活邻麝香草酸三内酯在溶液中易于外消旋化，这种外消旋化是通过 Ar-O 和 Ar-CO 单键的假旋使得桨式构象和螺旋式构象相互转换来完成的，即光活性的 **5-11**（桨式构象）通过一个酯键的假旋转换为 **5-12**（螺旋式构象），第二个酯键假旋后，转换为 **5-12***，即 **5-12** 的构象对映体，第 3 个酯键假旋后，分子的羰基完全指向了母环平面的另一面，转换为 **5-11***，即 **5-11** 的构象对映体。其过程可参考第 3 章 3.3 节。

单晶 X 射线分析指出，邻麝香草酸三内酯在固态时（与小分子形成包合物)取桨式构象，晶体结构见图 5-3[17,18]。

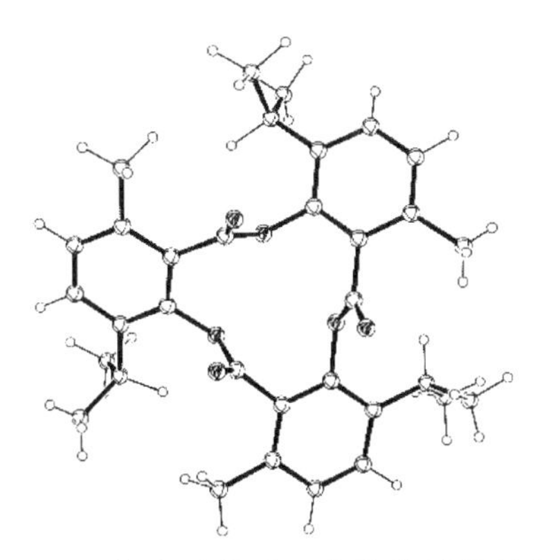

图 5-3　邻麝香草酸三内酯的晶体结构

邻麝香草酸三内酯（包括水杨酸三内酯的各种衍生物）与三苯并环十二三烯（包括三苯并环十二三烯的各种衍生物）在结构上极其相似，不同之处在于前者连接三个芳环的 3 个 $CH_2—CH_2$ 单元换成了 3 个 CO—O 单元。它们都具有螺旋性，可以分别拆分为一对对映异构体。而且它们也都可取两种主要的构象，即螺旋式构象及桨式构象。但是在构象的稳定性顺序上，两类化合物正好相反。邻麝香草酸三内酯在固态时取桨式构象，低温溶液中也以桨式构象为主，而三苯并环十二三烯在固态时却取螺旋式构象，在低温溶液中也以螺旋式构象为主。产生这种差异的原因其实很简单，在桨式构象中，三个酯羰基指向相同，利于与小分子形成包合物，即邻麝香草酸三内酯的 NMR 谱是在小分子溶液中测定的，结果当然存在与小分子形成的包合物，X 射线分析是从小分子溶液中得到的晶体，当然也是包合物。

5.3 十三元环内酯的构象

第 2 章介绍过环十三烷，作为奇数大环烷，构象较为复杂，优势构象取三边形或五边形，难于由这些优势构象推演出十三元环内酯的优势构象，而且实际例子也很稀少。下面介绍一类简单的氟代十三元环内酯和一个母体为十三元环内酯的天然产物的构象。

5.3.1 氟代十三元环内酯的构象

本节介绍的 3 个氟代十三元环内酯（**5-13**、**5-14**、**5-15**）的分子结构分别是 5,5-二氟-12-十二内酯［**5-13(1)**］、8,8-二氟-12-十二内酯［**5-14(1)**］和 5,5,8,8-四氟-12-十二内酯［**5-15(1)**］[19]。它们的晶体结构见图 5-4，晶体结构中母环的二面角见表 5-2。

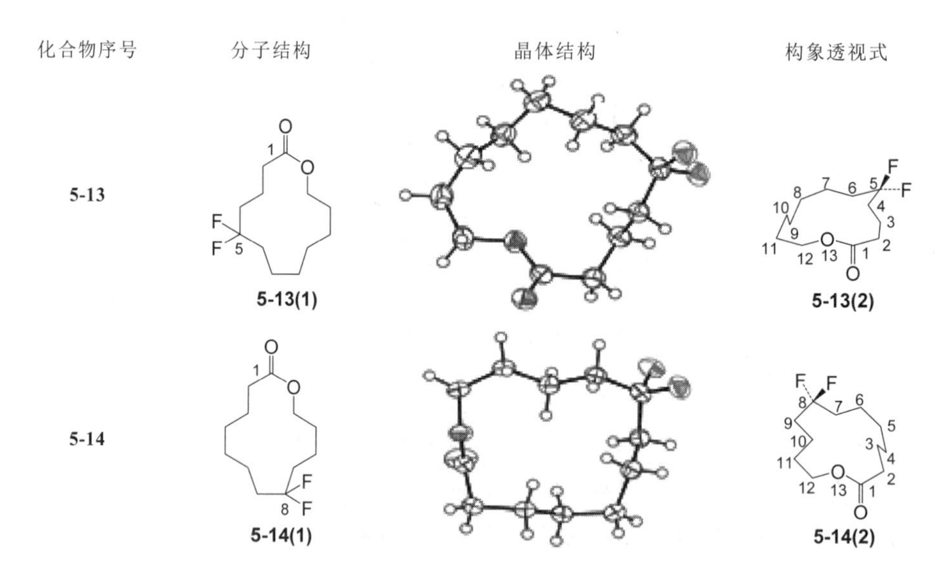

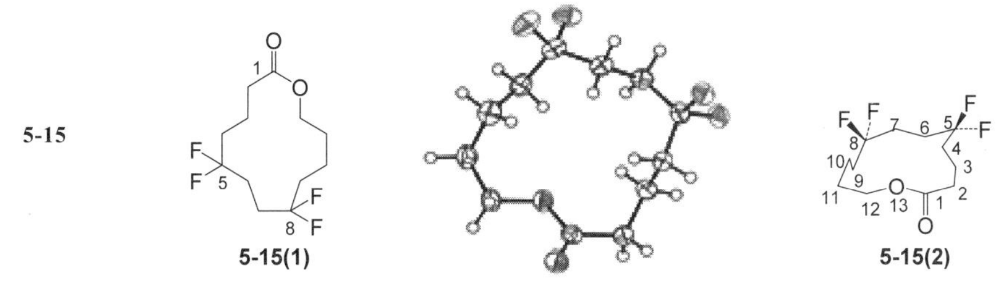

图 5-4 三个氟代十三元环内酯的分子结构、晶体结构和构象透视式

表 5-2 3 个氟代十三元环内酯环的二面角 单位：(°)

化合物序号	**5-13**	**5-14**	**5-15**
O13—C1—C2—C3	34.2	−74.2	33.9
C1—C2—C3—C4	73.8	−70.8	73.5
C2—C3—C4—C5	−174.0	173.4	−173.7
C3—C4—C5—C6	67.9	−70.2	67.5
C4—C5—C6—C7	64.9	−73.4	65.5
C5—C6—C7—C8	−157.2	162.0	−156.5
C6—C7—C8—C9	75.9	−61.0	74.8
C7—C8—C9—C10	80.2	−48.4	76.7
C8—C9—C10—C11	−168.5	178.8	−165.7
C9—C10—C11—C12	104.2	−159.3	108.1
C10—C11—C12—O13	−62.9	66.9	−63.8
C11—C12—O13—C1	170.9	−114.6	170.4
C12—O13—C1—C2	175.2	172.0	174.3

晶体结构显示，3 个化合物在固态时的构象为四边形。它们的内酯环的二面角说明，化合物 **5-13** 有 4 个角碳，分别是 C2、C5、C8、C11（伪角）；化合物 **5-14** 同样有 4 个角碳，分别是 C2、C5、C8、C12（伪角）；化合物 **5-15** 四个角碳的位置与化合物 **5-13** 完全一致。3 个化合物的内酯键均取 *S*-反式构象。于是，可以方便地绘制出它们的构象透视式（图 5-4）。其内酯环分别命名为[4′333]-2,3-内酯［**5-13(2)**］、[3′433]-2,3-内酯［**5-14(2)**］、[4′333]-2,3 内酯［**5-15(2)**］。三个构象最显著的特征是 CF_2 均占据角位，其理由已在第 2 章阐述。也正是这一结构特点，使它们的构象均取四边形，然而在环十三烷的构象中，四边形却是能量极大值构象。

5.3.2 布雷菲德菌素 A（Brefeldin A）的构象

布雷菲德菌素 A［**5-16(1)**］分离自布雷正青霉菌代谢产物[20]，早期对布雷菲德菌素 A 的研究（包括 X 射线分析）证实[21]，它的结构主体是十三元环内酯，含两个反式 C═C 双键，酯基呈 *S*-反式构象，并以反式的方式并合一个五元环，但是，得到的晶体结构不够理想。

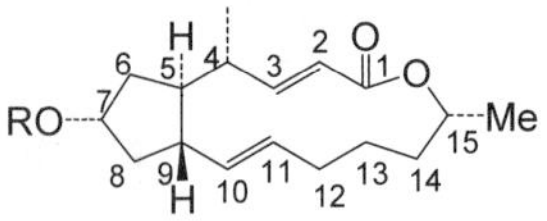

5-16(1) R = H, **5-16(2)** R = Me_2NCH_2CO

后来对布雷菲德菌素 A 和它的衍生物布雷菲德二甲氨基乙酯［**5-16(2)**］合并研究[22]，发现两者的晶体结构中，十三元环内酯部分可以很好地重合（表 5-3），其二面角的取向一致（其中 C3—C2—C1—O 片段的二面角分别为−3°和 2°，看似符号相反，其实仅相差 5°），在偏转的角度上仅有小的差异。

表 5-3　化合物 5-16(1)和 5-16(2)晶体结构中环骨架的二面角　单位：(°)

十三元环内酯部分					
化合物序号	**5-16(1)**	**5-16(2)**	化合物序号	**5-16(1)**	**5-16(2)**
C9—C5—C4—C3	61	58	C15—C14—C13—C12	−131	−131
C5—C4—C3—C2	111	118	C14—C13—C12—C11	70	72
C4—C3—C2—C1	−168	−174	C13—C12—C11—C10	101	107
C3—C2—C1—O	−3	2	C12—C11—C10—C9	177	179
C2—C1—O—C15	170	170	C11—C10—C9—C5	118	116
C1—O—C15—C14	−146	−146	C10—C9—C5—C4	−98	−101
O—C15—C14—C13	67	61			
五元环部分					
化合物序号	**5-16(1)**	**5-16(2)**	化合物序号	**5-16(1)**	**5-16(2)**
C6—C7—C8—C9	−35	44	C9—C5—C6—C7	−37	15
C7—C8—C9—C5	12	−34	C5—C6—C7—C8	44	−37
C8—C9—C5—C6	15	11			

根据表 5-3 的数据，可以绘制出 **5-16(1)**和 **5-16(2)**的构象透视式 **5-17(1)**和 **5-17(2)**。两个化合物的十三元环内酯部分构象完全一致。C4、C12 为真角，C5、C9 为伪角，C14-C15 为融合角，且 O—C1—C2—C3 片段的二面角在 0°左右，为全重叠型构象，因此，即使用 Goto 命名法也难以对其内酯环的构象命名。为什么 O—C1—C2—C3 片段不能取交叉式构象？模型分析显示，O—C1—C2—C3 片段取交叉式构象将使 O═C1—C2═C3 呈 *S*-顺式构象，非键连相互作用增强。（参考数据：*S*-顺式丁二烯的能量比 *S*-反式丁二烯的能量约高 9.6 kJ/mol）。并合的五元环呈半椅式构象，但是 C7 扭曲的方向不同，这一差别源于前者 C7

上的取代基较小，可取直立位，后者相应的取代基大得多，取平伏位使分子能量降低。

5-17(1)　　5-17(2)

5.4 十四元环内酯的构象

5.4.1 结构简单的十四元环内酯的构象

5.4.1.1 无任何取代基的十四元环内酯的构象

将环十四烷优势构象[3434]的 3 键链或 4 键链的 4 个碳原子替换为具有 *S*-反式构象的酯基，对于环的稳定是有利的，并且可能得到 3 种构象（见图 5-5）。它们分别是[4343]-2,3-内酯（**5-18**）、[4343]-3,4-内酯（**5-19**）和[3434]-2,3-内酯（**5-20**）。

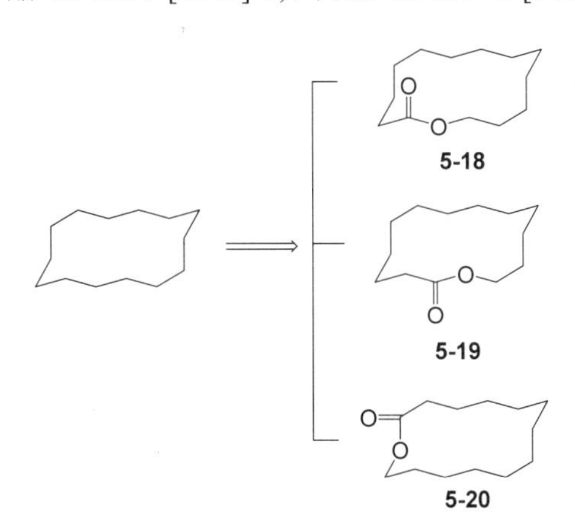

图 5-5　由环十四烷优势构象[3434]可能衍化而成的十四元环内酯

单晶 X 射线分析证实，十四元环内酯在固态时的构象为[4343]-2,3-内酯（晶体结构见图 5-6）[23]。晶体中，O═C—O—C 的二面角为 0°，酯羰基基本垂直于环平均平面，C—C(═O)—O—C 二面角为 179.8°，说明酯基呈 *S*-反式构象，其他边碳二面角平均为 176.7°，与角碳相关的两个二面角分别为 56.9°和 61.2°。环十四烷相应的数据为 174.2°、58.3°和 62.7°，说明十四元环内酯环内的跨环张力小于环十四烷，四条边向外扩展的需求减小。

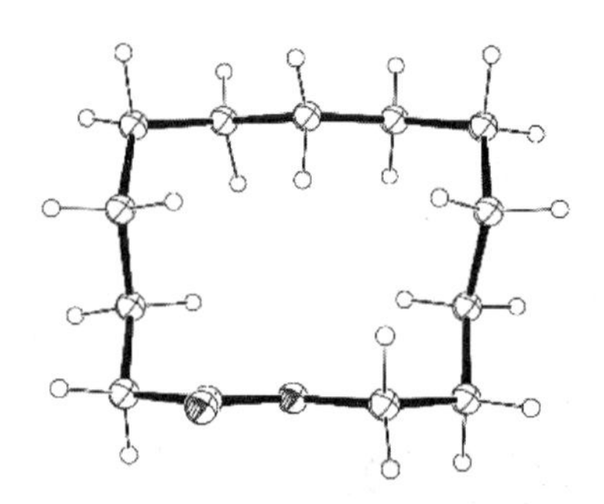

图 5-6　十四元环内酯的晶体结构

计算化学研究表明[23]，十四元环内酯在固态时的构象[4343]-2,3-内酯也是它的最优构象，其他由环十四烷的优势构象[3434]衍化而来的另外两个构象，即[4343]-3,4-内酯和[3434]-2,3-内酯与构象[4343]-2,3-内酯的相对能量差极小，分别仅高 0.02 kJ/mol 和 0.17 kJ/mol。当然也不能忽视由环十四烷的次优构象[3344]和[3335]衍化而成的十四元环内酯的构象。

5.4.1.2　取代的十四元环内酯的构象

（1）8-硝基-11-氧代-13-十三内酯的构象[24]

该化合物的结构式［**5-21(1)**］、晶体结构和构象透视式［**5-21(2)**］见图 5-7。该化合物的构象命名为 6-氧代-9-边外-硝基-[3434]-2,3-内酯。氧代对环的构象基本没有影响，而 C9 上的硝基取边外向位，不会显著增加同碳原子上氢原子的跨环相互作用，因此，母环取十四元环内酯优势构象之一的[3434]-2,3-内酯构象。其 ^{13}C NMR 呈现 13 条谱线（δ 205.7、δ 172.7、δ 84.8、δ 95.2、δ 41.3、δ 38.0、δ 33.9、δ 28.7、δ 26.4、δ 25.7、δ 25.0、δ 24.0、δ 22.6），说明在溶液中该化合物构象单一，不存在多个构象共存的情况。

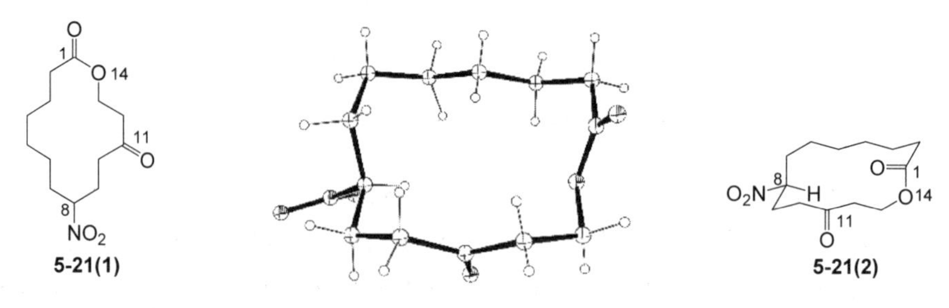

图 5-7　8-硝基-11-氧代-13-十三内酯的结构式［**5-21(1)**］、晶体结构和构象透视式［**5-21(2)**］

（2）3-溴乙酰氧基-13-十三内酯的构象[25]

本节讨论的 3-溴乙酰氧基-13-十三内酯为两对外消旋体，两个手性碳原子构型为（3*RS*,13*SR*）的外消旋体简称顺式体［**5-22(1)**］，内酯环上两个取代基在环平面的同侧。两个手性碳原子构型为(3*RS*,13*RS*）的外消旋体简称反式体［**5-23(1)**］，内酯环上两个取代基分处于环平面的两侧。它们的结构式、晶体结构和构象透视式见图 5-8。晶体结构中环骨架的二面角见表 5-4。从表 5-4 的数据并结合晶体结构可以发现，在顺式体的晶体结构中，C3、C7、C10 和 C13 为角碳，母环的基本骨架为四边形，似环十四烷的次优构象[3344]衍化而成，酯基（C13—O—C1—C2）的二面角为−178°，说明呈 *S*-反式构象，整个分子在固态时的构象为 1-角反-溴乙酰氧基-5-角反-甲基-[4334]-3,4-内酯［**5-22(2)**］。而在反式体的晶体结构中，C3、C6、C9、C12 成为角碳，母环的基本骨架仍为四边形，应为环十四烷的另一次优构象[3335]衍化而成，酯基的二面角为 179°，即酯基呈 *S*-反式构象。整个分子在固态时的构象为 1-角反-溴乙酰氧基-5-边外-甲基-[5333]-3,4-内酯［**5-23(2)**］。需要指出的是，反式体的 C12—C13—O—C1 链的二面角虽属于对位交叉构象的范围，但是仅−139°，而顺式体相应的二面角为 94°，差距并不太大，但却使两者母环的构象完全不同。

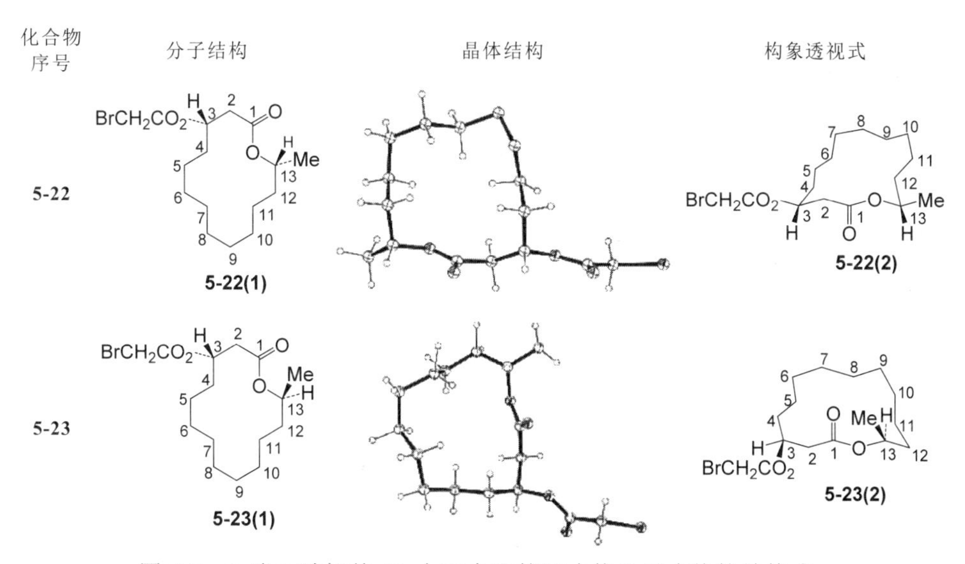

图 5-8　3-溴乙酰氧基-13-十三内酯的顺式体及反式体的结构式、晶体结构和构象透视式

表 5-4　3-溴乙酰氧基-13-十三内酯顺式体及反式体晶体结构中环骨架的二面角

单位：(°)

碳环	二面角（顺式体）	二面角（反式体）	碳环	二面角（顺式体）	二面角（反式体）
C1—C2—C3—C4	−65	50	C8—C9—C10—C11	64	68
C2—C3—C4—C5	−56	63	C9—C10—C11—C12	69	176
C3—C4—C5—C6	171	−174	C10—C11—C12—C13	−170	60
C4—C5—C6—C7	−163	79	C11—C12—C13—O	66	61
C5—C6—C7—C8	69	81	C12—C13—O—C1	94	−139
C6—C7—C8—C9	81	−167	C13—O—C1—C2	−178	179
C7—C8—C9—C10	177	73	O—C1—C2—C3	144	−157

5.4.2　金刚石晶格模型与某些十四元环内酯抗生素的构象

在大环内酯抗生素家族中，十四元环内酯衍生物有着重要地位。它们结构复杂，含有多种取代基，包括烷基、羟基、糖基、氧代，以及 C=C 双键等，使得它们的构象十分复杂，不便于命名。但是，由于简单的十四元环内酯与环十四烷、环十四酮的构象十分接近，研究者可以从金刚石晶格中提取各种十四元环构象来表述不同结构的十四元环内酯抗生素母环的构象。因此，在 20 世纪 60～80 年代曾形成一股研究热潮。其中 Dale 曾提出“邻近基团不稳定指数”（Dale’s “too close” neighbours instability index，简称 Dale 不稳定指数）来指导合理安排取代基在提取的金刚石晶格构象中的取向。Dale 不稳定指数的说明见图 5-9[26]。图中，白圈代表该基团仅与一个基团有跨环相互作用，属一级不稳定，即最优取代；黑圈代表该基团与两个基团有跨环相互作用，属二级不稳定，即中度稳定；格圈代表该基团与 3 个基团有跨环相互作用，属三级不稳定，即基团最不宜安排的取向。

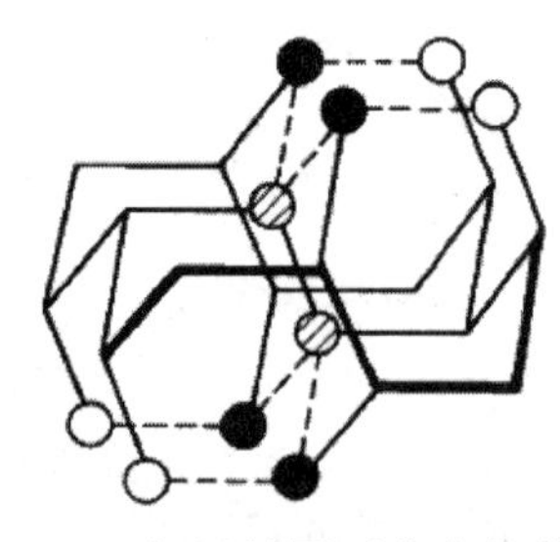

图 5-9　Dale 邻近基团不稳定指数示意图

曾经提出过的金刚石晶格模型有 6 个（A、B、C、D、E、F），分述如下。

① 模型 A，又称 Celmer-Dale 模型[26,27]。该模型是根据 NMR、CD 等技术的研究结果，并结合其手性碳的构型提出来的，用于描述竹桃霉素、红霉素等在结构和构型上具有相似的十四元环内酯抗生素的构象。提取过程如下：金刚石晶格［**5-24(1)**］中粗实线表示将要提取的模型，然后将该模型表示为正常的构象透视式 **5-24(2)**（图 5-10）。该模型对竹桃霉素［**5-24(3)**］构象的描述［**5-24(4)**］与 NMR 数据能较好地吻合。但是，显而易见的是某些基团的安排有严重的相互作用，特别是与红霉素 A 的晶体结构严重不符，于是提出模型 B，以便更好地描述红霉素的构象。

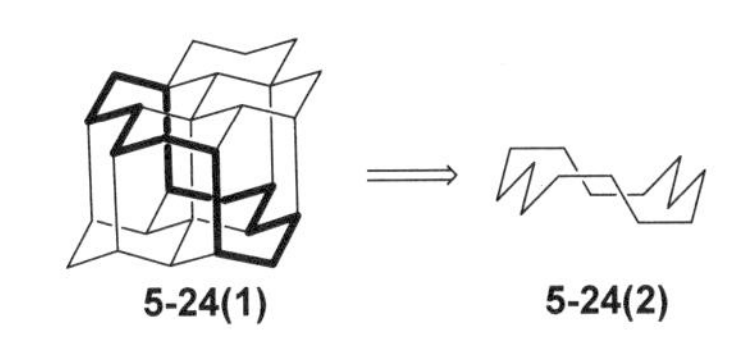

图 5-10　金刚石晶格模型 A 的提取

R^1, R^2 = 糖基
5-24(3)

R^1, R^2 = 糖基
5-24(4)

② 模型 B[27]。提取过程如下：金刚石晶格［**5-25(1)**］中粗实线表示将要提取的模型，然后将该模型表示为正常的构象透视式［**5-25(2)**］。但是该原始模型中，C4 和 C6 上的甲基仍有严重的跨环相互作用，于是 Perun 将该构象的 C6 原子向上翻转，改良后成为 **5-25(3)**，即模型 B，又称 Perun 模型（见图 5-11）。于是舒解了 C4 和 C6 上甲基的相互作用。实际上，模型 B 已不是原来意义上的金刚石晶格模型。该模型对红霉内酯［**5-25(4)**］的构象用透视式［**5-25(5)**］进行了描述。

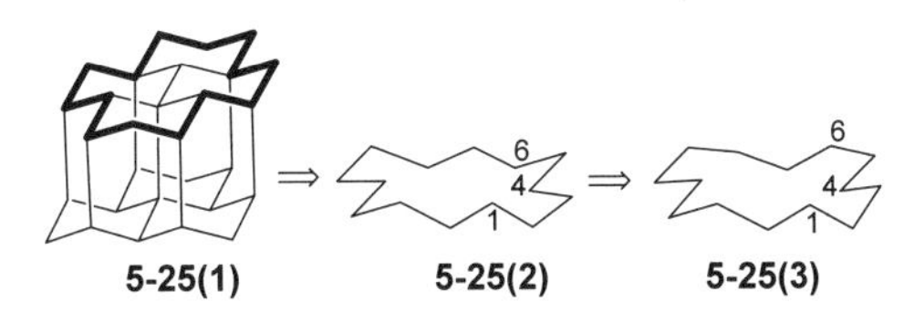

图 5-11　金刚石晶格模型 B 的提取

5-25(4)　　5-25(5)

③ 模型 C[28]。该模型是为具有两个反式双键的克洛霉素提出的，其模型的提取参考了它的晶体结构、NMR 和 CD 数据。提取过程见图 5-12，由 **5-26(1)** 所示的金刚石晶格中的粗实线转换为模型 C［**5-26(2)**］。克洛霉素［**5-26(3)**］的构象表述为 **5-26(4)**。

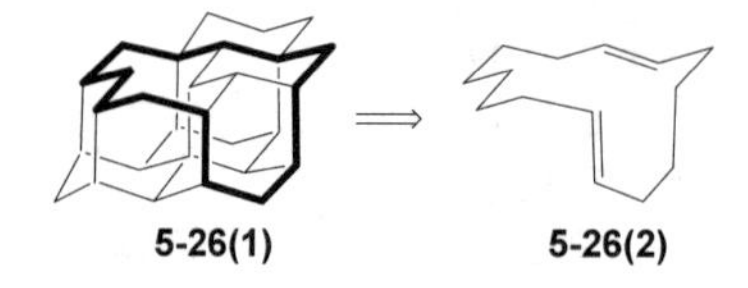

图 5-12　金刚石晶格模型 C 的提取

5-26(3)　　5-26(4)

④ 模型 D[29]。该模型是基于对溴苯甲酰基苦霉素的晶体结构提出来的，用于表述该化合物的构象。提取过程见图 5-13，由 **5-27(1)**所示的金刚石晶格中的粗实线转换为模型 D［**5-27(2)**］。对溴苯甲酰基苦霉素［**5-27(3)**］的构象表述为 **5-27(4)**。

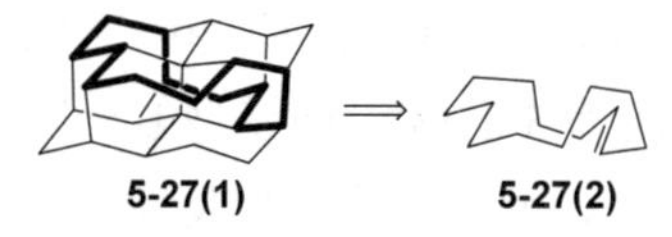

图 5-13　金刚石晶格模型 D 的提取

R = 对溴苯磺酰基糖基

5-27(3)　　5-27(4)

⑤ 模型 E[30]。该模型用于表述非质子溶剂中苦霉素、乙酰苦霉素、对溴苯甲酰基苦霉素等的构象。NMR、CD 及 IR 谱显示，这些化合物在非质子溶剂中，由于 C12 上的 OH 和 C3 上的 C═O 形成分子内氢键而使 C9 羰基与 C10═C11 双键呈 *S*-顺式构象。在模型的提取过程中（图 5-14），在初始模型［**5-28(1)**］的基础上，在 C9 和 C10 之间增添了一条连线［**5-28(2)**］，得到模型 E［**5-28(3)**］，以使 C9 羰基与 C10═C11 双键呈 *S*-顺式构象，但却使 C10═C11 成为顺式构型，其结果表述的苦霉素等［**5-28(4)**］的构象［**5-28(5)**］既不是原来意义上的金刚石晶格构象，也错误地将 C10═C11 双键表述为顺式构型。

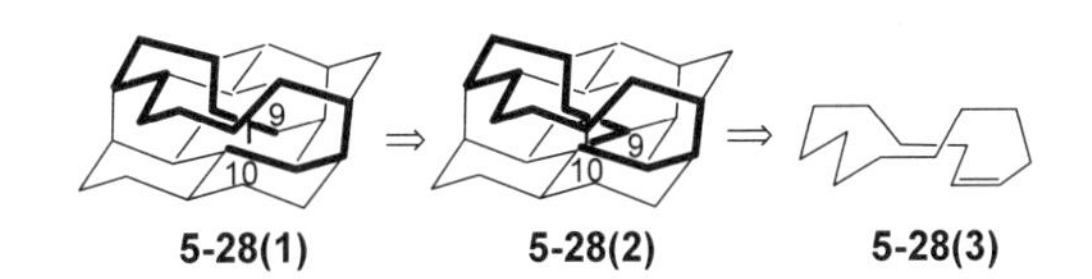

图 5-14　金刚石晶格模型 E 的提取

R= 对溴苯磺酰基糖基

5-28(4)　　**5-28(5)**

⑥ 模型 F[31]。该模型的提出是为重新表述竹桃霉素的构象，其基础是竹桃霉素的晶体结构。提出的初始金刚石晶格模型［**5-29(1)**］与金刚石晶格模型 B 略有不同，但是，其改良手法与模型 B 相同，即让 C6 原子向上翻转，使局部构象成环己烷的类船式构象［**5-29(2)**］，因此，最后提取的构象，即模型 F［**5-29(3)**］已不是原来意义上的金刚石晶格构象（图 5-15）。模型 F 描述的竹桃霉素的构象见 **5-29(4)**。

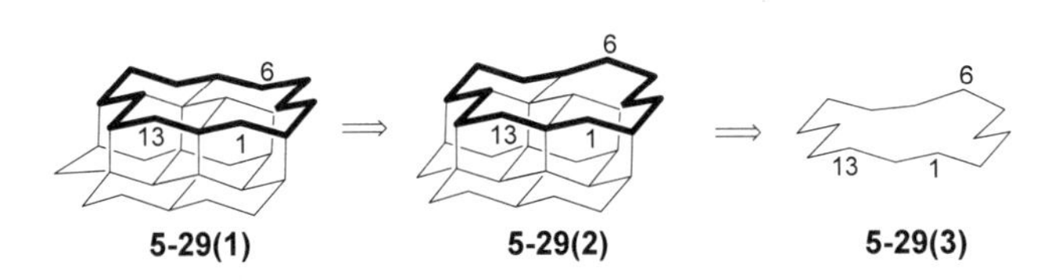

图 5-15　金刚石晶格模型 F 的提取

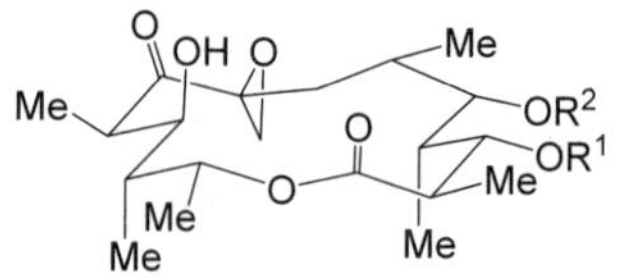

5-29(4)

从金刚石晶格提取各种模型用于表述十四元环内酯抗生素的构象，其缺陷是显著的。因为能够提取到的模型有限，不能满足十四元环内酯抗生素构象多变的需要，有时不得不通过修改金刚石晶格的结构来适应这种变化，因此，缺乏广泛应用的空间。但是，这是一段应该了解的十四元环抗生素构象研究的历史。

5.4.3 某些十四元环内酯抗生素构象的现代技术研究

5.4.3.1 红霉素 A (erythromycin A) 的构象

5-30 所示为红霉素 A 的分子结构，又称 9-酮式，其内酯环手性碳的构型已由多种方法确定，它们是 2*R*,3*S*,4*S*,5*R*,6*R*,8*R*,10*R*,11*R*,12*S*,13*R*[32]。另外还存在一种称为 12,9-半缩醛式的异构体[33]，它只少量存在于水溶液中。在三氯甲烷等有机溶剂中，以及通常得到的晶体中则只有 9-酮式，故只讨论 9-酮式的构象。

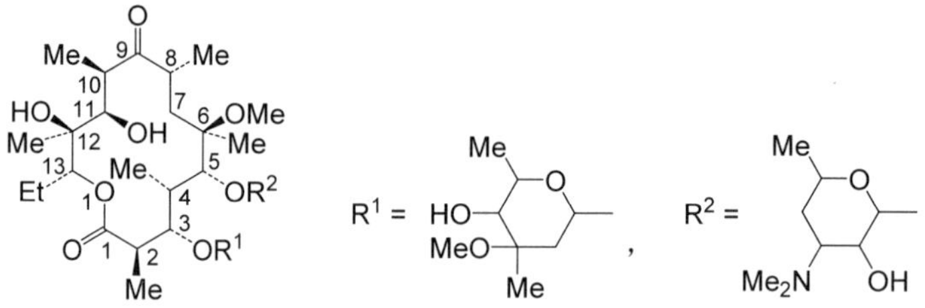

5-30

（1）红霉素 A 在固态时的构象

红霉素 A（**5-30**）易与各种有机溶剂形成溶剂合物，与水形成水合物。本节讨论红霉素 A 与两分子二甲亚砜及 1.43 水分子形成的溶剂-水合物［红霉素 A・$2Me_2SO+1.43H_2O$，**5-30(1)**］[34]，红霉素 A 二水合物［红霉素 A・$2H_2O$，**5-30(2)**］[35]，以及红霉素 A 氢碘酸二水合物［红霉素 A・HI・$2H_2O$，**5-30(3)**］[36]，比较不同溶剂对内酯环构象的不同影响。三种晶体的 X 射线分析表明，溶剂（水）均与红霉素 A 分子中的羟基形成氢键，所不同的是，在 **5-30(1)**晶体中，二甲亚砜分子是氢键受体，而在 **5-30(2)**和 **5-30(3)**的晶体中，水分子是氢键给体，其结果形成两种晶体，两种晶体的内酯环有不同的构象。在 **5-30(1)**的晶体中，内酯环没有分子内氢键，而在 **5-30(2)**和 **5-30(3)**的晶体中，在 C9 羰基和 C11 羟基之间有氢键的形成。其中在 **5-30(2)**的晶体中，测得 C9 羰基氧与 C11 羟基氢的距离为 0.173 nm。表 5-5 列出了 3 个晶体内酯环的二面角。**5-30(1)**晶体有 4 个角碳，分别是 C2（伪角）、C5、C9、C13（伪角），构象为四边形的[3′443′]-2,3-内酯。**5-30(2)**晶体与 **5-30(3)**晶体内酯环二面角的基本趋势一致，数值有一定差别。虽然也有 4 个角碳，但是具体位置有别，分别是 C2（伪角）、C5、C8、C13，构象仍是四边形，即[3533′]-2,3-内酯。需要说明的是，在 **5-30(2)**和 **5-30(3)**的晶体中，C8—C9—C10—C11 的二面角分别是 119.1°和 122.0°，处于对位交叉和邻位交叉的分界线上，其平均值略大于 120°，这里将其认定为对位交叉，因此 C9 被认定为边碳。因此，结合它们的晶体结构，可以绘出它们的构象透视式。图 5-16 显示了红霉素 A • $2Me_2SO$+1.43H_2O［(**5-30(1)**］的晶体结构和构象透视式 **5-30(4)**。图 5-17 显示了红霉素 A • $2H_2O$［**5-30(2)**］的晶体结构和构象透视式 **5-30(5)**。红霉素 A 氢碘酸二水合物的晶体结构与红霉素 A 二水合物基本相同，且构象透视式相同，不需展示。

表 5-5　红霉素 A 两种溶剂(或水)合物晶体结构中内酯环的二面角

单位：(°)

碳环	二面角			碳环	二面角		
	5-30(1)	**5-30(2)**	**5-30(3)**		**5-30(1)**	**5-30(2)**	**5-30(3)**
O1—C1—C2—C3	107.8	110.5	115.9	C7—C8—C9—C10	63.6	−63.1	−60.5
C1—C2—C3—C4	−57.8	−82.2	−62.1	C8—C9—C10—C11	46.0	119.1	122.0
C2—C3—C4—C5	161.7	172.1	164.8	C9—C10—C11—C12	178.6	−169.0	−173.3
C3—C4—C5—C6	−86.4	−95.8	−116.1	C10—C11—C12—C13	163.8	173.0	167.8
C4—C5—C6—C7	−73.1	−71.0	−68.5	C11—C12—C13—O1	−75.4	73.8	—
C5—C6—C7—C8	145.5	169.7	175.0	C12—C13—O1—C1	118.3	117.0	107.3
C6—C7—C8—C9	−165.1	−79.0	−77.0	C13—O1—C1—C2	170.3	176.3	171.3

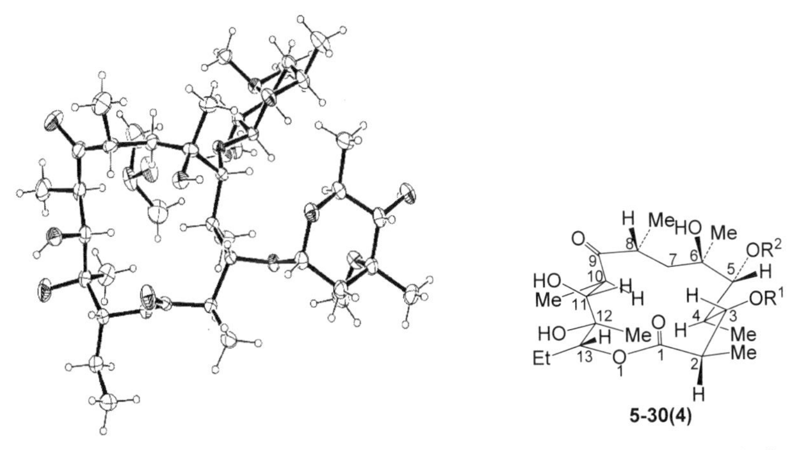

图 5-16　红霉素 A • $2Me_2SO$+1.43 H_2O［**5-30(1)**］的晶体结构和构象透视式［**5-30(4)**］

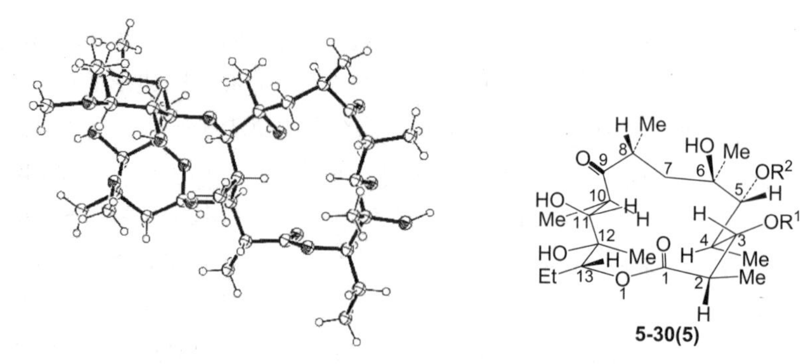

图 5-17 红霉素 A 二水合物［**5-30(2)**］的晶体结构和构象透视式［**5-30(5)**］

（2）红霉素 A 在溶液中的构象

研究红霉素 A 在溶液中的构象要回答两个问题：一是在溶液中的构象与固态时的构象是否相同或相似；二是在溶液中的构象是单一的，还是多种构象共存。

研究化合物在溶液中的构象，最有用的实验方法就是 NMR 技术。表 5-6 列出了红霉素 A 氢碘酸二水合物在三氯甲烷中，21℃下，部分邻位质子的偶合常数和晶体结构中相应的二面角[37,38]。根据 Karplus 公式，邻位质子的二面角大于 150°时，偶合常数应在 9 Hz 以上，如邻位质子 C2-H/C3-H 和 C7-$H_{边内}$/C8-H 的二面角分别为 174°和 164°，它们的偶合常数分别为 9.5 Hz 和 11.7 Hz。二面角在±90°左右时有较小的偶合常数，表中其余邻位质子也基本符合这种关系。同时，研究还指出，C4-H 和 C11-H 之间有较强的 NOE 效应，而 C3-H 和 C11-H 之间的 NOE 效应却很弱。在晶体结构中，C4-H 和 C11-H 之间的距离为 0.251nm，而 C3-H 和 C11-H 之间的距离为 0.348 nm，两者数据吻合。因此，可以认为红霉素 A 在溶液中的构象与固态时的构象基本相同。这种构象被称为外折式（folded-out)构象，如构象 **5-30(4)**和 **5-30(5)**所示，即 C3—C4—C5 构成的平面向环外倾斜，致使 C3-H 与 C11-H 的距离增加，而 C4-H 与 C11-H 的距离缩短，同时 H—C2—C3—H 的二面角加大，在红霉素 A 二水合物中，该二面角达到 161°。但是，这是否是红霉素 A 在溶液中唯一的构象还需要更多的实验证据。

表 5-6 红霉素 A［5-30(3)］内酯环邻位质子的偶合常数与晶体中二面角的对比

邻位质子	二面角/(°)	偶合常数/Hz
C2-H/C3-H	174	9.5
C3-H/C4-H	−70	1.5
C4-H/C5-H	125	7.5
C7-$H_{边内}$/C8-H	164	11.7
C7-$H_{边外}$/C8-H	−76	2.4
C10-H/C11-H	70	1.3

表5-7列出了红霉素A氢碘酸二水合物在三氯甲烷中，变温条件下，及其他溶剂中部分邻位质子的偶合常数[37]。结果显示，在三氯甲烷中，温度升高，较大偶合常数的数值变小，而较小偶合常数的数值变大，即偶合常数有平均化的趋向。在其他几种溶剂中，这种偶合常数的变化趋势也得到体现。特别显著的是，在67°的二甲亚砜中，邻位质子C2-H/C3-H的偶合常数仅为8.5 Hz，C7-H边内/C8-H的偶合常数则降为5.9 Hz。因此，红霉素A在固态时的构象，即外折式构象只是溶液中的主要构象，其所占比率大于90%，但不是唯一的构象，还有存在其他次要构象的可能性。对多种红霉素A衍生物的构象研究表明[36]，一些衍生物的构象与红霉素A的外折式构象正好相反，取内折式（folded-in）构象，即C3—C4—C5构成的平面向环内倾斜，致使C3-H与C11-H的距离减小，而C4-H与C11-H的距离增加，同时H—C2—C3—H的二面角变小。这种内折式构象的典型代表是地红霉素（dirithromycin）的晶体结构[39]，在该晶体结构中，C4-H和C11-H之间的距离为0.329nm，而C3-H和C11-H之间的距离为0.223 nm，H—C2—C3—H的二面角为104.3°，与内折式构象的定义相符，因此可以参考地红霉素的晶体结构来绘制红霉素A的内折式构象。图5-18显示红霉素A的外折式构象**5-30(5)**和内折式构象**5-30(6)**处于动力学平衡之中。

表5-7 不同溶剂中红霉素A［5-30(3)］内酯环邻位质子的偶合常数①

单位：Hz

邻位质子	$CDCl_3$ (19℃)②	$CDCl_3$ (50℃)②	CD_2Cl_2	CD_3OD	DMSO-d_6 (67℃)	DMF-d_7	Pyridine-d_5	Acetone-d_6
C2-H/C3-H	9.3	9.0	9.2	9.1	8.5	9.0	9.1	9.2
C3-H/C4-H	1.4	1.7	1.5	1.2	—③	1～2	—③	1.7
C4-H/C5-H	7.7	7.4	7.7	7.8	7.3	7.5	7.8	7.3
C7-H边内/C8-H	11.3	11.0	11.3	8.4	5.9	约7	8.4	10.2
C7-H边外/C8-H	2.3	2.7	2.3	—③	—③	约6	—③	3.3
C10-H/C11-H	1.4	1.5	1.3	1.3	—③	1.8	1.3	1.8

① 未标注温度者均在约21℃下测定。② D_2O交换后的结果。③ 未能得到清晰解析。

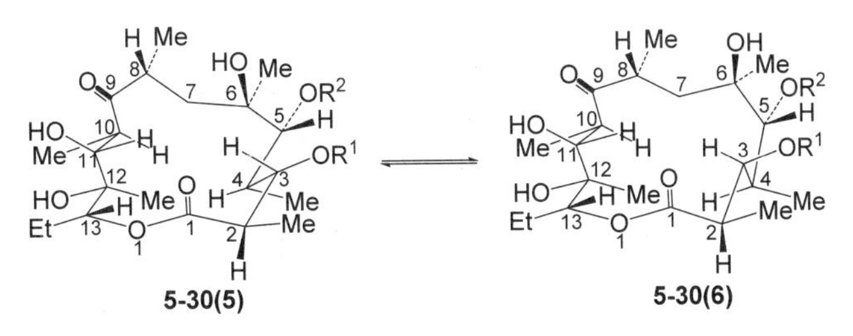

图5-18 红霉素A的外折式构象**5-30(5)**和内折式构象**5-30(6)**的动力学平衡

需要指出的是：外折式构象和内折式构象仅仅描述的是一个分子的局部构象，并未涉及整个分子的构象。前面已指出，具有外折式构象的红霉素 A 二水合物晶体的内酯环，其构象为[3533′]-2,3-内酯，呈四边形。而相应的地红霉素，其内酯环的构象为[3′4313]，呈五边形。

5.4.3.2 竹桃霉素（oleandomycin）的构象[31,40]

竹桃霉素及它的衍生物 11,4″-双[O-(*p*-溴苯甲酰基)]竹桃霉素的分子结构见 **5-31(1)**和 **5-31(2)**。

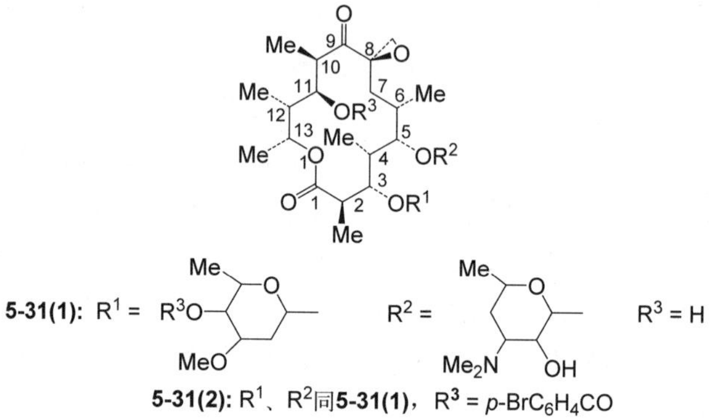

5-31(1): R^1 = 　　R^2 = 　　R^3 = H

5-31(2): R^1、R^2同**5-31(1)**，R^3 = *p*-BrC_6H_4CO

（1）固态时的构象

竹桃霉素内酯环手性碳的构型已经用多种方法确定，它们是：2*R*,3*S*,4*R*,5*S*,6*S*,8*R*,10*R*,11*S*,12*R*,13*R*。其固态时的构象经其衍生物 11,4″-双[O-(*p*-溴苯甲酰基)]竹桃霉素的单晶 X 射线分析确定。内酯环的二面角见表 5-8。其晶体结构和构象透视式见图 5-19。从表 5-8 可见，C2、C5、C8、C9 为角碳。其中，C2 和 C9 为伪角，而 C12—C13 片段较为特殊，它既与 C9—C10—C11 片段构成一条全交叉型碳链，也与 O1—C1—C2 构成一条含氧的近似于全交叉型碳链，而∠C12C13O1 = 101°，∠C8C9C10 = 111°，致使 C10—C11—12 片段折向内酯环的下方，并接近垂直，C12-C13 为融合角。如此，竹桃霉素内酯环的构象命名为[4*4′133′]-2,3-内酯。

表 5-8 竹桃霉素内酯环的二面角 单位：(°)

碳环	二面角	碳环	二面角	碳环	二面角
O1—C1—C2—C3	84	C5—C6—C7—C8	−172	C10—C11—C12—C13	176
C1—C2—C3—C4	−119	C6—C7—C8—C9	−65	C11—C12—C13—O1	−73
C2—C3—C4—C5	175	C7—C8—C9—C10	−70	C12—C13—O1—C1	154
C3—C4—C5—C6	−76	C8—C9—C10—C11	107	C13—O1—C1—C2	−174
C4—C5—C6—C7	−73	C9—C10—C11—C12	−171	—	—

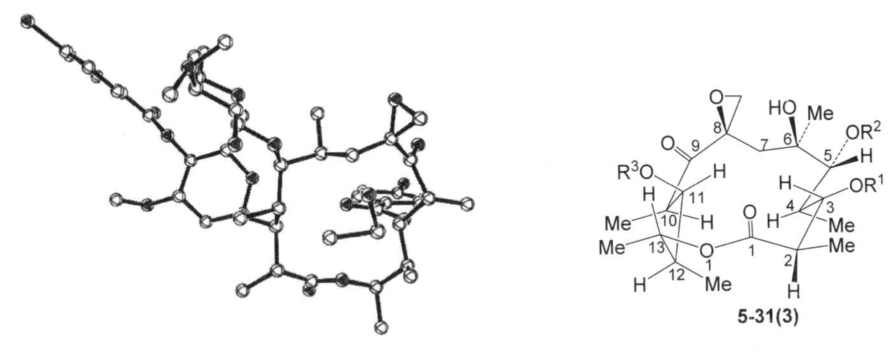

图 5-19　11,4″-双[O-(*p*-溴苯甲酰基)]竹桃霉素的晶体结构和构象透视式 **5-31(3)**

（2）在溶液中的构象

竹桃霉素在溶液中的构象与它在固态时的构象是一致的。但是，多种技术研究的结果均表明，在非质子溶剂中，竹桃霉素分子的 C9 位羰基与 C11 位上的羟基氢形成了氢键：IR 研究表明，在四氯化碳中，C9 位羰基的吸收峰在 1692 cm^{-1} 处。若 C11 位上的羟基被酰化后，如 11,4″-双[O-(*p*-溴苯甲酰基)]竹桃霉素的 C9 位羰基的吸收峰在 1720cm^{-1} 处。CD 谱研究发现，在溶液中，300 nm 左右，竹桃霉素的 C9 位羰基显示 n-π^*Cotton 效应，且信号随溶剂的性质变化而变化。在非质子溶液中，观察到负 Cotton 效应，这是因为分子中 C9 位羰基与 C11 位上的羟基氢形成了氢键，而在质子溶液中，由于没有氢键的形成而观察到正 Cotton 效应。竹桃霉素和 11,4″-双[O-(*p*-溴苯甲酰基)]竹桃霉素的 ^{13}C NMR 数据（表 5-9）的变化也说明，在非质子溶剂中，竹桃霉素分子中 C9 位羰基与 C11 位上的羟基氢形成了氢键。观察 C9 化学位移的变化可以发现(其他碳原子的化学位移还受到引入的对溴苯甲酰基的影响)，竹桃霉素的 C9 吸收峰在较低场，而 11,4″-双[O-(*p*-溴苯甲酰基)]竹桃霉素的 C9 吸收峰在较高场，这与竹桃霉素分子中 C9 位羰基与 C11 位上的羟基氢形成氢键的结论一致，氢键的形成增加了 C9 原子的电正性。

表 5-9　**5-31(1)**和 **5-31(2)**内酯环的 ^{13}C NMR 数据（δ，$CDCl_3$）

化合物序号	C1	C2	C3	C4	C5	C6	C7	C8	C9	C10	C11	C12	C13
5-31(1)	176.3	44.9	81.4	30.5	84.1	30.5	44.9	62.6	208.0	43.2	70.3	41.9	69.3
5-31(2)	175.0	44.1	78.4	32.8	84.3	33.2	44.1	62.7	207.0	42.8	73.5	40.6	69.1

5.4.3.3　苦霉素（picromycin）的构象

苦霉素 **5-32(1)**及衍生物对溴苯甲酰基苦霉素 **5-32(2)**，其结构特点是内酯环含有一个反式 C═C 双键，与红霉素和竹桃霉素相比，少一个糖基。

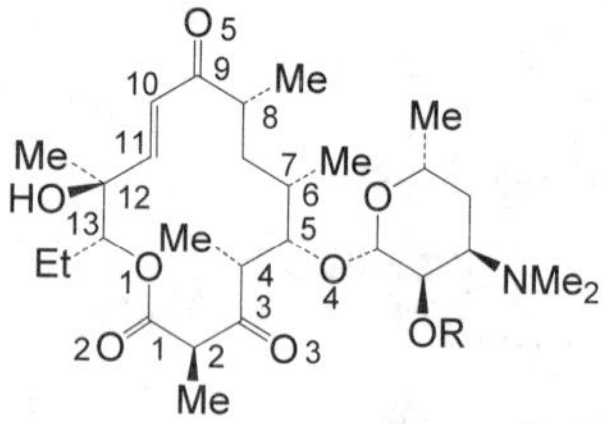

5-32(1): R = H
5-32(2): R = *p*-BrC$_6$H$_4$CO

（1）固态时的构象[29,41]

苦霉素内酯环上手性碳的构型已经用多种方法确定，它们是：2*R*,4*R*,5*S*,6*S*,8*R*,12*S*,13*R*。苦霉素［**5-32(1)**］及衍生物对溴苯甲酰基苦霉素［**5-32(2)**］在固态时的构象由单晶 X 射线分析确定。它们的内酯环的二面角见表 5-10。

首先讨论苦霉素的构象。晶体结构见图 5-20。从表 5-10 可知，它的 C9—C10—C11—C12 部分的二面角为 176.7°，呈对位交叉构象，即 C10═C11 具有反式构型，而 O5—C9—C10—C11 部分的二面角为−3.3°，呈重叠式构象，说明 C9 羰基与 C10═C11 双键呈 *S*-顺式构象。表 5-10 的数据还说明，C2、C5、C8、C12、C13 为角碳，其中 C2、C12、C13 为伪角，内酯环为五边形。根据上述分析，结合晶体结构，可以绘出苦霉素在固态时的构象透视式[**5-32(3)**，图 5-20]，其内酯环的构象命名为 6-反-烯-[3′1′433′]-2,3-内酯。环十四烷的次优构象有[3344]和[3335]两种，苦霉素内酯环为何取[31433]五边形构象，而不是取一键边与三键边合并的[3344]四边形构象，或一键边与四键边合并的[3335]四边形构象？问题就在于 C12 和 C13 的构型和其上的取代基。若一键边与三键边合并成四键边，则 C13 将成为边碳，其上的乙基将取边内向位，这是构象上禁阻的，若一键边与四键边合并成五键边，则 C12 将成为边碳，其上的甲基将取边内向位，这也是构象上禁阻的。

对溴苯甲酰基苦霉素仅在苦霉素侧链上取代了一个对溴苯甲酰基，其晶体结构见图 5-21。对溴苯甲酰基的引入对内酯环上手性碳的构型不会产生影响，但却使其构象发生了不小的变化。由表 5-10 可见，其变化主要有两点：一是角碳的变化，C5 和 C8 两个角碳转换为边碳，C6 和 C9 由边碳转换为角碳，C12 和 C13 由伪角转变为真角；二是 O5—C9—C10—C11 部分的二面角变为 177.7°，致使 C9 位羰基与 C10═C11 双键呈 *S*-反式构象。为何侧链上一个对溴苯甲酰基会使两个化合物有如此大的差异，尚无合理解释。对溴苯甲酰基苦霉素内酯环的构象命名为 6-反-烯-[313′3′4]-2,3-内酯［**5-32(4)**，图 5-21］。至于对溴苯甲酰基苦霉素在固态时取五边形构象，其原因与苦霉素相同，不再赘述。

表 5-10　苦霉素［**5-32(1)**］及对溴苯甲酰基苦霉素［**5-32(2)**］晶体结构中内酯环的二面角

单位：(°)

碳环	二面角［**5-32(1)**］	二面角［**5-32(2)**］	碳环	二面角［**5-32(1)**］	二面角［**5-32(2)**］
O1—C1—C2—C3	124.1	54.9	C8—C9—C10—C11	177.2	1.4
C1—C2—C3—C4	−98.6	−120.8	C9—C10—C11—C12	176.7	−177.6
C2—C3—C4—C5	161.4	170.5	C10—C11—C12—C13	120.4	98.1
C3—C4—C5—C6	−71.9	144.9	C11—C12—C13—O1	−67.7	46.3
C4—C5—C6—C7	−87.5	71.4	C12—C13—O1—C1	108.7	110.3
C5—C6—C7—C8	168.3	77.5	C13—O1—C1—C2	173.3	178.9
C6—C7—C8—C9	−55.8	−172.6	O5—C9—C10—C11	−3.3	177.7
C7—C8—C9—C10	−57.8	85.2	—	—	—

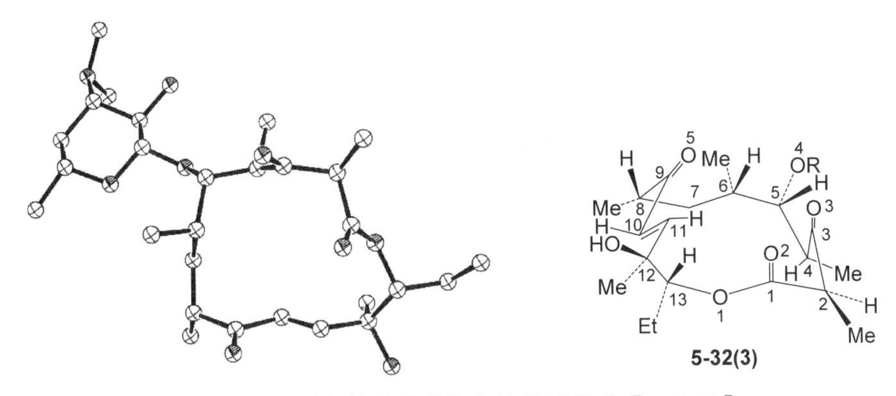

图 5-20　苦霉素的晶体结构和构象透视式［**5-32(3)**］

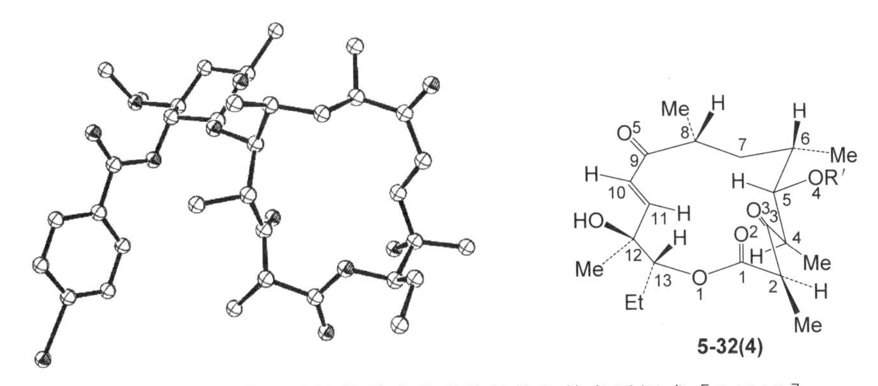

图 5-21　对溴苯甲酰基苦霉素的晶体结构和构象透视式［**5-32(4)**］

（2）苦霉素在溶液中的构象[30]

CD 谱研究发现，在溶液中，290 nm 左右，苦霉素的 C3 羰基显示 n-π^*Cotton 效应，且信号随溶剂的性质而变化的规律与竹桃霉素相同。与固态时的构象相比，若要 C3 羰基与 C12 上的羟基形成氢键，C12 需有一定的旋转，使 C12 原子由角碳转换为边碳，其上羟基由角顺取向转换为边内取向，如 **5-32(5)**所示，内酯环构象成为四边形的[3533]-2,3-内酯，这是少有的边碳上取代基取边内向位的例子。上述结论得到多种研究结果的支持：

① 将苦霉素 C12 上的羟基乙酰化或去氧，则无论在甲醇或氯仿中，均观察到正 Cotton 效应，因为 C3 羰基已无形成氢键的可能。

② IR 谱中，在 1750 nm 和 1702 nm 处有强吸收峰，前者显示内酯羰基的存在，后者则代表形成氢键的 C3 羰基。此外在 1678 nm 和 1642 nm 处的中等强度的两个吸收峰指示 C9 羰基与 C10═C11 双键呈 *S*-顺式构象。

③ NMR 技术研究发现，在非质子溶剂中，在 C8-H 和 C10-H 以及 C12-Me 和 C11-H 之间存在 NOE 效应。而在质子溶剂中，则在 C8-H 和 C11-H 之间以及 C12-Me 和 C10-H 之间存在 NOE 效应。这与 C12 原子由角碳转换为边碳，其上羟基由角顺取向转换为边内取向，并与 C3 羰基形成氢键的结论一致。

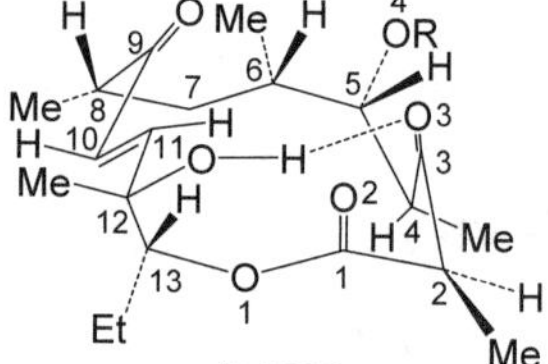

5-32(5)

5.4.3.4 克洛霉素（kromycin）的构象[28,42,43]

克洛霉素的分子结构见 **5-33(1)**。克洛霉素是苦霉素的降解产物，其结构特点是没有糖基，内酯环含有两个 C═C 双键。

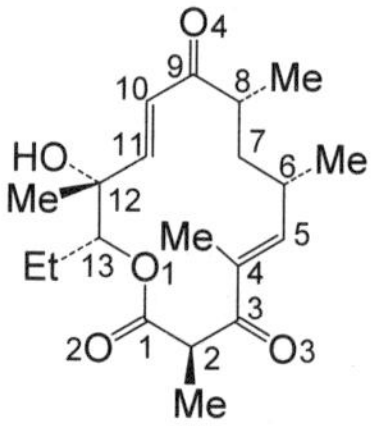

5-33(1)

克洛霉素经 NMR 等技术和化学手段的研究，已明确分子中手性碳的构型分别为 2*R*,6*S*,8*R*,12*S*,13*R*；内酯环中两个 C═C 双键则均为反式构型。单晶 X 射线分析得到克洛霉素环骨架和分子个别部位的二面角（表 5-11）。在该分子的晶体中，C3—C4—C5—C6 和 C9—C10—C11—C12 的二面角分别为−177.6°和 179.6°，为近乎标准的对位交叉构象，证实了内酯环中两个 C═C 双键位标准的反式构型。O3—C3—C4—C5 的二面角为 160.3°，表明 C3 羰基与 C4═C5 双键呈 *S*-反式构象。同样，O4—C9—C10—C11 的二面角为 168.1°，说明 C9 羰基与 C10═C11 双键也呈 *S*-反式构象。分析其内酯环的二面角可以发现 C3 和 C13 为真角，C9 为伪角，C6-C7 为融合角。此外，克洛霉素构象还有一个有别于一般大环化合物构象的特点，即它的其中一条边（C9—C10—C11—C12）的锯齿链平面与环平均平面平行，这与 C12 上有两个取代基有关。前面已经讲过，带有两个取代基的环碳原子必定占据角位，若占据边位，则定有一个取代基取边内向位，致使跨环相互作用过大，成为禁阻构象。因而 C9—C10—C11—C12 的锯齿链平面与环平均平面平行，可使 C12 上的两个取代基均取外向位。但是，这样又出现一个新的问题，即 C11 上的氢原子直指环内，为了避免可能产生的跨环张力，C9—C10—C11—C12 边向外有所扩展，∠C9C10C11 和∠C10C11C12 两个键角分别为 128.2°和 128.4°，均大于正常的 120°。对于 C12 上取代基取向的命名，建议仿照角位取代基命名的方法，以酯羰基取向为参照，与酯羰基取向同者为顺位，反之则为反位。C4═C5 双键上的取代基也与通常大环化合物 C═C 双键上取代基的取向状态不同，没有边内向、边外向之分，仅根据酯羰基的取向，区分为顺位或反位。因此，克洛霉素的构象命名为：2-边外,6-反位,10-边外，12-角反,14-顺位-五甲基-5-角反-乙基-1,9-二氧代-7-反,13-反-二烯-[44′3*4]-3,4-内酯［**5-33(2)**］。

表 5-11　克洛霉素晶体结构中内酯环的二面角　　单位：(°)

碳环	二面角	碳环	二面角	碳环	二面角
O1—C1—C2—C3	158.3	C6—C7—C8—C9	−161.9	C12—C13—O1—C1	115.0
C1—C2—C3—C4	−73.5	C7—C8—C9—C10	97.1	C13—O1—C2—C3	176.0
C2—C3—C4—C5	−23.5	C8—C9—C10—C11	−11.3	O3—C3—C4—C5	160.3
C3—C4—C5—C6	−176.6	C9—C10—C11—C12	179.6	O4—C9—C10—C11	168.1
C4—C5—C6—C7	−125.4	C10—C11—C12—C13	−155.7	—	—
C5—C6—C7—C8	68.3	C11—C12—C13—O1	−51.3	—	—

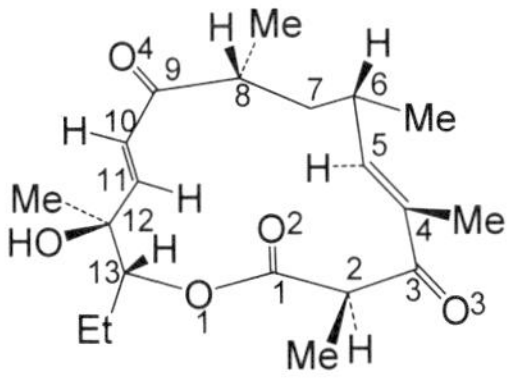

5-33(2)

5.5 十五元环内酯的构象

5.5.1 前沟藻内酯 O 和 P（amphidinolides O, P）的构象

前沟藻内酯 O 和 P 系分离自前沟藻属甲藻的次级代谢产物[44]。通过多种波谱技术的研究，已清楚了它们的分子结构［**5-34(1)**、**5-34(2)**］及其相应的构型，并在计算化学研究的基础上分析了它们在溶液中的优势构象[45]。两个化合物的结构极其相似，母体均为十五元环内酯。其重要特征是都含有一个 C═C 双键，一个环外亚甲基，一个环氧化基团，以及在 C3 和 C7 之间有一个氧桥，称为桥环化合物。唯一的区别是，前沟藻内酯 O 分子中，C11 是一个羰基，而在前沟藻内酯 P 分子中，该羰基氧被环外亚甲基取代。两个化合物的 C═C 双键均具有反式构型。环上的六个手性碳原子的构型分别为 3*S*,4*R*,7*S*,8*S*,9*S*,14*R*（前沟藻内酯 O）；3*S*,4*R*,7*S*,8*R*,9*S*,14*R*（前沟藻内酯 P），两个化合物 C8 构型看似相反，实则它们所连接的三个基团的相对空间位置完全相同，仅仅因为 C11 结构上的差异，根据 *R*、*S* 命名规则而命名为 *S* 和 *R* 构型。

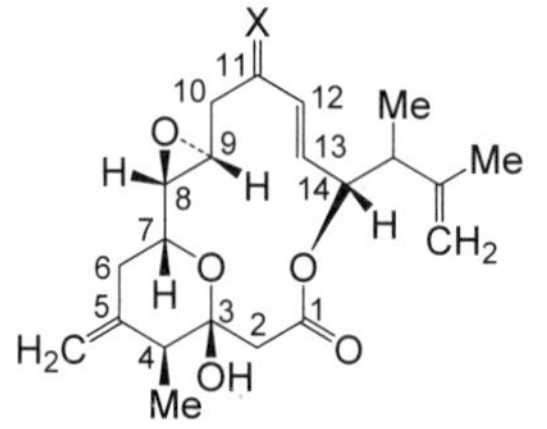

5-34(1): X = O; **5-34(2)**: X = CH_2

根据计算化学给出的两个化合物的分子结构模型并结合它们的双键和手性碳原子的构型，可以绘制出它们的构象透视式。前沟藻内酯 O 见 **5-34(3)**，前沟藻内酯 P 见 **5-34(4)**。虽然两个化合物的双键和手性碳的构型实质上完全一致，结构上仅有微小的差异，但是，其在溶液中的优势构象却有显著的差别，这主要表现在 C10～C14 片段。在前沟藻内酯 O 中，C11 羰基与 C12═C13 双键的局部构象为 *S*-顺式，而在前沟藻内酯 P 中，C11 的环外亚甲基与 C12═C13 双键的局部构象却为 *S*-反式。其余部分的局部构象则完全一致：氧桥与 C3～C7 片段构成一个呈椅式构象的四氢吡喃环，环氧乙烷部分呈反式构型，酯基呈 *S*-反式构象。但是，对于这两个桥环化合物而言，要作为十五元环内酯来命名十分困难。如果仅命名十三元环部分，即氧杂十三元环部分则相对简单，只要记

住 C3—O—C7 还与另外三个碳原子构成一个构象为椅式的六元环即可。于是，前沟藻内酯 O 的角碳有 C2（伪角）、C8（伪角）、C10（伪角）、C14，十三元环部分命名为 5-反-烯-12-氧杂-[34′2′4′]-2,3-内酯。前沟藻内酯 P 的角碳有 C2（伪角）、C8（伪角）、C10、C11、C14（伪角），十三元环部分命名为 5-反-烯-12-氧杂-[3′312′4′]-2,3-内酯。最后，还要指出的是，前者的 C11 羰基位于边碳位，而后者 C11 的环外亚甲基位于角碳位。

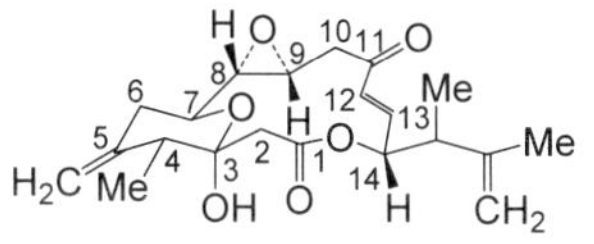

5-34(3) 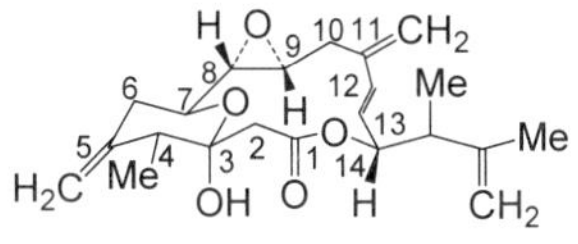　　**5-34(4)**

5.5.2　阿奇霉素（azithomycin）的构象

阿奇霉素系以红霉素 A 为原料，经由 C9 羰基肟化，Beckmann 重排，N 原子上甲基化后得到，母体为氮杂十五元环内酯［**5-35(1)**］，手性碳原子的构型与红霉素完全相同，是一类半合成大环内酯类抗生素[38,46,47]。

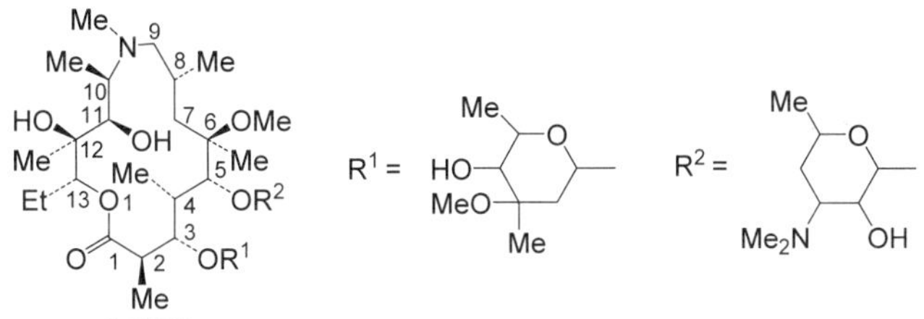

5-35(1)

阿奇霉素的晶体结构见图 5-22。母环的二面角数据见表 5-12。从结构上看，与红霉素 A 相比较，阿奇霉素的内酯环插入了一个氮原子，在 C9 处少了一个羰基，其结果并未对内酯环的构象造成根本性的影响。其一是，母环二面角的符号变化规律仍然相同，即母环的总体形象变化不大。其二是，在红霉素 A 分子中，O1—C1—C2—C3 和 C12—C13—O1—C1 的二面角均接近邻位交叉定义的边缘，但是，仍在 120°的范围内。而在阿奇霉素分子中，这两个二面角则略超 120°，为了前后的一致性及便于命名，仍将其定义为邻位交叉。于是，固态时阿奇霉素母环的 C2、C5、C8、C13 为角碳，其中，C8 为伪角，母环的构象命名为 8-氮杂-[36′33]-2,3-内酯，而且是外折式构象 **3-35(2)**。NMR 技术和计算化学研究也表明，阿奇霉素在水溶液中，优势构象仍是外折式 8-氮杂-[36′33]-2,3-内酯。

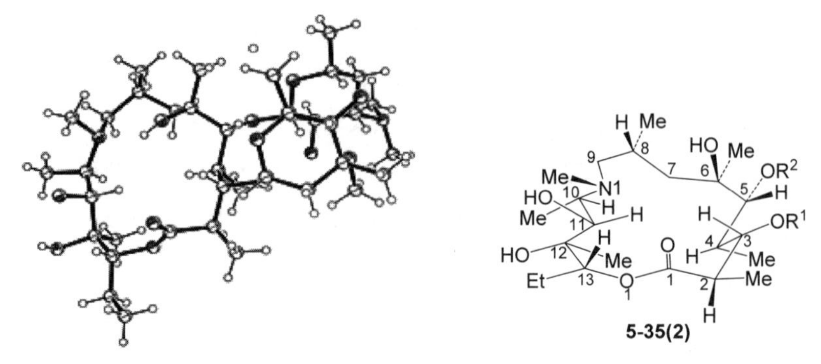

图 5-22　阿奇霉素二水合物的晶体结构及构象透视式［**5-35(2)**］

表 5-12　阿奇霉素晶体结构中内酯环的二面角　　　单位：(°)

碳环	二面角	碳环	二面角	碳环	二面角
O1—C1—C2—C3	122.5	C6—C7—C8—C9	−109.3	C11—C12—C13—O1	77.5
C1—C2—C3—C4	−91.5	C7—C8—C9—N1	67.9	C12—C13—O1—C1	121.3
C2—C3—C4—C5	178.8	C8—C9—N1—C10	−148.8	C13—O1—C1—C2	176.7
C3—C4—C5—C6	−109.6	C9—N1—C10—C11	158.5		
C4—C5—C6—C7	−70.4	N1—C10—C11—C12	−157.1		
C5—C6—C7—C8	174.9	C10—C11—C12—C13	163.1		

5.6　十六元环内酯的构象

可以合理推测，将环十六烷优势构象[4444]的任一条边替换为具有 *S*-反式构象的酯基，可以得到十六元环内酯的两种优势构象[48]，如图 5-23 所示，分别是[4444]-2,3-内酯（**5-36**）和[4444]-3,4-内酯（**5-37**）。当然，也存在从环十六烷的次优构象[3535]、[3445]、[3454]衍化出十六元环内酯优势构象的可能性。但是，实际情况却要复杂得多。

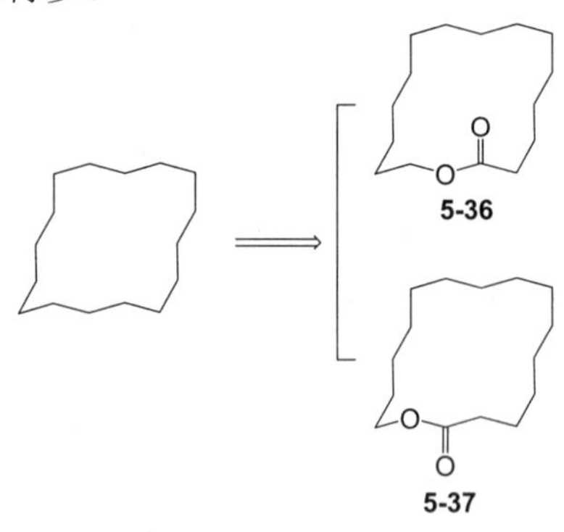

图 5-23　由环十六烷优势构象[4444]衍化出的两种十六元环内酯的优势构象

5.6.1　12-芳氧乙酰氧基亚氨基-1,15-十五内酯的构象

标题化合物是一类具有除草活性的十六元环内酯[49]。其代表性化合物 12-对氯苯氧乙酰氧基亚氨基-1,15-十五内酯的结构见 **5-38(1)**。

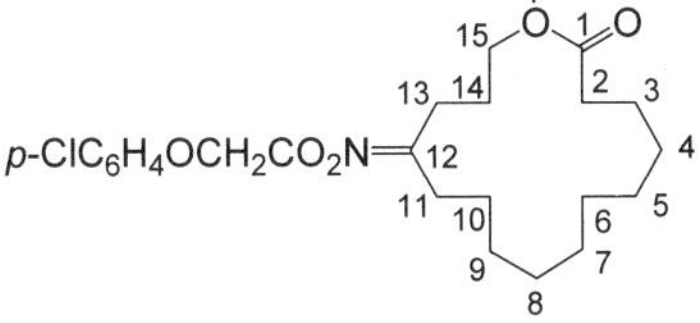

5-38(1)

单晶 X 射线分析获得它的晶体结构（图 5-24）。内酯环部分的二面角见表 5-13。

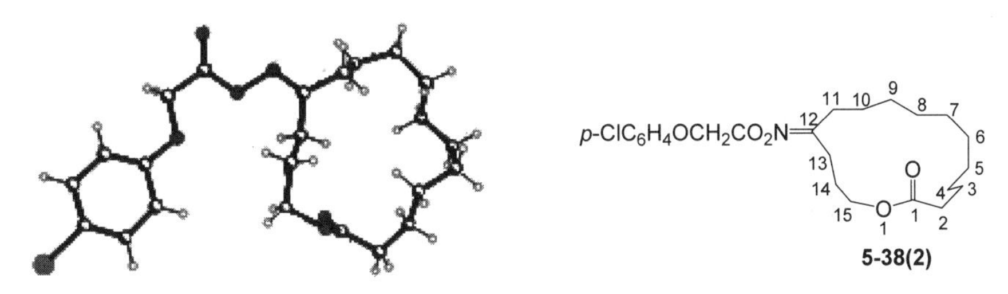

图 5-24　化合物 **5-38(1)**的晶体结构和构象透视式［**5-38(2)**］

表 5-13　化合物 5-38(1)内酯环的二面角　　单位：(°)

碳环	二面角	碳环	二面角	碳环	二面角
O1—C1—C2—C3	112.6	C6—C7—C8—C9	−173.7	C12—C13—C14—C15	−178.0
C1—C2—C3—C4	−63.4	C7—C8—C9—C10	−62.8	C13—C14—C15—O1	−88.9
C2—C3—C4—C5	−167.6	C8—C9—C10—C11	−70.7	C1—O1—C15—C14	99.4
C3—C4—C5—C6	−64.7	C9—C10—C11—C12	170.0	C15—O1—C1—C2	178.7
C4—C5—C6—C7	−56.8	C10—C11—C12—C13	−73.9	—	—
C5—C6—C7—C8	−62.8	C11—C12—C13—C14	−109.6	—	—

观察化合物 **5-38(1)**的晶体结构，结合它的内酯环的二面角数据，可以发现，该内酯环有 6 个角碳，分别是 C2、C5、C6、C9、C12、C15，其中 C2 为伪角，因此，构象为六边形。内酯键二面角为 178.7°，呈典型的 *S*-反式构象，其余 4 条三键边的二面角在−167.6°～−178.0°之间，接近标准的对位交叉构象，于是，固态时化合物 **5-38(1)**内酯环的构象命名为[333313′]-2,3-内酯，构象透视式见 **5-38(2)**。该化合物的十六元环内酯环上仅取代有一个亚氨基，其构象与环十六

烷的优势构象[4444]却相去甚远，似环十五烷的优势构象[33333]插入一个一键边，因此，十六元环内酯的构象还需要更深入的研究。

5.6.2 麦新米星（mycinamicin）的构象

麦新米星是由一种小单孢菌产生的十六元环内酯抗生素。本节讨论麦新米星［**5-39(1)**］和它的水解产物配基［**5-39(2)**］的构象[50,51]。

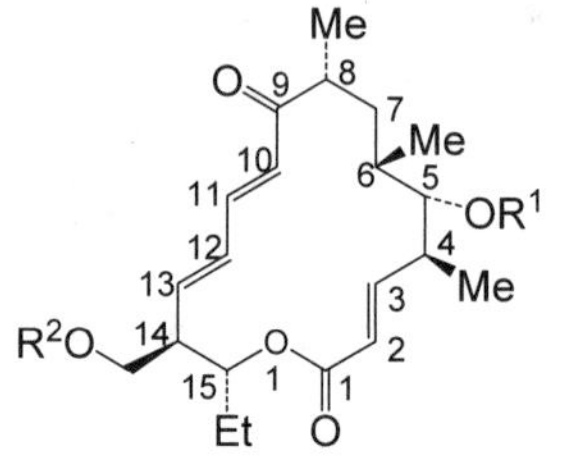

5-39(1) (麦新米星)：R^1 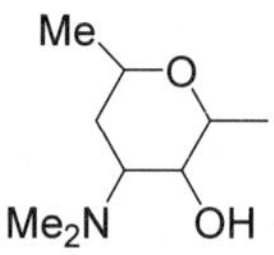 = ，R^2 =

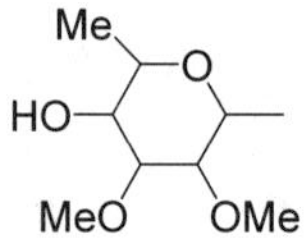

5-39(2) (麦新米星配基)：R^1 = H，R^2 = H

麦新米星十六元环内酯上手性碳原子的构型已通过各种方法确定为4*S*,5*S*,6*S*,8*R*,14*R*,15*R*。分子中的内酯环部分和它的配基的晶体结构其二面角仅有较小的差异（表5-14）。由表5-14可见，它们共有4个角碳，分别是C5、C8、C14（伪角）、C15（伪角），因此，该内酯环固态时的构象命名为[636′1′]。根据上述信息可以绘制出它们的构象透视式**5-39(3)**。该构象最显著的特点是存在一个一键边（C14—C15）。这可解释如下：与该边相连接的两条六键边，一条是C8—C9—C10═C11—C12═C13—C14，含有一个由共轭二烯与羰基形成的更大的共轭体系，另一条是C15—O1—C1—C2—C3—C4—C5，含有一个内酯键及其与之共轭的羰基，均不可与其形成更长的边。虽然这两条边由于连接着一键边的缘故，相互接近，但是由于其上无内向氢（C4除外），无严重的跨环相互作用。C4与C7上的内向氢存在1,4-相互作用，故C2—C3═C4—C5的二面角仅有140°～144°，使C4严重地向环外偏转，以减小这种跨环张力。另一个显著特点是：两个化合物的内酯环上两个最大的取代基R^1O和R^2OCH_2均占据角碳位,减小了对母环构象的影响。两个化合物的内酯环的二面角总体相差甚小，仅C12═C13—C14—C15和C13—C14—C15—O1两条边二面角差值稍大，但不影响构象的整体形象，即可以用同一个构象透视式来表达两个化合物内酯环的构象。

表 5-14　麦新米星及其配基内酯环的二面角及其差值 Δ

碳环	二面角［**5-39(1)**］/(°)	二面角［**5-39(2)**］/(°)	Δ/(°)	碳环	二面角［**5-39(1)**］/(°)	二面角［**5-39(2)**］/(°)	Δ/(°)
O1—C1—C2═C3	−176	−177	1	C8—C9—C10═C11	172	169	3
C1—C2═C3—C4	175	177	2	C9—C10═C11—C12	−171	−175	4
C2═C3—C4—C5	140	144	4	C10═C11—C12—C13	163	163	0
C3—C4—C5—C6	−53	−62	9	C11—C12═C13—C14	−172	−170	2
C4—C5—C6—C7	−74	−69	5	C12═C13—C14—C15	76	94	18
C5—C6—C7—C8	177	180	3	C13—C14—C15—O1	−48	−62	14
C6—C7—C8—C9	−61	−56	5	C14—C15—O1—C1	106	112	6
C7—C8—C9—C10	−46	−52	6	C15—O1—C1—C2	−171	−167	4

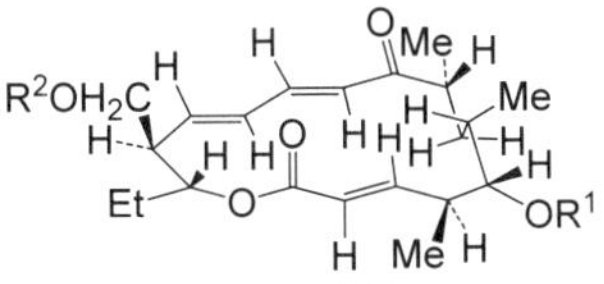

5-39(3)

5.6.3 *N*-芳基磺酰基-13-氮杂十六元环内酯的构象

N-芳基磺酰基-13-氮杂十六元环内酯是一类具有杀菌活性的化合物[52]。其中，对溴苯磺酰基-13-氮杂-十六元环内酯［**5-40(1)**］由 X 射线分析获得它的晶体结构［**5-40(2)**］（见图 5-25）[53]，其内酯环的二面角数据见表 5-15。

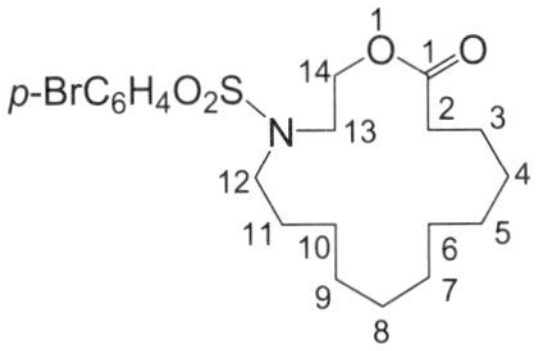

5-40(1)

对溴苯磺酰基-13-氮杂-十六元环内酯的结构看似简单，构象却较为复杂。按 Dale 命名法，认定 C4，C7，C10，N，C14 为角碳或占据角位（N），命名其固态构象为[52333]。但是，二面角的数据表明，C9—C10、C12—N 均为融合角，即 C9—C10 既与 C7—C8 形成三键边，也与 C11—C12 形成三键边。同样，C12—N 既与 C10—C11 形成三键边，也与 C13—C14 形成三键边。因此，[52333] 不能精确反映该化合物固态构象的全部特征，而按 Goto 命名法命名则为 8-氮杂-[53*4*33]-4,5-内酯［**5-40(2)**］，这更准确地反映了该化合物的构象。

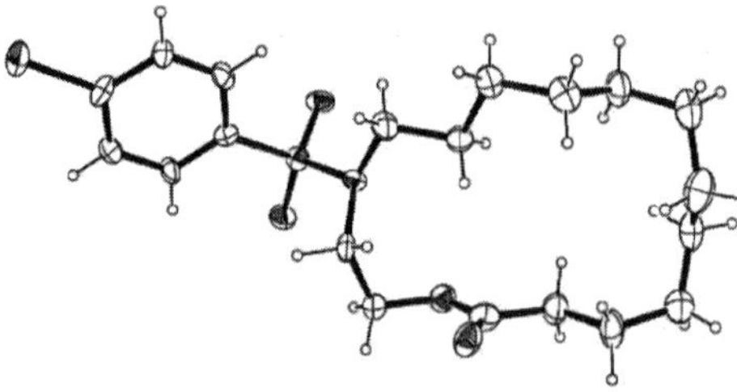

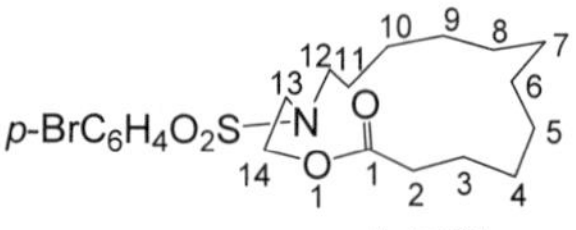

图 5-25 化合物 **5-40(1)**的晶体结构和构象透视式［**5-40(2)**］

表 5-15 化合物 5-40(1)内酯环部分的二面角 单位：(°)

碳环	二面角	碳环	二面角	碳环	二面角
C3—C2—C1—O1	178.9	C9—C8—C7—C6	74.4	C12—N—C13—C14	-127.1
C4—C3—C2—C1	-168.0	C10—C9—C8—C7	-173.2	O1—C14—C13—N	61.0
C5—C4—C3—C2	68.6	C11—C10—C9—C8	75.0	C1—O1—C14—C13	80.3
C6—C5—C4—C3	68.8	C12—C11—C10—C9	172.4	C14—O1—C1—C2	175.3
C7—C6—C5—C4	-161.5	N—C12—C11—C10	-176.7	—	—
C8—C7—C6—C5	65.3	C13—N—C12—C11	65.3	—	—

5.6.4 1-硫杂-2-芳亚氨基-3,4-二氮杂-9-氧杂-10-氧代螺[4,15]二十-3-烯的构象

标题化合物是一类具有杀菌活性的十六元环内酯衍生物[54]。其代表性化合物 1-硫杂-2-邻溴苯基亚氨基-3,4-二氮杂-9-氧杂-10-氧代螺[4,15]二十-3-烯［**5-41(1)**］。

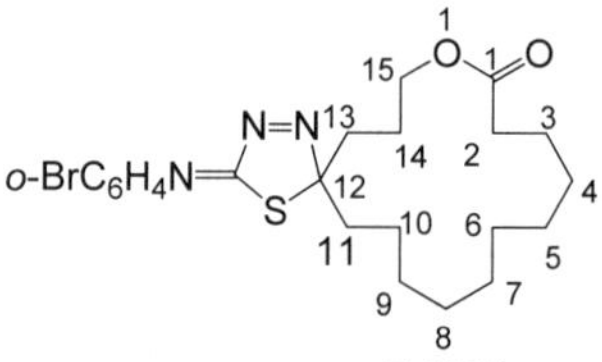

5-41(1)

通过单晶 X 射线分析获得了该化合物的晶体结构（图 5-26），内酯环的二面角见表 5-16[55]。其母环在固态时的构象曾按 Dale 命名法命名为[33343]，即固态时的构象为五边形。但是，通过分析其内酯环的二面角数据发现，虽然其母环构象确为五边形，却只有 C8 为正常角碳，其余 4 个角均为融合角，它们是 C2—C3、C5—C6、C11—C12 和 C14—C15。酯基所在边为 5 键边，即 C14—C15—O1—C1—C2—C3，其中 C15—O1—C1—C2 的二面角为−176.5°，

表明酯基取正常的 *S*-反式构象，而 C14—C15—O1—C1 和 O1—C1—C2—C3 的二面角分别为 132.2°和 129.4°，虽然在对位交叉的定义范围内，但是与标准的 180°有较大的差距，整条碳链不是呈规整的锯齿状。接下来的 4 键边是 C2—C3—C4—C5—C6，第 3 条边为 3 键边，即 C5—C6—C7—C8，第 4 条边和第 5 条边均为 4 键边，分别是 C8—C9—C10—C11—C12 和 C11—C12—C13—C14—C15，因此按 Goto 命名法命名为[5*4*34*4*]［**5-41(2)**］。这里需要特别指出的是，螺碳原子（C12）不像一般的二取代碳原子总是占据正常的角位，而是占据融合角的两个碳原子之一。该构象的第二个特点是噻二唑环与内酯环的平均平面基本垂直。

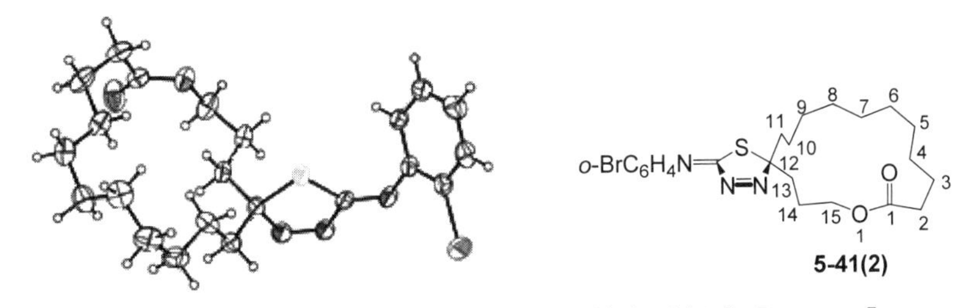

图 5-26　化合物 **5-41(1)**的晶体结构和构象透视式［**5-41(2)**］

表 5-16　化合物 5-41(1)内酯环部分的二面角　　单位：(°)

碳环	二面角	碳环	二面角	碳环	二面角
O1—C1—C2—C3	129.4	C6—C7—C8—C9	−58.5	C12—C13—C14—C15	−178.6
C1—C2—C3—C4	−65.4	C7—C8—C9—C10	−54.0	C13—C14—C15—O1	−61.7
C2—C3—C4—C5	−177.2	C8—C9—C10—C11	176.7	C1—O1—C15—C14	132.2
C3—C4—C5—C6	−173.3	C9—C10—C11—C12	−168.8	C15—O1—C1—C2	−176.5
C4—C5—C6—C7	−71.0	C10—C11—C12—C13	67.9	—	—
C5—C6—C7—C8	164.9	C11—C12—C13—C14	−167.1	—	—

上述化合物的 ^{13}C NMR 谱（常温，$CDCl_3$）呈现 22 条清晰的吸收峰(δ_C: 176.2、173.6、148.1、133.5、128.4、127.1、119.0、115.6、115.5、62.96、38.9、34.6、34.5、27.8、25.0、23.9、23.3、27.5、26.6、26.4、26.0、25.2）[54]，说明它在溶液中的构象是单一的，但是不能说明与固态时的构象一致。

5.7　大环内酰胺的结构特征

顾名思义，大环内酰胺即是环内含有酰胺键的大环化合物。已有的研究表明[56]，与大环内酯一样，该酰胺键（C1—C2—N3—C4）存在 *S*-反式（**5-42**）和

S-顺式（**5-43**）两种构象。

5-42　　**5-43**

对于一、二级酰胺，两种构象的 IR 谱有显著差异，NH 的伸缩频率 *S*-反式高于 *S*-顺式，相差 20～40 cm^{-1}。对于内酰胺而言，由于环的约束，小于九元环的内酰胺，其酰胺键取 *S*-顺式构象。大环内酰胺则由于其边呈锯齿状构象，酰胺键适于取 *S*-反式构象。在内酰胺的构象分析中值得注意的另一个特点是，羰基碳与氮原子之间的 C—N 键存在双键性质。

5.8　十二元环内酰胺的构象

5.8.1　1,11-十一内酰胺的构象

这是一个没有任何取代基的十二元环内酰胺，将环十二烷的优势构象[3333]的一条边替换为呈 *S*-反式构象的酰胺键，得到[3333]-2,3-内酰胺应该是合理的。但是，变温 NMR 技术研究表明[57]，在一定的温度下，却可以观察到它在溶液中存在两种构象。在 ^{13}C NMR 研究中，当温度在−90℃以下时可以观察到两组吸收峰，比例约为 1∶2。在 ^{1}H NMR 研究中也能观察到同样的变化。虽然低温下大多数吸收峰相互重叠而难于分辨，但是，N—H 吸收峰例外，它在−40℃时呈一个尖锐的单峰，当温度降至−105℃时成为两个单峰。据此，为 1,11-十一内酰胺提出了两种可能的构象（图 5-27）：构象 **5-44(1)**是将环十二烷的优势构象[3333]中一个边替换为 *S*-反式酰胺键而成，构象 **5-44(2)**是将构象 **5-44(1)**中的酰胺键旋转 180°而成。两个构象均为方形构象，角碳原子均为 C2、C5、C8、C11。区别在于构象 **5-44(1)**的 4 个角碳均为真角，而构象 **5-44(2)**的 C2、C11 为伪角，因此构象 **5-44(2)**的能量高于构象 **5-44(1)**。两个构象在通常温度下处于动力学平衡之中。命名原则与内酯一致，构象 **5-44(1)**命名为[3333]-2,3-内酰胺，构象 **5-44(2)**命名为[3′333′]-2,3-内酰胺。

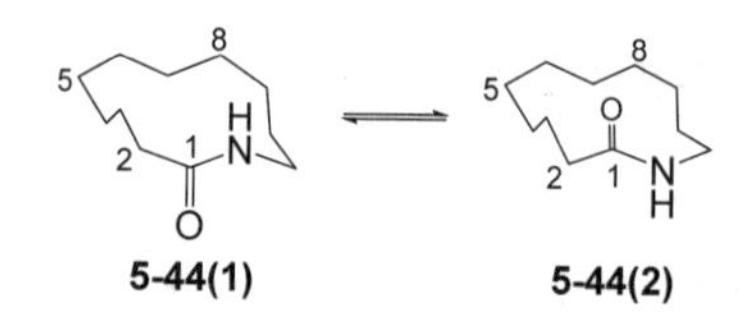

图 5-27　1,11-十一内酰胺两种构象的动力学平衡

5.8.2　*N*,*N'*,*N''*-三取代邻氨基苯甲酸三内酰胺的构象

N,*N'*,*N''*-三取代邻氨基苯甲酸三内酰胺的分子结构见 **5-45**。在结构上与邻麝香草酸三内酯（5.2.3 节）仅有三处差异，即酯键替换为酰胺键，酰胺键的氮原子上有取代基及苯环上无取代基，因此两者的立体化学特征极其相似，本节不再赘述，仅陈述一个实验事实。合成得到的 *N*,*N'*,*N''*-三苄基邻氨基苯甲酸三内酰胺粗品经薄层色谱（TLC），再经重结晶可分别得到两个非对映异构体。若立即测定它们的 ^{1}H NMR 谱，可分辨为具有 C_1 对称性的螺旋式构象异构体和具有 C_3 对称性的桨式构象异构体。它们在溶液($CDCl_3$)中，室温下，缓慢达成平衡，最终，螺旋式构象∶桨式构象 = 41∶59，桨式构象的丰度稍高[58,59]。

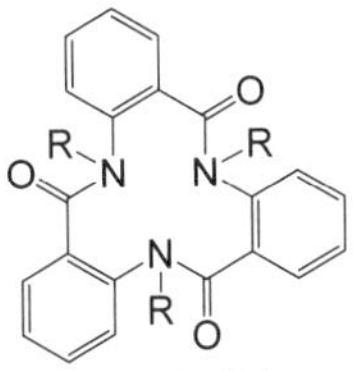

R = $PhCH_2$

5-45

5.9　十四元环内酰胺的构象

5.9.1　1,13-十三内酰胺的构象

将环十四烷优势构象［3434]的 3 键边或 4 键边的一组 CH_2CH_2 替换为具有 *S*-反式构象的 CONH 时，对于环的稳定性应无大的影响，从而可以得到没有任何取代基的 1,13-十三内酰胺的 3 种可能的构象（见图 5-28），它们分别是[4343]-2,3-内酰胺［**5-46(1)**］、[4343]-3,4-内酰胺［**5-47(1)**］和[3434]-2,3-内酰胺［**5-48(1)**］。

上述推导获得计算化学的支持[60]。计算化学指出，1,13-十三内酰胺可能有 4 种构象（以投影式表示）：**5-46(2)**、**5-47(2)**、**5-48(2)**和 **5-49**。其中，构象 **5-46(2)**、**5-47(2)**、**5-48(2)**与由环十四烷衍化得到的构象 **5-46(1)**、**5-47(1)**、**5-48(1)**完全对应，因而命名相同。而构象 **5-49** 则是由构象 **5-48(2)**的酰胺键旋转 180°而成，含酰胺键的三键边两端角碳为伪角，故命名为[3′434′]-2,3-内酰胺。

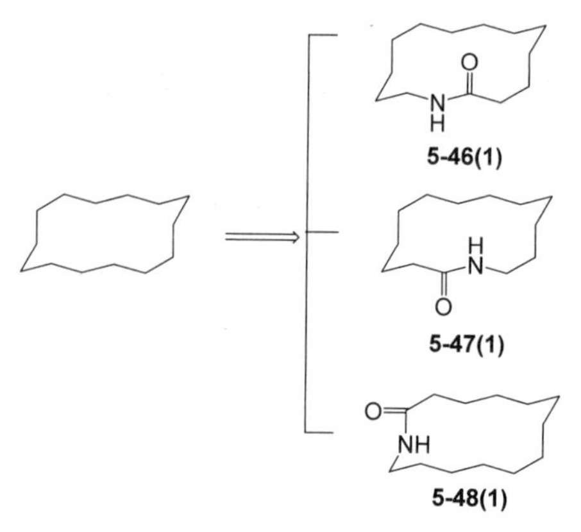

图 5-28　由环十四烷衍化得到的十四元环内酰胺的 3 种构象（透视式）

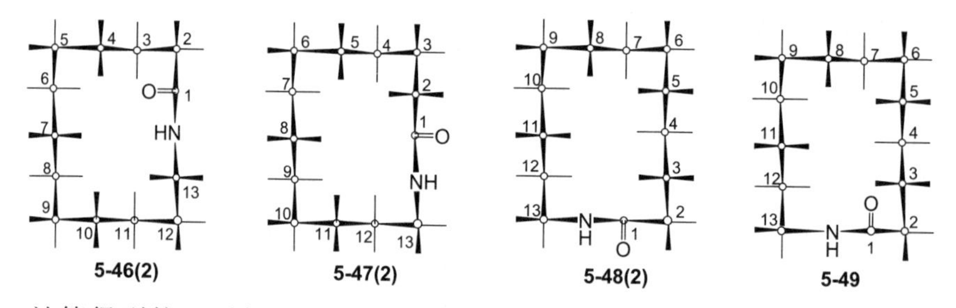

计算得到的二面角（见表 5-17）显示，构象 **5-46(2)**、**5-47(2)**、**5-48(2)**中对位交叉的角度在 158°～180°之间，邻位交叉的角度在 51°～76°之间，均属正常。而构象 **5-49** 与酰胺键相关的两个邻位交叉的角度分别为 101°和 126°，与正常的 60°差别较大，126°已超过邻位交叉定义的范围，C13 也只是勉强定义为伪角。分子能量按构象 **5-46(2)**、**5-47(2)**、**5-48(2)**和 **5-49** 的顺序依次增高，分别为 0 kJ/mol、0.7 kJ/mol、2.8 kJ/mol、8.8 kJ/mol。

上述构象仅是预测和计算化学的研究结果，究竟哪个或哪些构象是 1,13-十三内酰胺采取的构象，通过 NMR 技术的研究可以找到答案。在变温 ^{1}H NMR 实验中，以 CD_2Cl_2-$CHClF_2$-$CHCl_2F$-CD_3OD 为溶剂，在−116～−120℃之间，N—H 吸收峰由一个单峰变为两个单峰，更低温度下的测量，由于溶解度不够的缘故未能进行。变温 ^{13}C NMR 实验在同样的溶剂中进行，在−112～−120℃之间，C═O 吸收峰由一个宽峰分裂为两个单峰，与 ^{1}H NMR 研究同样的原因，更低温度下的测量未能进行。于是，可以得出结论，1,13-十三内酰胺在溶液中至少存在两种构象，而这两个构象应该是[4343]-2,3-内酰胺［**5-46(2)**］和[4343]-3,4-内酰胺［**5-47(2)**］。在这两种构象中，酰胺键均在较长的边，即 4 键边中，这样，由于酰胺键引入到环十四烷中产生的张力可以被稀释。计算化学得出的构象 **5-49** 由于高的内能可以排除，构象 **5-48(2)**则有待进一步的研究。

表 5-17　计算得到的十四元环内酰胺四种构象的二面角　单位：(°)

碳环	二面角［**5-46(2)**］	二面角［**5-47(2)**］	二面角［**5-48(2)**］	二面角（**5-49**）	碳环	二面角［**5-46(2)**］	二面角［**5-47(2)**］	二面角［**5-48(2)**］	二面角（**5-49**）
N—C1—C2—C3	74	−158	−63	101	C7—C8—C9—C10	−52	180	62	58
C1—C2—C3—C4	68	60	−58	−71	C8—C9—C10—C11	−56	−51	58	57
C2—C3—C4—C5	−172	70	175	167	C9—C10—C11—C12	179	−58	−173	−173
C3—C4—C5—C6	58	−177	−172	−176	C10—C11—C12—C13	−69	172	174	164
C4—C5—C6—C7	51	58	58	57	C11—C12—C13—N	−58	−66	−57	−68
C5—C6—C7—C8	−179	50	61	60	C12—C13—N—C1	159	−76	−70	126
C6—C7—C8—C9	179	−179	−171	−178	C13—N—C1—C2	180	177	180	178

5.9.2 fluvirucin A_1的构象

fluvirucins 是一组分离自一种放线菌发酵液，且具有抗流感病毒活性的十四元环内酰胺。本节讨论其中的一个化合物 fluvirucin A_1［**5-50(1)**］[61,62]。

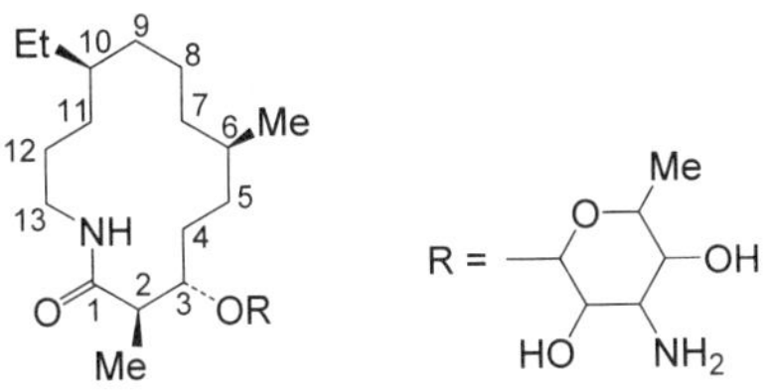

5-50(1)

在各种化学和谱学手段研究的基础上，阐明了 fluvirucin A_1 内酰胺母环的 4 个手性碳原子的构型，它们分别是 2*R*,3*S*,6*R*,10*S*。对该化合物三乙酰基衍生物的单晶 X 射线分析，进一步证实了上述手性碳的认定。其母环的二面角见表 5-18。由表 5-18 可见，其内酰胺环有 4 个角碳，分别是 C3、C6、C10、C13，环呈四边形，与环十四烷的优势构象[3434]一致，命名为[4343]-3,4-内酰胺，并绘制出它的构象透视式［**5-50(2)**］。不过，4 键边 C13—N—C1—C2—C3 中的 N—C1—C2—C3 二面角仅 133.8°，虽在对位交叉定义的范围内，但与标准的对位交叉 180°相比，有较大的扭曲，这种扭曲与氮原子与羰基碳之间的键具有双键性质有关(键角∠C13NC1 = 122.6°，键长 N—C = 0.137 nm)。四键边 C6—C7—C8—C9—C10 中的 C7—C8—C—9—C10 二面角为 158.8°，与标准对位交叉 180°相比，也有一定的扭曲。

表 5-18 化合物 **5-50(1)**母环部分的二面角　　单位：(°)

碳环	二面角	碳环	二面角	碳环	二面角
C1—C2—C3—C4	−80.3	C6—C7—C8—C9	−179.8	C11—C12—C13—N	75.3
C2—C3—C4—C5	−96.0	C7—C8—C9—C10	158.8	C12—C13—N—C1	82.7
C3—C4—C5—C6	179.1	C8—C9—C10—C11	70.1	C13—N—C1—C2	173.5
C4—C5—C6—C7	−58.9	C9—C10—C11—C12	52.3	N—C1—C2—C3	133.8
C5—C6—C7—C8	−60.0	C10—C11—C12—C13	176.9	—	—

5-50(2)

5.10 十六元环内酰胺的构象

将环十六烷优势构象[4444]的任意一条 4 键边的一组边碳 CH_2CH_2 替换为具有 *S*-反式构象的 CONH 时，对于环的稳定并无大的影响，从而可以得到没有任何取代基的 1,15-十五内酰胺的两种可能的构象（图 5-29），它们分别是[4444]-2,3-内酰胺（**5-51**）和[4444]-3,4-内酰胺（**5-52**），但是，没有相关研究的证实。

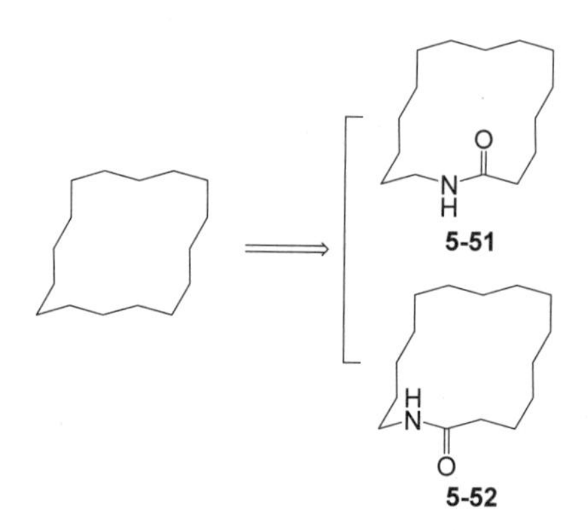

图 5-29 由环十六烷优势构象[4444]衍化出的两种十六元环内酰胺的优势构象

下面以 1-硫杂-2-对氯苯基亚氨基-3,4,9-三氮杂-10-氧代螺[4,15]二十-3-烯［**5-53(1)**］为例，讨论带有取代基的十六元环内酰胺的构象[54]。

5-53(1)

这是一个带有螺环结构的十六元环内酰胺，由单晶 X 射线分析得到它的晶体结构（图 5-30）。据此，该化合物母环在固态时的构象曾用 Dale 命名法命名为 [333133]，呈六边形，角碳为 C2、C5、C8、C9、C12、C14。但是，从 Goto 命名法来看，这一命名不够精确。实际上，从该内酰胺母环的二面角（表 5-19）来看，C2 为伪角，C8 和 C9 是真角，而 C5、C12、C14 分别与相邻碳原子组成三个融合角，即 C5—C6、C11—C12 和 C14—C15。母环仍为六边形，6 条边分别是：酰胺键所在的 4 键边 C14—C15—N—C1—C2，4 键边 C2—C3—C4—C5—C6，3 键边 C5—C6—C7—C8，一键边 C8—C9，3 键边 C9—C10—C11—C12 和 4 键边 C11—C12—C13—C14—C15。其中，酰胺键仍取正常的 *S*-反式构象（二面角为 −178.3°），因此其母环构象命名为[4*4*313*4⁆-2,3-内酰胺［**5-53(2)**］。这一构象的复杂程度可与结构相似的螺环内酯相比（5.6.4 节）。其影响因素也一样：螺环的存在，以及酰胺键的双键性质（键角∠C15NC1 = 122.9°，键长 N—C = 0.129 nm）。

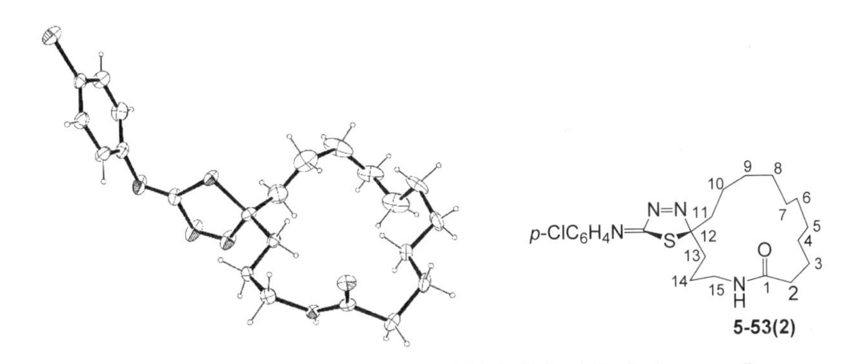

图 5-30　化合物 **5-53(1)**的晶体结构和构象透视式［**5-53(2)**］

表 5-19　化合物 5-53(1)母环的二面角　　单位：(°)

碳环	二面角	碳环	二面角	碳环	二面角
N—C1—C2—C3	117.0	C6—C7—C8—C9	−51.4	C12—C13—C14—C15	−166.0
C1—C2—C3—C4	−63.1	C7—C8—C9—C10	−46.0	C13—C14—C15—N	−48.6
C2—C3—C4—C5	−167.6	C8—C9—C10—C11	−61.0	C14—C15—N—C1	132.2
C3—C4—C5—C6	−162.2	C9—C10—C11—C12	169.4	C15—N—C1—C2	−178.3
C4—C5—C6—C7	−68.0	C10—C11—C12—C13	−68.0	—	—
C5—C6—C7—C8	171.7	C11—C12—C13—C14	−161.8	—	—

上述化合物的 ^{13}C NMR 谱（常温，$CDCl_3$ 中）呈现 20 条清晰的吸收峰（δ_C：173.9、173.4、146.3、132.2、129.5、122.5、115.8、39.3、37.9、36.8、34.7、27.8、27.5、26.9、26.1、25.6、25.5、24.5、24.4、22.9）[54]，说明它在溶液中的构象是单一的，但是不能说明与固态时的构象一致。

参考文献

[1] Pinkus A G, Lin E Y. J Mol Struct, 1975, 24: 9-26.

[2] Whiteley C G. ChemSA, 1986: 303-304.

[3] Keller T H, Neeland E C, Rettig S, et al. J Am Chem Soc, 1988, 110: 7858-7868.

[4] Reis A K, Craveiro M V, Longo L S. 246th ACS National Meeting & Exposition, Indianapolis, IN, United States, September 8-12, 2013, 2013: ORGN-554.

[5] Sun P, Xu D X, Mandi A, et al. J Org Chem, 2013, 78: 7030-7047.

[6] Dale J. Acta Chem Scand, 1973,27: 1115-1129.

[7] Tauber J, Rohr M, Walter T, et al. Org Biomol Chem, 2016, 14: 3695-3698.

[8] Richter J, Sandjo L P, Liermann J C, et al. Bioorg Med Chem, 2015, 23: 556-563.

[9] Yellin R A, Green B S, Knossow M, et al. J lnclusion Phenomena, 1985, 3: 317-333.

[10] Newman A C D, Powell H W. J Chem Soc, 1952: 3747-3751.

[11] Powell H W. Nature, 1952, 4317: 155.

[12] Cahn R S, Ingold S C, Prelog V. Angew Chem int Edit, 1966: 385-415.

[13] Finar I L, Org Chem, Vol 2, 5nd, Longman, 1973: 227-228.

[14] Ollis W D, Sutherland I O. Chem Commun, 1966: 402-404.

[15] Downing A P, Ollis W D, Sutherland I O. Chem Commun, 1968: 329-332.

[16] Downing A P, Ollis W D, Sutherland I 0 J. Chem SOC (B), 1970: 24-34.

[17] Brunie S, Tsoucans G. Cryst Struat Comm, 1974, 3: 481-484.

[18] Gerdil R, Frew A. J lnclusion Phenomena, 1985, 3: 335-344.

[19] Zhang Q, Teschers C S, Callejo R, et al. Tetrahedron, 2019, 75: 2917-2922.

[20] Haerri E, Loeffler W, Sigg H P, et al. Helv Chim Acta, 1963, 46: 1235-1243.

[21] Weber H P, Hauser D, Sigg H P. Helv Chim Acta, 1971, 54: 293-294.

[22] Froimowitz M, Gordon D J, Moussa A, et al. J Phys Org Chem, 1999, 12: 858-864.

[23] Wiberg K B, Waldron R F, Schulte G, et al. J Am Chem Soc, 1991, 113: 971-977.

[24] Aono T, Hesse M. Helv Chim Acta, 1984, 67: 1448-1452.

[25] Ponnuswamy M N, Trotter J. Acta Cryst, 1985, C41: 1109-1111.

[27] Egan R S, Perun T J, Martin J R, et al. Tetrahedron, 1973, 29: 2525-2538.

[28] Ogura H, Furuhata K, Kuwano H, et al. J Am Chem Soc, 1975, 97: 1930-1934.

[29] Furuhata K, Ogura H, Harada Y, et al. Chem Pharm Bull, 1977, 25: 2385-2391.

[30] Ogura H, Furuhata K. Tetrahedron, 1981, 37: 165-173.

[31] Ogura H, Furuhata K, Harada Y, et al. J Am Chem Soc, 1978, 100: 6733-6737.

[32] Harris D R, McGeachin S G, Mills H H. Tetrahedron Lett, 1965: 679-685.

[33] Barber J, Gyi J I, Lian L, et al. J Chem Soc, Perkin Trans 2, 1991: 1489-1494.

[34] Bruning J, Trepte T K, Bats J W， et al. Acta Cryst, 2012, E68: o700-o701.
[35] Stephenson G A, Stowell J G, Toma P H, et al. J Pharm Sci, 1997, 86: 1239-1244.
[36] Everett J R, Tyler J W. J. Chem. Soc. Perkin Trans. Ⅱ, 1988: 325-337.
[37] Everett J R, Tyler J W. J. Chem. Soc. Perkin Trans. Ⅱ, 1987: 1659-1667.
[38] Awan A, Brennan R J, Reganb A C, et al. J Chem Soc, Perkin Trans 2, 2000: 1645-1652.
[39] Stephenson G A, Stowell J G, Toma P H, et al. J Am Chem Soc, 1994, 116: 5766-5773.
[40] Celmer W D. J Am Chem Soc, 1965,87: 1797-1799.
[41] Furusaki A, Matsumoto T, Furuhata K, et al. Bull Chem Soc Jpn, 1982, 55: 59-62.
[42] Hughes R E, Tsai H M C-c, Stezowski J J. J Am Chem Soc, 1970, 92: 5267-5269.
[43] Tsai C C, Stezowski J J, Hughes R E. J Am Chem Soc, 1971, 93: 7286-7290.
[44] 贾睿, 黄孝春, 郭跃伟. 中国天然药物, 2006, 4: 15-24.
[45] Ishibashi M, Takahashi M, Kobayashi J. J Org Chem, 1995, 60; 6062-6066.
[46] Djokic S, Kobrhel G, Lopotar N, et al. J Chem Reserch (S), 1988: 152-153.
[47] Miroshnyk I, Mirza S, Zorky P M, et al. Bioorg Med Chem, 2008,16:232-239.
[48] Graham R J, Weiler L. Tetrahedron Lett, 199l, 32: 1027-1030.
[49] Meng X Q, Zhang J J, Liang X M, et al. J Agric Food Chem, 2009, 57: 610-617.
[50] Hayashi M, Kinoshita K, Satoi S. J Antibiotics, 1982, 35: 1243-1244.
[51] Kionshita K, Satoi S, Hayashi M, et al. J Antibiotics, 1989,42: 1003-1005.
[52] Dong Y, Liang X, Yuan H, et al. Green Chem, 2008: 990-994.
[53] Dong Y H, Ma Y Q, Wang M A, et al. Acta Cryst, 2007, E63: o1928-o1929.
[54] Li J J, Liang X M, Jin S H, et al. J Agric Food Chem, 2010, 58: 2659-2663.
[55] Li J J, Jin S H, Liang X M, Yet al. Acta Cryst, 2007, E63: o1940-o1941.
[56] Hallam H E, Jones C M. J Mol Struct, 1970, 5: 1-19.
[57] Borgen G, Dale J, Rise F, et al. Magnetic Resonance Chem, 1996, 34: 289-292.
[58] Oilis W D, Price J A, Stephanatou J S, et al. Angew Chem Int Ed Engl, 1975, 14: 169.
[59] Ollis W D, Stephanatou J S, Stoddart J F, et al. Angew Chem Internat Ed Engl, 1976, I5: 223-224.
[60] Borgen G, Dale J, Gundersen L L, et al. Acta Chem Scand, 1998, 52: 1110-1115.
[61] Naruse N, Tsuno T, Sawada Y, et al. J Antibiotics, 1991, 44: 741-755.
[62] Naruse N, Konishi M, Oki T, et al. J Antibiotics, 1991, 44: 756-761.

第6章 大环化合物的动态立体化学

本章介绍大环化合物某些特有的性质及其几个典型反应，并对其进行构象分析。

6.1 偕二甲基效应与构效关系研究

偕二甲基效应（*gem*-dimethyl effect）于1960年被首次提出，用以解释同一碳原子上取代有两个甲基时对取代烷烃转化为取代环己烷的加速[1]。这一效应在开链化合物的分子内关环反应中广泛存在[2,3]。这里借用偕二甲基效应来描述二取代碳原子对大环化合物构象的控制作用，即各种二取代碳原子在大环化合物的构象分析中只能占据角位，以避免占据边位时产生的跨环相互作用，在第2章中已提到这一事实。氟原子是能与碳原子形成共价键的最小原子，但是，二氟亚甲基也同样具有偕二甲基效应，因此，用二氟亚甲基替代适当位置的亚甲基，以获得所需的构象，成为研究分子构象与生物活性关系的重要方法之一。

6.1.1 一种天然麝香内酯的构效关系研究

12-(*R*)-12-甲基-13-内酯［**6-1(1)**］是一种天然麝香内酯,曾由计算化学研究得到它的6个低能构象，其内酯环的基本构象均由[3434]或[3344]构象衍化而来，相对能量差在0～3.73 kJ/mol之间[4]。为了研究它的麝香香气与构象的关系，以其中的三个构象［**6-1(2)**、**6-1(3)**和**6-1(4)**］为目标，设计并合成了内酯环上替代有1～2个二氟亚甲基的三个类似物：12-(*R*)-6,6,9,9-四氟-12-甲基-13-内酯［**6-2(1)**］、12-(*R*)-5,5,9,9-四氟-12-甲基-13-内酯［**6-3(1)**］和12-(*R*)-8,8-二氟-12-甲基-13-内酯［**6-4(1)**］，从而得到具有单一构象的类12-(*R*)-12-甲基-13-内酯。计算化学和单晶X射线分析表明，3个化合物的构象都与设计目标一致。计算化学指出，化合物**6-2(1)**的母体构象为[3434]-2,3-内酯［**6-2(2)**］，化合物**6-3(1)**

的母体构象为[4343]-2,3-内酯［**6-3(2)**］，而化合物 **6-4(1)**的母体构象则为[4433]-2,3-内酯［**6-4(2)**］。单晶 X 射线分析证实了化合物 **6-2(1)**的[3434]-2,3-内酯构象和化合物 **6-4(1)**的[4433]-2,3-内酯构象［**6-4(2)**］。但是，单晶 X 射线分析还指出，化合物 **6-2(1)**的一个晶胞中含有两种晶体结构，另一晶体内酯环的构象为[4334]-2,3-内酯［**6-2(3)**］，这是唯一的差别。生物测定表明，3 个化合物均保持了令人愉快的香气，说明它们的构象虽然单一，却具有足够的柔韧性，可以满足嗅觉的需要[5]。

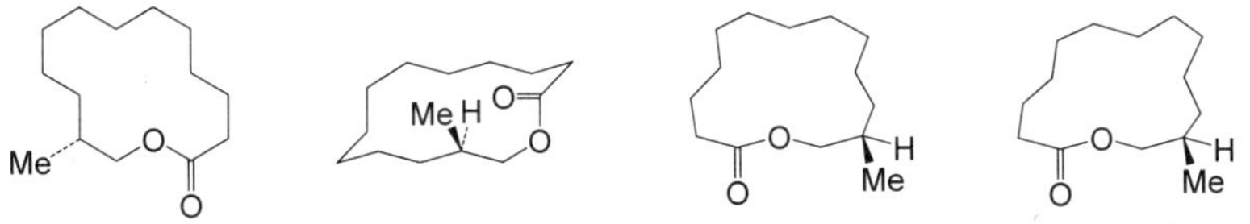

6-1(1)　**6-1(2)**　**6-1(3)**　**6-1(4)**

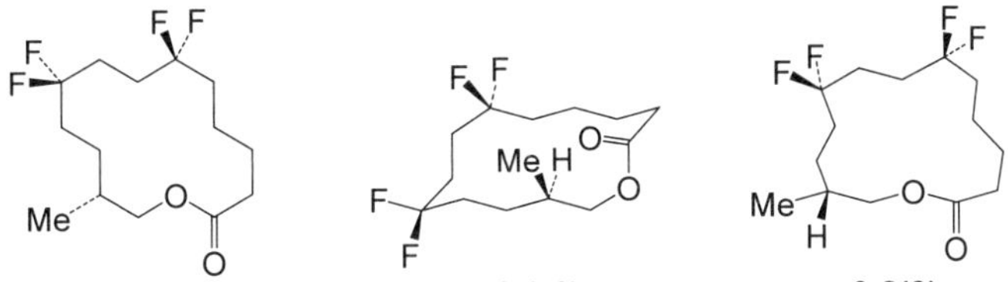

6-2(1)　**6-2(2)**　**6-2(3)**

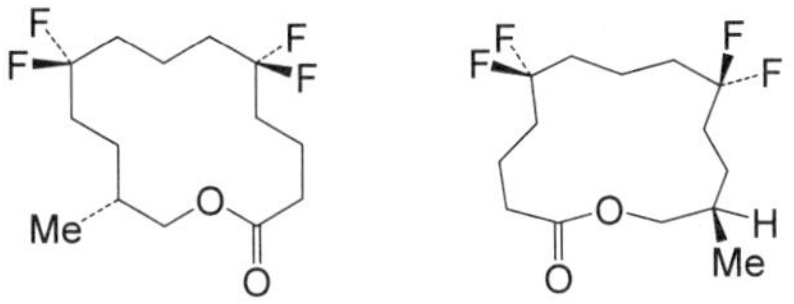

6-3(1)　**6-3(2)**

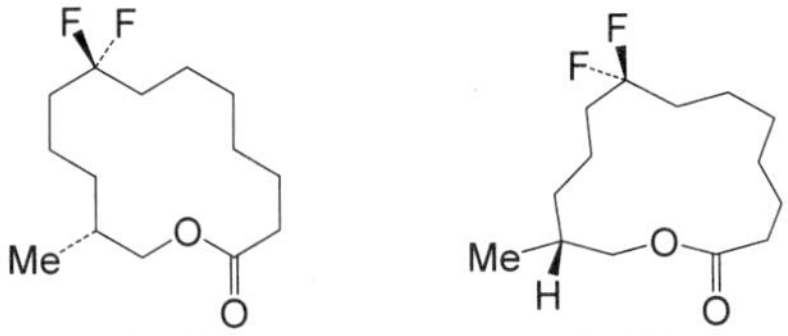

6-4(1)　**6-4(2)**

6.1.2　麝香酮的构效关系研究[6]

天然麝香酮分离自雄性麝鹿，化学名称为 3-(*R*)-3-甲基环十五酮［**6-5(1)**］。由于麝香酮在常温时为液体，不能获得它的晶体结构。1982 年，曾获得它的 2,4-二硝基苯腙衍生物（简称 DNP 衍生物）的晶体，但未能准确地解析到它的晶体结构，仅得到 8 个可能的固态构象，这 8 个构象有一个共同特点，即 C9 均为角碳，这可以认为是麝香酮分子构象的一个重要特征。后来对麝香酮 DNP 衍生物再次进行 X 射线分析成功得到晶体结构，固态时母环构象为[23343]-1-酮，呈五边形，C1、C3、C6、C9、C13为角碳［**6-5(2)**］，即C9是角碳之一。于是，在利用二氟亚甲基的偕二甲基效应来研究麝香酮分子构象与香气的关系时，首先设计的一个化合物便是将C9替换为二氟亚甲基的含氟麝香酮［**6-6(1)**］，以保持麝香酮的这一特征。设计的其他3个含氟麝香酮分子则是二氟亚甲基分别向两旁移动的**6-7(1)**（C8替换为二氟亚甲基）、**6-8(1)**（C10替换为二氟亚甲基）、**6-9(1)**（C7替换为二氟亚甲基）。对这些分子或DNP衍生物单晶进行X射线分析，得到它们在固态时母体的构象（为了更好地观察分子的形象，这里采用投影式表示分子的构象）：**6-6(1)**（DNP衍生物）为[25233]-2-酮［**6-6(2)**］，**6-7(1)**（DNP衍生物）为[23334]-2-酮［**6-7(2)**］，**6-8(1)**为[4434]-3-酮［**6-8(2)**］，**6-9(1)**为[4434]-3-酮［**6-9(2)**］和[4443]-3-酮［**6-9(3)**］（一个晶胞中含有两种晶体，故而母环有两种构象）。香气鉴定的结果如下：**6-7(1)**具有麝香香气，**6-6(1)**和**6-8(1)**具有微弱的香气，**6-9(1)**具有非常微弱的香气。这一结果说明，C9占据角位不是香气有无的决定性因素。决定因素应是母环的总体形象，即五边形的构象可能具有香气,如**6-7(1)**的构象**6-7(2)**。**6-6(1)**的构象**6-6(2)**虽然也是五边形，但是接近长方形，其他两个分子则为四边形，所以它们基本丧失香气。

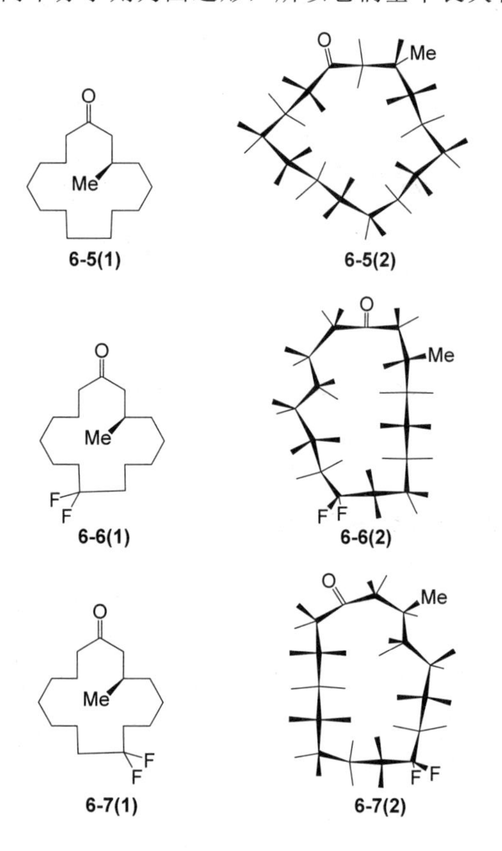

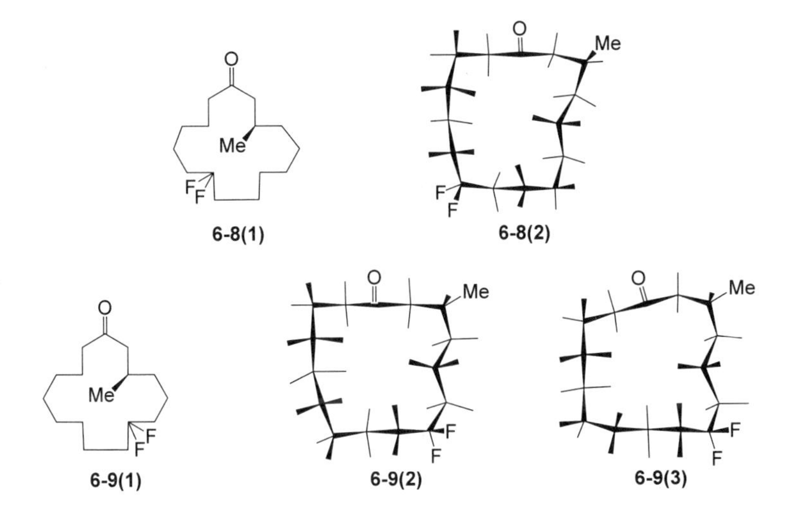

6.2　环大小与反应活性

6.2.1 大环饱和碳原子上的亲核取代反应

早在 20 世纪 50 年代初，研究者们即认识到环状化合物的环大小对反应活性有着特殊的影响，并建议采用反应速率常数对环碳原子数作图来表达这种相关性[7-9]。两个典型的 S_N1 反应的例子是：氯代环烷（**6-10**）乙醇解生成乙氧基环烷（**6-11**）（图 6-1），溴代环烷（**6-12**）水解为环烷醇（**6-13**）（图 6-2）。它们的相关曲线见图 6-3（以六元环的反应速率为零，计算其他同系化合物的相对反应速率 k_{rel}，n 为环碳原子数）。从两条曲线的趋势可以发现，普通环化合物的反应活性六元环最低，中环化合物反应活性最高，大环化合物的反应活性较低，并且随着环的增大，反应活性进一步下降。这一规律被认为也适合于 S_N2 反应，因为控制 S_N1 和 S_N2 反应的主要因素是呈四面体的碳原子转变为平面三角形构型的碳正离子所引起的内张力（internal strain，I-strain），也就是角张力和键的扭转张力。因此，该曲线可用于判断反应的机制和关键中间体或过渡态的立体化学特征。

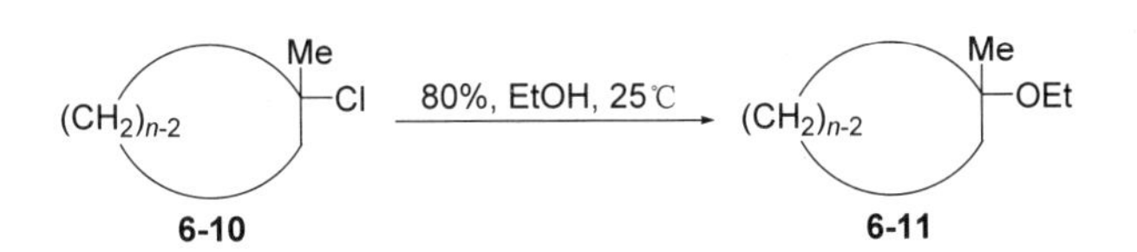

图 6-1　氯代环烷烃的乙醇解

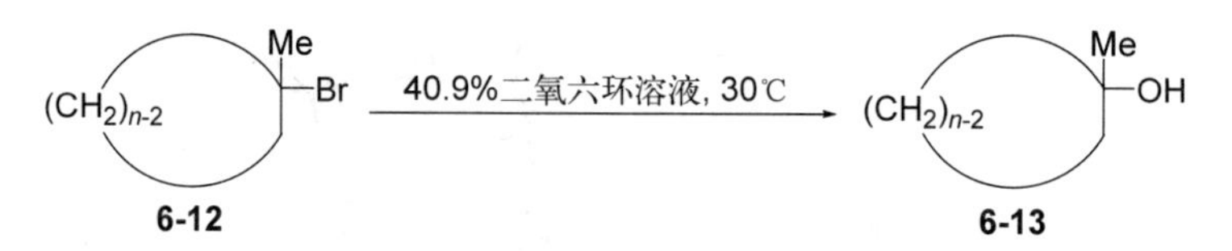

图 6-2 溴代环烷烃的水解

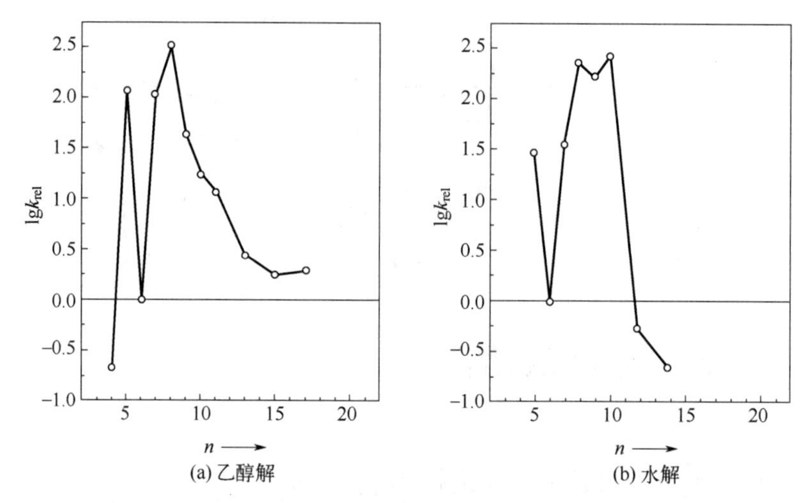

图 6-3 两个卤代环烷烃的 S_N1 反应速率与环碳原子数的关系曲线

后来的研究者[10]将两个典型的 S_N2 反应，即一个分子内关环反应（图 6-4）[11]和一个卤素交换反应（图 6-5）[12]速率与环碳原子数的关系曲线和前面的 S_N1 的相应曲线进行比较后发现，在八元环到十五元环范围内，两者存在显著的差异（图 6-6）。这里要指出的是，图 6-4 显示的分子内关环反应并不是真正意义上的大环化合物的反应，因为它并未涉及环碳原子，只是 **6-14** 分子中环上羟基氧参与了反应，并不发生在环上，因此，其参考意义有限。

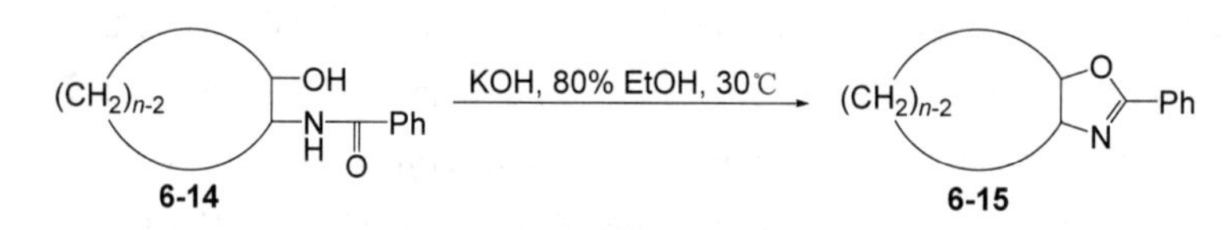

图 6-4 环状化合物的一种分子内关环反应

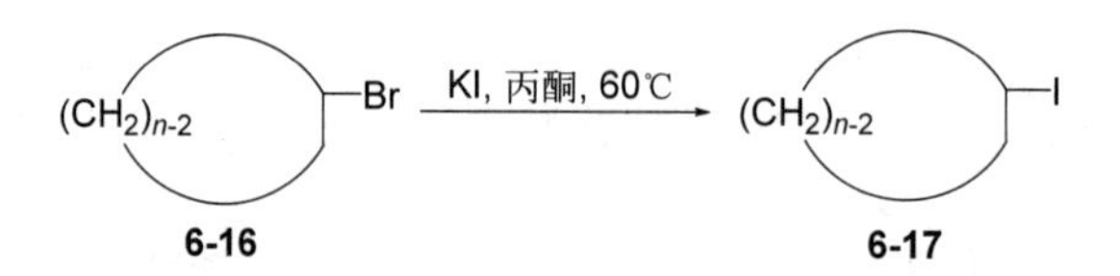

图 6-5 卤代环烷烃的卤素交换反应

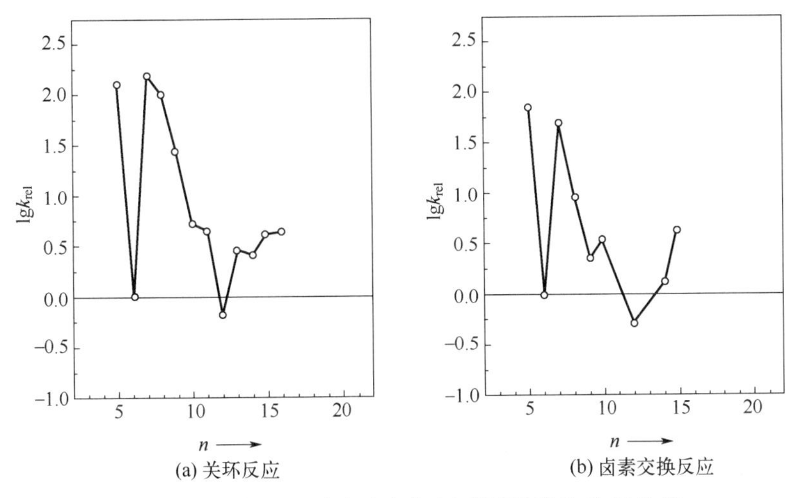

图 6-6　两个 S_N2 反应速率与环碳原子数的关系曲线

然而，由于实验设计本身的缺陷，上述比较是存在疑问的。主要问题是只考虑底物的消耗而未严格地定量反应产物，以及未考虑副反应的存在。于是有研究者采用了更为典型的 S_N2 反应（图 6-7）来考察其反应速率与环碳原子数之间的关系[13]。在该反应中，PhSNa/DMF 组合是最强的亲核试剂，采用气相色谱监测反应过程，同时测定底物和产物的浓度变化。在监测反应的过程中发现有副反应发生：六元环化合物存在消除反应，十二元环化合物有二硫化物生成。但是，结果证明（图 6-8，反应速率常数 k_2^{subst} 未标准化），其 S_N2 反应的速率与环碳原子数之间的关系与 S_N1 反应基本一致，即在普通环中，六元环的反应活性最低，中环化合物反应活性较高，而大环化合物（仅考察了十二元环）反应活性最低。

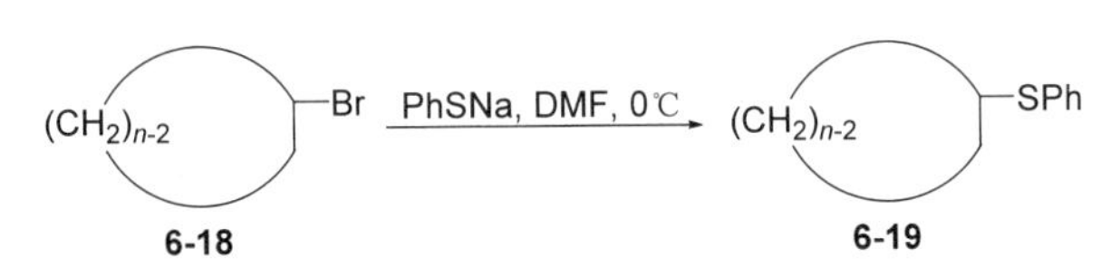

图 6-7　苯硫基与环上溴原子的交换反应

以反应速率为指标，定量地研究饱和碳原子上亲核取代反应时环的大小与反应活性的关系，很有启示意义[13]。因此，在从事合成研究工作中，注意环的大小对反应活性的不同影响，选择适当的反应条件，可以更好地达到预期的目标。

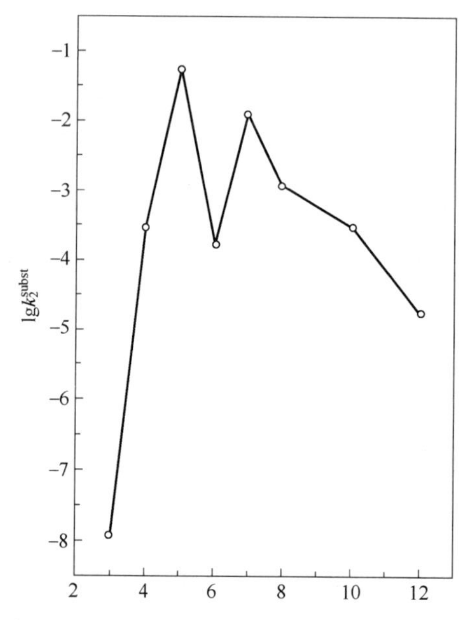

图 6-8　溴代环烷烃与苯硫负离子的取代反应速率与环碳原子数的关系曲线

6.2.2　α-羰基环烷酮的酮-烯醇式互变异构

本节以四种取代的 α-羰基环十二酮和 α-羰基环己酮［**6-20(1)**］为大环和普通环的代表，通过测定溶液中烯醇式［**6-20(2)**］的含量，比较了大环与普通环 α-羰基环烷酮的酮-烯醇互变异构的差异（图 6-9），提出“构象效应”的概念对这种差异进行了解释。

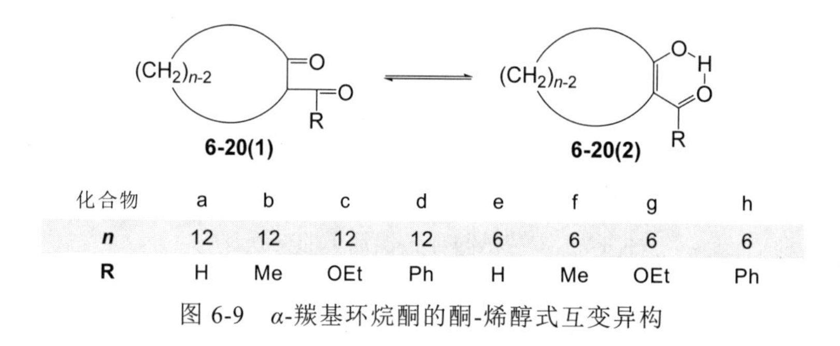

化合物	a	b	c	d	e	f	g	h
n	12	12	12	12	6	6	6	6
R	H	Me	OEt	Ph	H	Me	OEt	Ph

图 6-9　α-羰基环烷酮的酮-烯醇式互变异构

它们在溶剂中的烯醇式含量见表 6-1。

从表 6-1 的数据可见，虽然烯醇式含量的测定方法不完全一致，但是，烯醇式含量的变化规律却是一致的：

表 6-1　化合物 a～h 在溶液中的烯醇式含量　　单位：%

化合物	烯醇式含量	化合物	烯醇式含量
a	86.5①	e	98③
b	15.9①，31.0②	f	100③
c	2.6①，7.3②	g	80③，59.1④
d	0.3①	h	3.0⑤

① $CDCl_3$ 溶液，20℃下记录 ^1H NMR 谱，由烯醇式中羟基质子的积分值和酮式中 α-质子的积分值计算得到[14]。

② DMSO-$_{d6}$ 溶液，40℃下记录 ^1H NMR 谱，计算其烯醇式含量[14]。

③ DMSO-$_{d6}$ 溶液，40℃下记录 ^1H NMR 谱，计算其烯醇式含量[15]。

④ EtOH 中，Br_2 滴定法测定[16]。

⑤ MeOH 中，Br_2 滴定法测定[17]。

① α-羰基环十二酮按 a > b > c > d 的顺序，α-羰基环己酮按 e > f > g > h 的顺序，烯醇式含量逐渐增高（e 和 f 的顺序略有变化），这与它们的取代基吸电子效应逐步降低一致，也与它们的取代基体积逐步增大一致。

② 在取代基相同的情况下，总是 α-羰基环十二酮的烯醇式含量大大低于 α-羰基环己酮的烯醇式含量。为什么会出现这种差异，通过对它们的构象分析可以找到答案。α-羰基环十二酮的优势构象应为 α-边外-R-[3333]-2-酮［**6-21(1)**］[18]，它的烯醇式为顺式二取代环十二烯，其构象应为 1,2-二取代-[12333]-1-烯［**6-21(2)**］[19]（图 6-10）。总体来看，尽管有分子内氢键的形成，烯醇式还是处于能量较高的状态，含量较低。反观 α-羰基环己酮，它应取取代基处于直立键位置的椅式构象［**6-22(1)**］而处于能量较高状态，它的烯醇式母环应取半椅式构象［**6-22(2)**］，能量升高不多，加之分子内氢键的形成，处于能量较低状态[20]，烯醇式含量较高（图 6-11）。

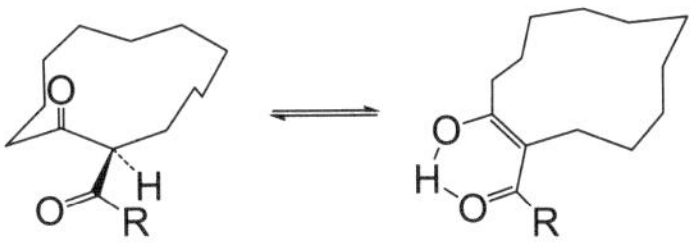

6-21(1)　　**6-21(2)**

图 6-10　构象式表达的 α-羰基环十二酮的酮-烯醇式的互变异构

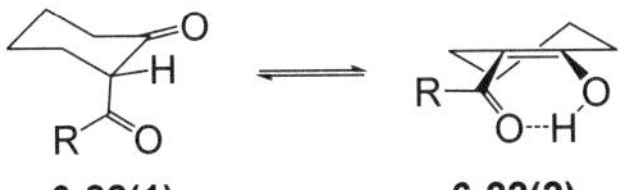

6-22(1)　　**6-22(2)**

图 6-11　构象式表达的 α-羰基环己酮的酮-烯醇式互变异构

上述构象分析的结论得到计算化学的支持。表 6-2 列出的是由计算化学得到的化合物 a～h 酮式和烯醇式的能量及其差值，该数据支持构象分析的结果并与实验结果一致。4 个 α-羰基环十二酮的酮式与烯醇式的能量差均大于相应的 α-羰基环己酮的能量差，差值在 7～15 kJ/mol 之间，表明 α-羰基环十二酮烯醇化的难度较大。α-羰基环十二酮 a 及 α-羰基环己酮 e～g 烯醇化前后的能量差较小，易于发生烯醇化。化合物 a 较易烯醇化显然与醛基极强的吸电子效应相关。α-羰基环十二酮 b～d 及 α-羰基环己酮 h 烯醇化前后的能量差较大，发生烯醇化的难度较大，前者与母环的[12333]-1-烯的构象有关，后者与取代基苯基体积较大相关。

上述由于环大小的不同，致使 α-羰基环烷酮在酮-烯醇互变异构中构象变化的方式不同而引起烯醇化难度不同的现象称为“构象效应”。

表 6-2 化合物 a～h 酮式、烯醇式优势构象的能量及差值 ΔE

单位：kJ/mol

化合物	酮式［**6-20(1)**］	烯醇式［**6-20(2)**］	ΔE
a	32.252	46.304	14.052
b	27.044	50.592	23.548
c	27.668	51.508	23.840
d	47.594	75.986	28.392
e	−6.636	0.498	7.134
f	−14.713	−6.528	8.185
g	−14.876	−4.434	10.442
h	−1.499	19.717	21.216

6.2.3 α-硝基环烷酮与 α-取代丙烯醛的 Michael 加成[21]

本节提到的反应如图 6-12 所示，即 α-硝基环烷酮（**6-23**）在碱性水溶液中与 α-取代丙烯醛在室温下反应，得到带有 6-羟基-1,2-噁嗪环的桥环内酯（**6-24**）。由于产物具有两个手性碳，存在四个光活异构体，即两组非对映异构体。反应的结果，如反应的难易，产物的构型及分布等均与环的大小相关。这里选择 α-硝基环庚酮（n = 2）和 α-硝基环十二酮（n = 7)分别代表普通环和大环，讨论环的大小对此反应的影响。表 6-3 列出了部分反应数据。

NO_2 R CH_2 H HO O N R O O n n

K_2CO_3, H_2O, 室温

6-23 **6-24**

图 6-12 α-硝基环烷酮与 α-取代丙烯醛的 Michael 加成

表 6-3　图 6-12 所示反应的相关数据

反应序号	*n*	R	反应时间/h	收率/%	非对映异构体比例
a	2	Me	1	95	4∶1
b	2	Et	1	89	3∶1
c	2	*n*-Bu	1	30	2.5∶1
d	7	Me	5	52	单一非对映异构体
e	7	Et	5	53	单一非对映异构体
f	7	*n*-Bu	5	28	单一非对映异构体

表 6-3 显示，R 基团对由七元环和十二元环起始物（**6-23**）合成十元环和十五元环产物（**6-24**）反应的影响是相似的，在各自相同的反应时间里，Me 和 Et 取代的衍生物（反应 a、b、d、e）均得到高或相对高的收率，而 *n*-Bu 取代的衍生物（反应 *c*、*f*）则收率低得多。但是，差异却相当明显：

① 在反应一小时的条件下，十元环产物的收率比反应 5 小时的十五元环的收率要高得多，说明七元环的反应活性要高得多。

② 十元环产物（反应 a、b、c）总是两对非对映异构体混合物，只是 R 基团不同，比例有所差异，而十五元环产物（反应 d、e、f）却只得到单一的非对映异构体。显然，这一反应的关键步骤是碱性条件下的 Michael 加成，之后，在水的参与下，通过多步转换，最终得到含噁嗪环的桥环内酯 **6-24**（图 6-13）。

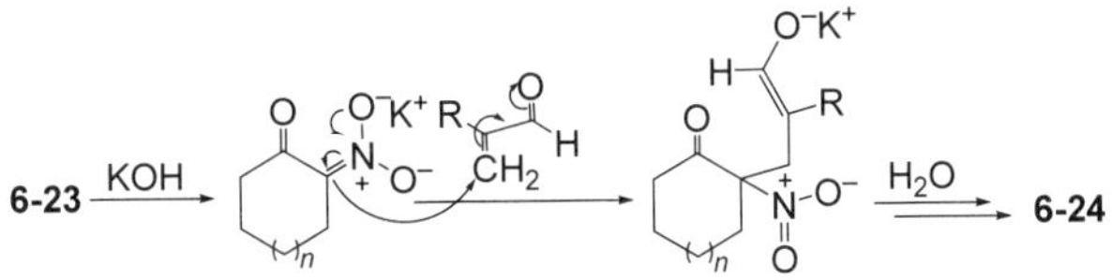

图 6-13　*α*-硝基环烷酮与 *α*-取代丙烯醛的 Michael 加成的反应机制

对 *α*-硝基环庚酮及与 KOH 作用产生的中间体钾盐，以及对 *α*-硝基环十二酮及与 KOH 作用产生的中间体钾盐进行构象分析，可以回答上述两个差异性问题，即普通环与大环反应的难易及选择性问题。

α-硝基环庚酮的母体环庚烷，其优势构象为半椅式（**6-25**）[22]，为避免强烈的相互排斥作用，硝基取直立键位置。而与氢氧化钾作用产生的钾盐，其结构类似环庚二酮（**6-26**），两个双键接近垂直(文献[23]对 3,3,7,7-四甲基环庚-1,2-二酮的研究指出，该分子中两个羰基的二面角为 82°，可供参考)。由于环庚酮等普通环分子构象近乎平面，取代丙烯醛的 *β*-碳原子可以从分子的 A、B 两面接近中间体钾盐的 *α*-碳原子（图 6-14），所以收率较高，且得到的是两对非对映异构体的混合物，但是，由于 B 面存在羰基的阻碍，生成的两对非对映异构

体的含量是不相等的，丙烯醛中 R 基团体积越大，通过 B 面得到的产物比例越低，收率也越低。

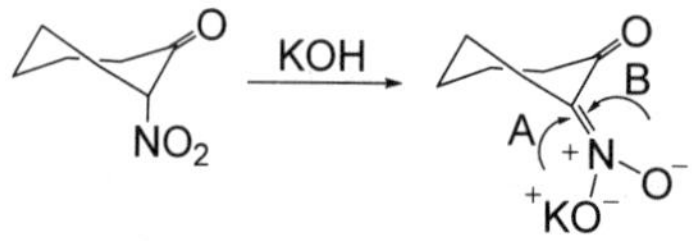

图 6-14 环庚酮的 Michael 加成

α-硝基环十二酮的优势构象为 α-边外-硝基-[3333]-2-酮［**6-27(1)**］，与 KOH 作用产生的中间体钾盐有两个双键（**6-28**），借鉴 1,2-环十二烷二酮的构象特点，可认为该钾盐中羰基和亚氨基之间的二面角大约为 180°，即亚氨基基本垂直于环平面，由于环碳原子的阻碍，取代丙烯醛的 β-碳原子不能从 A 面（即环内）接近中间体钾盐的 α-碳原子，只能从 B 面接近，即所谓的“外围进攻”（peripheral attack）[24,25]，这也是大环化合物动态立体化学的一个重要特征。但是，外围进攻将使硝基取边内向位，严重的跨环相互作用使这一反应不可能发生。另外，α-硝基环十二酮还可以取 α-角顺-硝基-[3333]-2-酮构象［**6-27(2)**］，由它形成的钾盐其亚氨基处于角位也是可能的，但它是能量极大值构象，母环取[31323]构象（**6-29**）[26]，形成所需能量极高。但是，不再需要取代丙烯醛的 β-碳原子从环的外围接近中间体钾盐的 α-碳原子，同时由于记忆效应[27,28]，即硝基将“记住”它原来的角顺位，以及羰基的阻碍，取代丙烯醛的 β-碳原子只能从 B 面接近钾盐的 α-碳原子。因而，α-硝基环十二酮与取代丙烯醛的 Michael 加成，收率低但立体选择性好，仅形成一种非对映异构体（图 6-15）。这说明不同环大小的 α-硝基环烷酮与 α-取代丙烯醛的 Michael 加成存在构象效应。

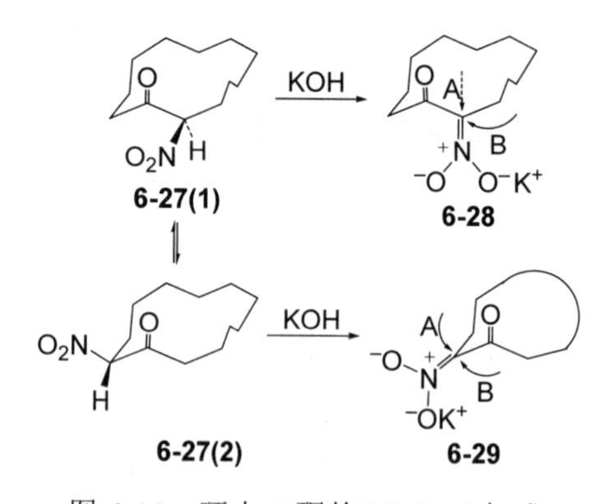

图 6-15 环十二酮的 Michael 加成

6.3 环十二酮取代反应的顺反选择性

第 4 章已讨论过“羰基顺反异构”，即以羰基作为参考，环上取代基有顺反之分。这是因为环上羰基与环平面呈垂直关系的缘故，也是存在于大环化合物中的一种特殊的顺反异构现象。本节以环十二酮为例，讨论在它的 α-位发生取代反应时，反应的顺反选择性。

6.3.1 具有顺式选择性的反应——α-羰基顺-R-环十二酮的合成[18]

研究表明，下列四类反应具有羰基顺式选择性（图 6-16～图 6-19）[29-32]。

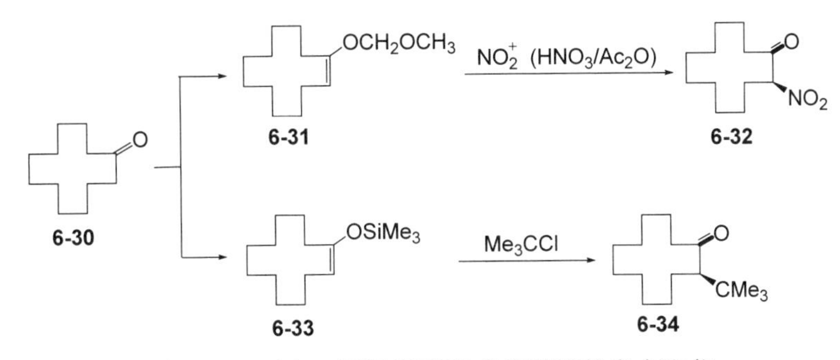

图 6-16 环十二酮经烯醇酯或烯醇醚的亲电取代

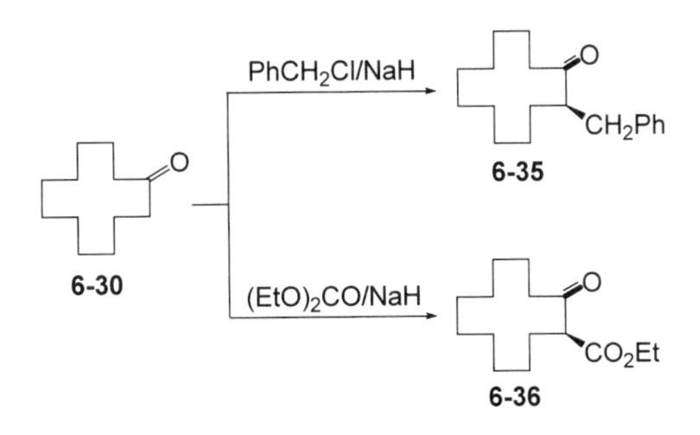

图 6-17 环十二酮在强碱作用下的亲电取代

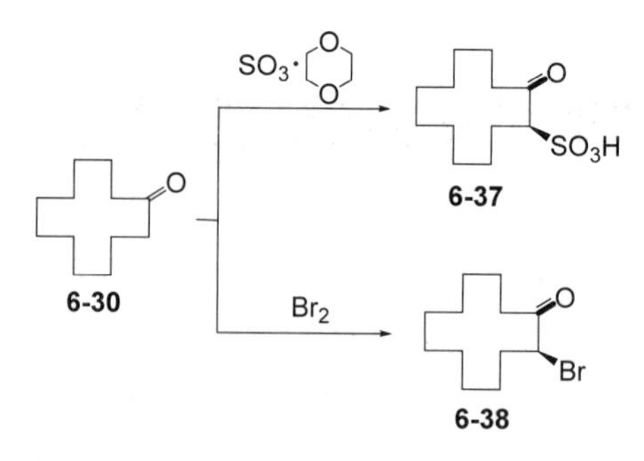

图 6-18　环十二酮与中性分子的亲电取代

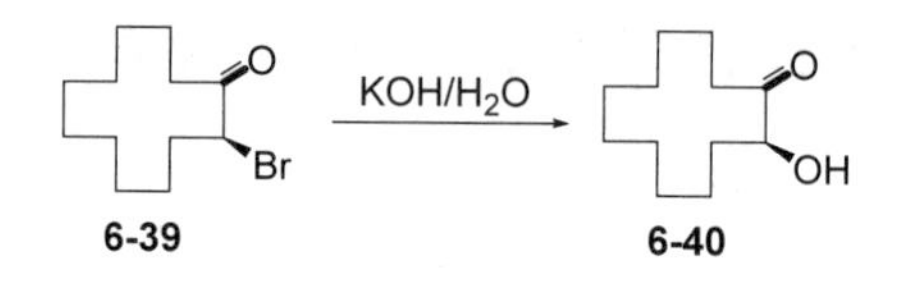

图 6-19　卤代环十二酮的水解

上述 4 类反应中，第一类是首先将环十二酮（**6-30**）转换为烯醇酯（**6-31**）或烯醇醚（**6-33**），然后再与亲电试剂反应来实现的（图 6-16）。第 2 章曾指出，反式环十二烯的优势构象是[3333]-2-烯，环十二酮的烯醇式也应取此构象。第二类是利用强碱（NaH）提取 α-H，使之形成烯醇盐，其构象也应与反式环十二烯一样，然后与亲电试剂反应（图 6-17）。第 3 类则是亲电试剂与环十二酮直接反应完成的，此时，环十二酮应以烯醇式形式参与反应，因此，其构象也应与反式环十二烯一致（图 6-18）。于是，可以用通式 **6-41** 作为底物的代表，对上述 3 类反应的羰基顺式选择性进行构象分析（图 6-20）。亲电试剂 R^+从外围进攻底物的 α-碳，将其上的氢原子推向环内，成为内向氢而完成反应，获得羰基顺式产物。产物的构象是处于动态平衡中的 α-边外-R-[3333]-2-酮［**6-42(1)**］和 α-角顺-R-[3333]-2-酮［**6-42(2)**］。

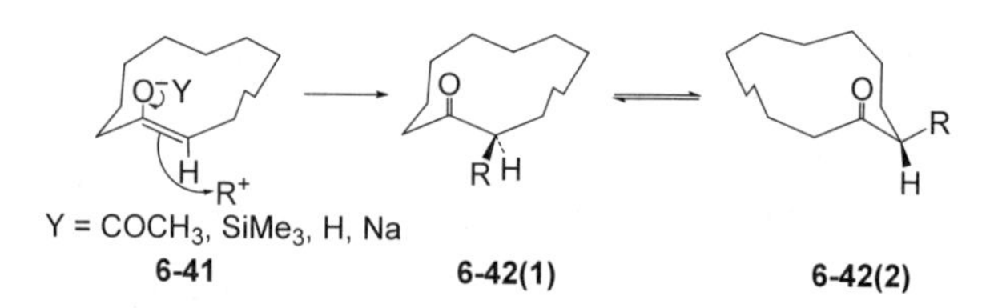

图 6-20　S_N2 机制进行的环十二酮 α-碳上亲电取代的构象分析

卤代环十二酮的水解（图 6-19）则遵循 S_N1 机制（图 6-21），底物以 α-边外-Br-[3333]-2-酮构象［**6-43(1)**］参与反应。溴原子是一个良好的离去基团，

而形成的 α-碳正离子［**6-43(2)**］由于解除了内向氢的 1,4-H,H 相互作用，能量上是有利的。氢氧离子从外围进攻 α-碳，将 α-氢推向环内，成为内向氢，得到羰基顺式产物。同样，产物的构象是处于动态平衡中的 α-边外-OH-[3333]-2-酮［**6-44(1)**］和 α-角顺-OH-[3333]-2-酮［**6-44(2)**］。

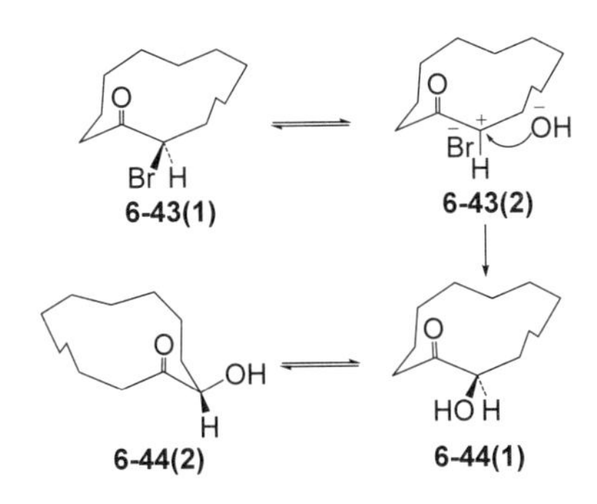

图 6-21 卤代环十二酮水解机制的构象分析

根据上述反应机理，若 α-羰基顺-R^1-环十二酮［**6-45(1)**］继续在 α'-位发生取代反应，则底物将以 α-角顺-R^1-[3333]-2-酮的构象［**6-45(2)**］参与反应，产物则为 α,α'-羰基顺式二取代环十二酮，构象则为 α-角顺-R^1-α'-边外-R^2-[3333]-2-酮［**6-46(1)**］和 α-边外-R^1-α'-角顺-R^2-[3333]-2-酮［**6-46(2)**］的平衡混合物（图 6-22）[33]。

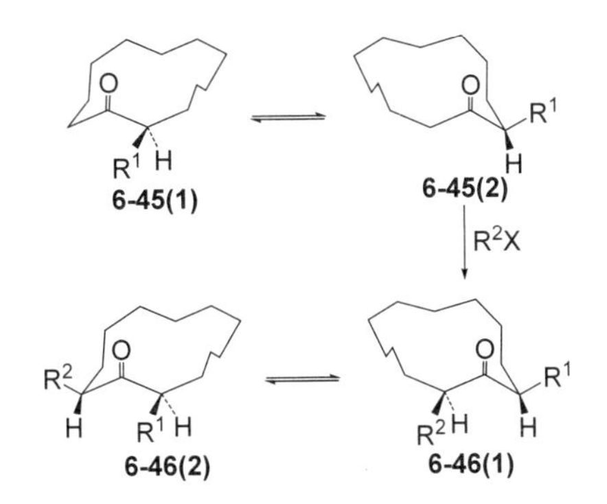

图 6-22 α-羰基顺-R^1-环十二酮通过取代反应生成 α,α'-羰基顺式二取代环十二酮的构象分析

若 α-羰基顺-R^1-环十二酮中，R^1 基团为羰基、酯基、硝基等强吸电子基团，α-氢则为活泼氢，可在 α-碳上发生进一步的亲电取代反应，生成 α,α-二取代环十二酮（图 6-23）[34]。反应的立体化学特征是，两个基团均占据角碳位，其中

后上的基团 R^2 取角顺位，而原来的 R^1 基团取角反位。其反应机制是，反应底物首先取 α-角顺-R^1-[3333]-2-酮构象［**6-45(2)**］，并形成角碳碳负离子（**6-48**），R^2 亲电试剂通过与羰基氧配位，从角顺方向进攻 α-碳生成 α,α-二取代环十二酮。若底物通过取 α-边外-R^1-[3333]-2-酮构象［**6-45(1)**］形成边碳碳负离子（**6-47**），R^2 从外围进攻 α-碳时，则必然需要将 R^1 推向边内向位，形成禁阻构象，因此这一过程不可能发生。还要指出的是，α-角顺-R^2-α-角反-R^1-[3333]-2-酮（**6-49**）是它唯一的优势构象。

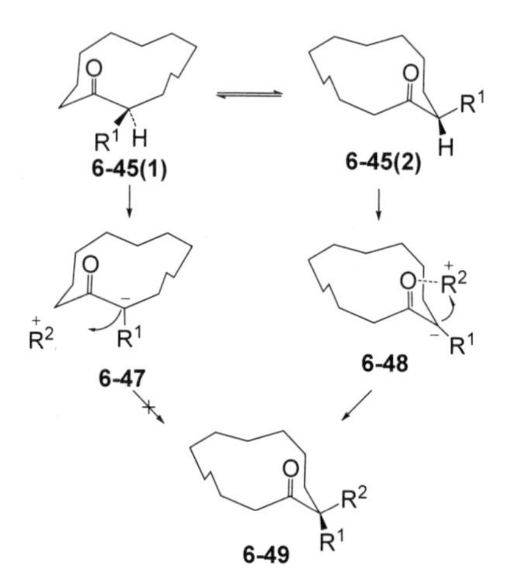

图 6-23　α-羰基顺-R^1-环十二酮通过取代反应生成 α,α-羰基顺式二取代环十二酮的构象分析

6.3.2　具有反式选择性的反应——α-羰基反-R-环十二酮的合成

研究表明，下述两类反应，即环十二酮（**6-30**）与芳醛（**6-50**）反应得产物（**6-51**）的醇醛缩合反应（图 6-24）[35]，以及环十二酮（**6-30**）与芳醛（**6-52**）、芳胺（**6-53**）反应得产物（**6-54**）的 Mannich 反应（图 6-25）[36]，均具有羰基反式选择性。

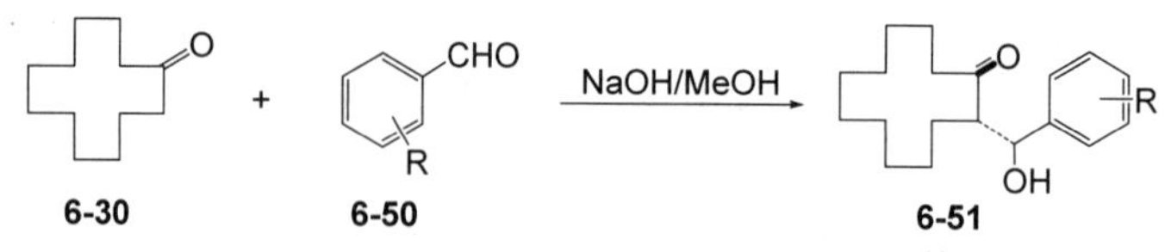

图 6-24　环十二酮与芳醛的醇醛缩合反应

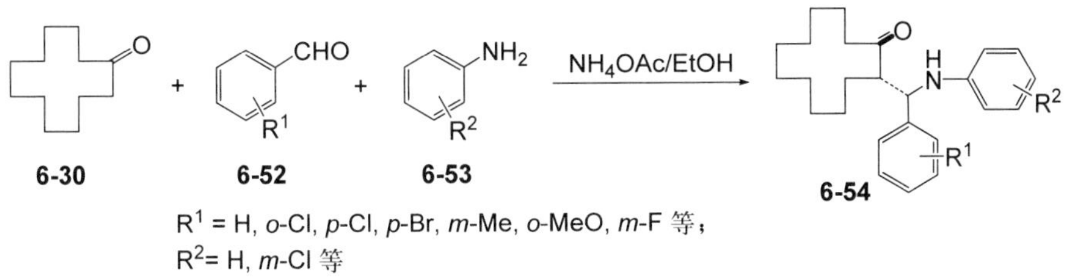

R^1 = H, *o*-Cl, *p*-Cl, *p*-Br, *m*-Me, *o*-MeO, *m*-F 等；
R^2= H, *m*-Cl 等

图 6-25　环十二酮与芳醛、芳胺的 Mannich 反应

图 6-24 所示的醇醛缩合反应是在甲醇溶液中进行的，通过构象分析可以阐明它的羰基反式选择性（图 6-26）：环十二酮首先在氢氧化钠的作用下生成烯醇负离子（**6-56**），芳醛的羰基碳从外围进攻 α-碳负离子，生成 α-边外取代产物，脱水生成 α-芳亚甲基环十二酮［**6-57(1)**］。此时分子母环的构象仍然是[3333]，羰基和芳亚甲基分布于环平面两侧，均大致垂直于环平面。但此时的构象不能通过羟基化得到羰基反式产物，或说不能发生羟基化反应。当芳亚甲基转为占据角碳位时［**6-57(2)**］，氢氧离子从空间阻碍较小的一面(另一面有羰基及其与之配位的甲醇)进攻亚甲基，生成 α-羰基反-(α-羟基芳甲基)-环十二酮（**6-58**），完成整个反应。产物构象为 α-角反-(α-羟基芳甲基)-[3333]-2-酮。

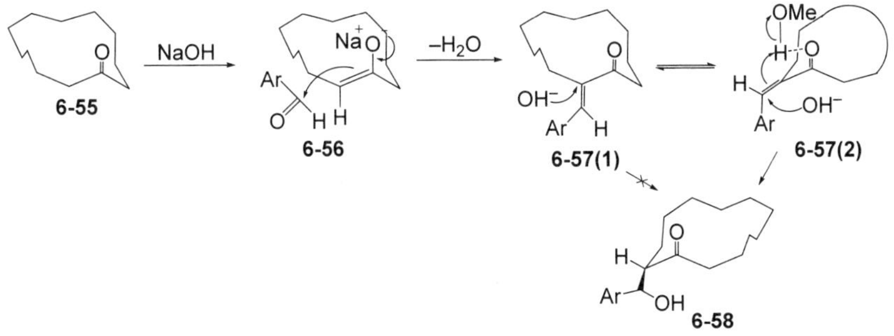

图 6-26　环十二酮与芳醛发生醇醛缩合反应的构象分析

图 6-25 所示的 Mannich 反应,其反应机制与图 6-26 所示相似。实验证明，芳醛与环十二酮（**6-55**）生成的醇醛缩合产物 α-芳亚甲基环十二酮［**6-57(1)**］在醋酸铵的催化下，与芳胺反应可以得到同样的 Mannich 产物 **6-54**。因此，图 6-25 所示的 Mannich 反应，其机制可以做如下简单的构象分析（图 6-27）：环十二酮首先在铵离子的催化下与芳醛（Ar^1CHO）作用生成 α-芳亚甲基环十二酮［**6-59(1)**］，然后芳亚甲基转为占据角碳位［**6-59(2)**］之后，在铵离子的催化下，与芳胺（Ar^2NH_2）加成，生成 α-羰基反-(α-芳氨基芳甲基)-环十二酮（**6-60**），完成整个反应。产物构象为 α-角反-(α-芳氨基芳甲基)-[3333]-2-酮。

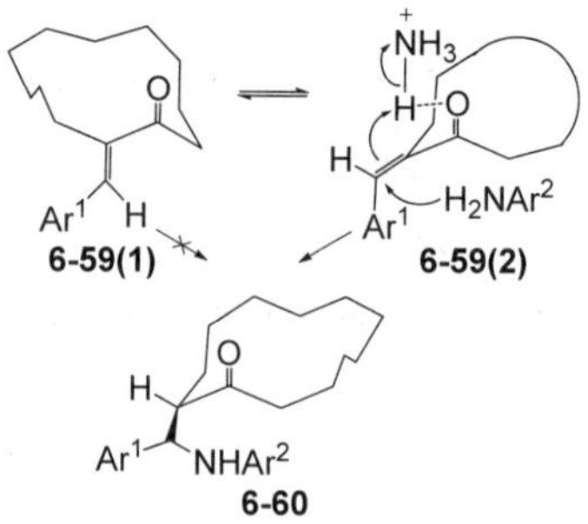

图 6-27　环十二酮与芳醛、芳胺发生 Mannich 反应的构象分析

6.4　取代环十二酮还原的顺反选择性

这里仅讨论羰基顺-α-单取代环十二酮（**6-61**）用金属氢化物还原的顺反选择性（图 6-28）。从理论上讲，这一反应可以得到两种构型的还原产物，即顺式-2-取代环十二醇（**6-62**）和反式-2-取代环十二醇（**6-63**）。有研究表明，在甲醇溶剂中，0℃下，用硼氢化钠还原羰基顺-α-单取代环十二酮分离得到顺式-2-取代环十二醇（**6-62**），即该还原反应具有顺式选择性[37]。

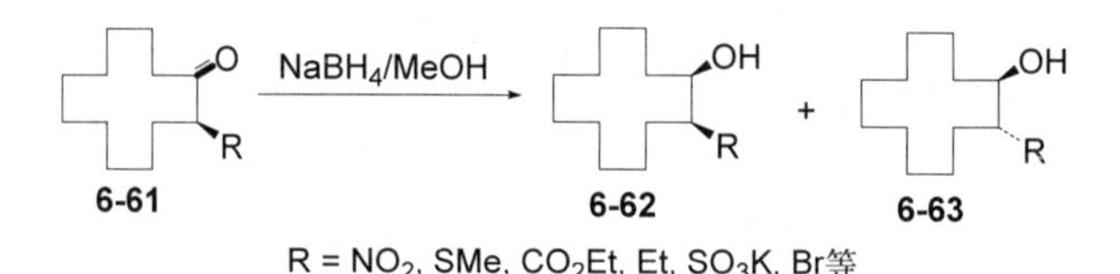

图 6-28　羰基顺-α-单取代环十二酮的还原反应

对上述反应的构象分析指出（图 6-29），还原时羰基顺-α-单取代环十二酮既不能取 α-边外-R-[3333]-2-酮构象［**6-64(1)**］，也不能取 α-角顺-R-[3333]-2-酮构象［**6-64(2)**］。在这两种构象中，羰基均处于边碳位，如果硼氢化钠从外围进攻羰基碳，生成的羟基只能取边内向位，这是能量上不允许的，不能发生反应。因此，分子应取两种构象转换过程中的一个极大值构象，即 α-边外-R-[31323]-1-酮构象［**6-64(3)**，构象式被简化］。在该构象中，羰基处于角碳位，硼氢化钠从空间阻碍较小的 B 面进攻羰基，从而生成顺式-2-取代环十二醇，实际为一对苏式异构体，构象为 2-边外-R-3-边外-羟基-[3333]［**6-65(1)**］和 2-边外-R-1-角顺-羟基-[3333]［**6-65(2)**］的动力学平衡混合物。如果硼氢化钠从空间阻碍较大的 A 面进攻羰基，则生成反式-2-取代环十二醇，仅有一种优势构象（**6-66**）。

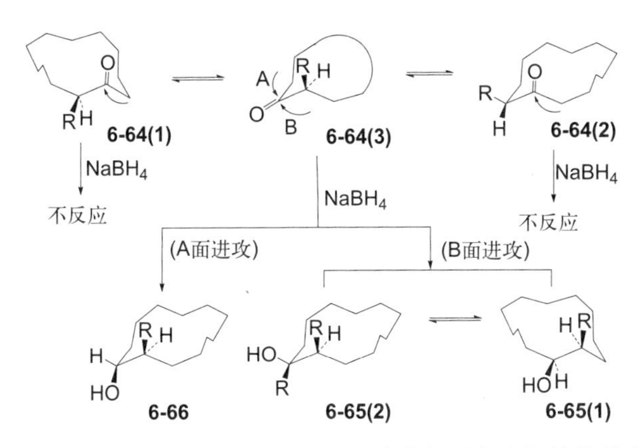

图 6-29　羰基顺-α-单取代环十二酮还原反应顺式选择性的构象分析

但是，上述还原反应的收率不高，除溴代环十二酮的还原收率为 70%外，其余化合物的还原收率仅在 52%～57%之间，未能分离得到反式产物。于是，以羰基顺-α-苯基环十二酮和羰基顺-α-环己基环十二酮为还原底物，在温度为−20～65℃和反应时间为 8～120 h 之间，采用硼氢化钠/甲醇、氢化锂铝/四氢呋喃和三仲丁基硼氢化锂/四氢呋喃为还原剂，对这一反应进行了进一步的研究[38]。产物的顺反比用 ^{1}H NMR 技术进行了测定，并得到如下几点结论：

① 总体上，两种底物的顺式异构体产率均大于反式异构体的产率，说明该还原反应的确具有顺式选择性，图 6-29 的构象分析成立。

② 反应时间对产物的顺/反比影响不大。

③ 降低温度有利于提高顺式异构体的比例。

④ 硼氢化钠和氢化锂铝对产物顺/反比的影响相似，而三仲丁基硼氢化锂还原，产物中顺式异构体的比率较高，这与它体积大，对空间阻碍更敏感一致。

⑤ 底物羰基顺-α-苯基环十二酮还原产物的顺/反比普遍高于羰基顺-α-环己基环十二酮还原产物的顺/反比。前者，最高顺/反比为 96/4（三仲丁基硼氢化锂，−20℃，8 h），最低顺/反比为 70/30（硼氢化钠，65℃，10 h）。后者最高顺/反比为 64/36(三仲丁基硼氢化锂，0℃，24 h)，最低顺/反比为 51/49（氢化锂铝，65℃，10 h）。上述事实说明，底物的空间阻碍不仅包括取代基体积的大小(苯基与环己基体积大小相似)，电子效应也十分重要，苯环的 π 电子对负氢离子有严重的排斥作用。

6.5　取代环十二酮与氨衍生物反应的顺反选择性

本节仅讨论羰基顺-α-单取代环十二酮（**6-67**）与氨衍生物羟胺和氨基硫脲

缩合反应的顺反选择性[39,40]。该反应包括两个步骤，即氨衍生物与羰基发生亲核加成，然后脱水生成亚胺衍生物。在大环化合物的情况下，该亚胺衍生物同样具有顺式与反式之分，可分别称为类羰基顺式异构体（**6-68**）和类羰基反式异构体（**6-69**）（图 6-30，R^1、R^2 见表 6-4）。

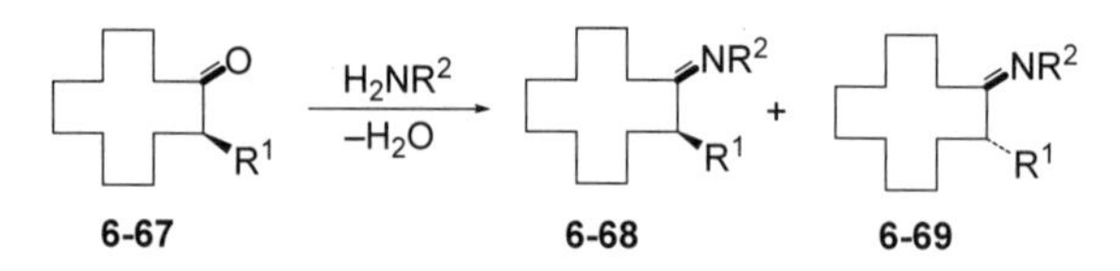

图 6-30　羰基顺-α-单取代环十二酮与氨衍生物的缩合反应

构象分析指出（图 6-31），羰基顺-α-单取代环十二酮既不能取 α-边外-R^1-[3333]-2-酮构象［**6-70(1)**］，也不能取 α-角顺-R^1-[3333]-2-酮构象［**6-70(2)**］。在这两种构象中，羰基均处于边碳位，如果氨衍生物从外围进攻羰基碳，生成的羟基只能取边内向位，这是能量上不允许的，不能发生反应。因此，分子应取两种构象转换过程中的一个极大值构象，即 α-边外-R^1-[31323]-1-酮构象［**6-70(3)**，构象式被简化］。在该构象中，羰基处于角碳位，氨衍生物（H_2NR^2）可以从角位

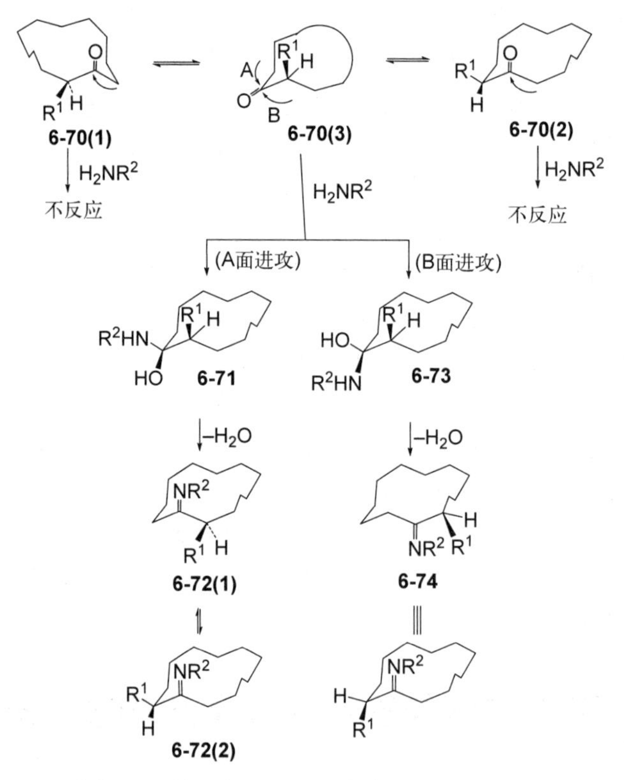

图 6-31　羰基顺-α-单取代环十二酮与氨衍生物缩合反应的构象分析

羰基的两面，即 A 面或 B 面进攻羰基生成加成产物 **6-71** 和 **6-73**，由于记忆效应，两种加成物脱水后分别生成类羰基顺式异构体或反式异构体。顺式异构体是两种构象［**6-72(1)**和 **6-72(2)**］的平衡混合物，而反式异构体只有一种优势构象（**6-74**）。

下面是一组羰基顺-α-单取代环十二酮与羟胺和氨基硫脲反应的顺反选择性数据（表 6-4）。此组数据说明，羰基顺-α-单取代环十二酮与氨衍生物的缩合反应情况较为复杂，既可是顺式选择性，也可是反式选择性，还可能缺乏选择性。

① 序号 1~4 的反应均具有顺式选择性。这是由于进攻试剂氨衍生物在反应中先与底物的 α-取代基(以甲磺酰基为例)形成氢键，然后从 A 面进攻羰基，生成类羰基顺式产物（**6-75**）。

② 序号 5~7 的反应均具有反式选择性。这又分两种情况：（a）底物的 α-取代基（羟基）与羰基形成了分子内氢键，试剂氨衍生物只能从 B 面进攻羰基，生成类羰基反式产物（序号 5）（**6-76**）。（b）底物的 α-取代基体积较大（序号 6）或试剂体积较大（序号 7），由于空间阻碍，试剂只能从 B 面进攻羰基。

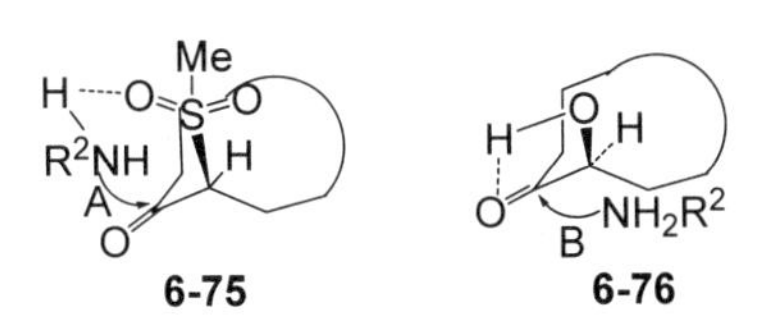

③ 序号 8 和 9 的反应缺乏选择性。底物的 α-取代基体积较小，试剂体积同样较小，尽管有微弱的氢键形成，试剂仍然可以从 A、B 两面进攻羰基，从而生成顺反异构体混合物。

表 6-4　羰基顺-α-单取代环十二酮与羟胺和氨基硫脲反应的顺反选择性

序号	R^1	R^2	顺反选择性
1	NO_2	OH	顺式
2	$MeSO_2$	OH	顺式
3	$PhSO_2$	OH	顺式
4	MeS	$NHCSNHC_6H_4Me$-*p*	顺式
5	OH	OH	反式
6	$PhCH_2$	OH	反式
7	Et	$NHCSNHC_6H_4Me$-*p*	反式
8	Et	OH	顺式∶反式 =1∶1
9	MeS	OH	顺式∶反式 =3∶1

6.6 环十二酮的扩环反应

环十二酮是合成各类大环化合物的重要原料。其中，将其转化为 α,α-二取代环十二酮，通过扩环反应合成各类大环化合物是一种便捷而高效的方法。基本要求是，α 位的两个取代基中，一个是吸电子基团，或称活化基团，如硝基、氰基、苯磺酰基、乙氧羰基等，另一取代基则含有一个将嵌入十二元环的 3～5 个原子组成的片段，该片段末端可以是碳、氧、氮等原子，能形成亲核试剂或自由基，扩环后成为十五至十七元环的碳环、内酯或内酰胺。

这里重点讨论扩环时分子的构象特征。对于扩环前体的制备，扩环后产物的进一步修饰，可参考相关文献。首先看一些扩环反应的实例：

（1）扩增为十五元环的反应

下面是三个实例。图 6-32 显示通过碳自由基进攻羰基碳完成扩环反应，生成环十五酮[41]。活化基团是乙氧羰基（**6-77**），经中间体（**6-78**）扩环，扩环产物（**6-79**）经修饰后可以得到消旋麝香酮。若侧链中的仲碳原子具有手性，则可得光活麝香酮。图 6-33 显示通过碳负离子进攻羰基碳，完成扩环反应，生成环十五酮[42]。活化基团为苯磺酰基（**6-80**），经中间体（**6-81**）扩环，扩环产物（**6-82**）经修饰后可获得消旋麝香酮。图 6-34 显示以 α-硝基环十二酮（**6-83**）为起始物，引入四原子侧链（**6-84**），经 Hoffmann 降解反应形成三原子片段（**6-85**），然后氮原子作为亲核试剂进攻羰基碳完成扩环反应，生成十五元环内酰胺（**6-86**）[43]。

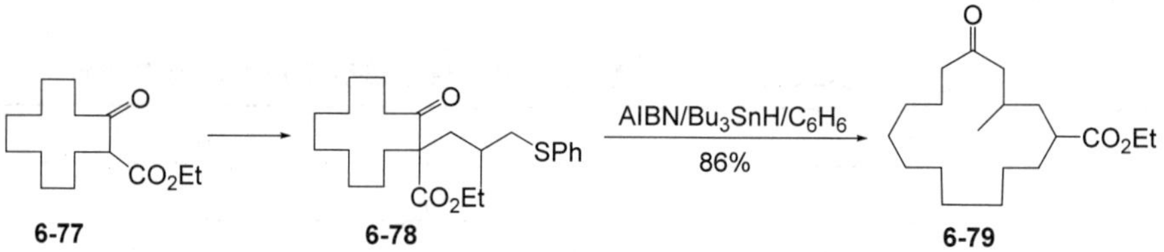

图 6-32　α-乙氧羰基环十二酮的扩环反应

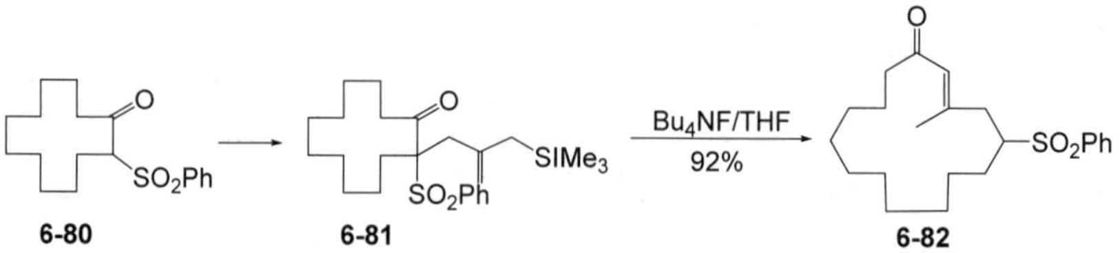

图 6-33　α-苯磺酰基环十二酮的扩环反应

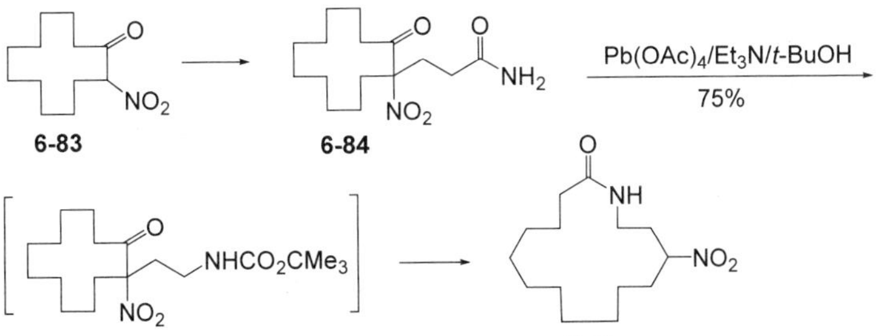

6-83　6-84　$Pb(OAc)_4/Et_3N/t$-BuOH　75%　6-85　6-86

图 6-34　α-硝基环十二酮的扩环反应(十五元环)

（2）扩增为十六元环的反应

下面三个扩环反应中，图 6-35[44]和图 6-36[45]的扩环底物中，嵌入环中的侧链相同，均为丙醇片段（**6-87**、**6-90**），故均扩环为十六元环内酯（**6-88**、**6-91**），但活化基团不同，前者是硝基（**6-83**），后者是氰基（**6-89**）。图 6-37[46]显示，起始物仍为 α-硝基环十二酮（**6-83**），引入叠氮丙基（**6-92**），叠氮基还原后嵌入片段为丙胺（**6-93**），故扩环为十六元环内酰胺（**6-94**）。

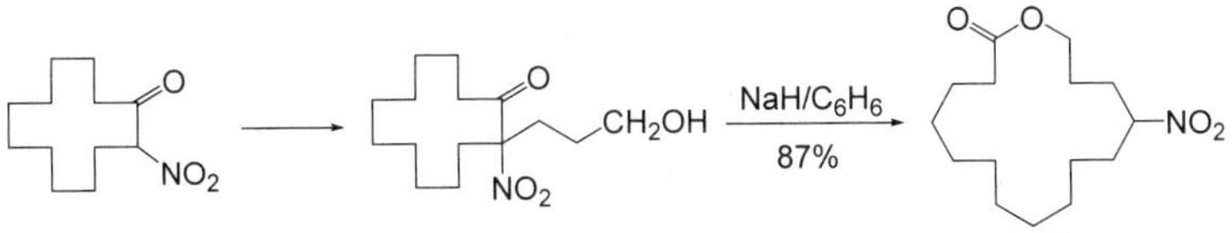

6-83　6-87　NaH/C_6H_6　87%　6-88

图 6-35　α-硝基环十二酮的扩环反应(十六元环-1)

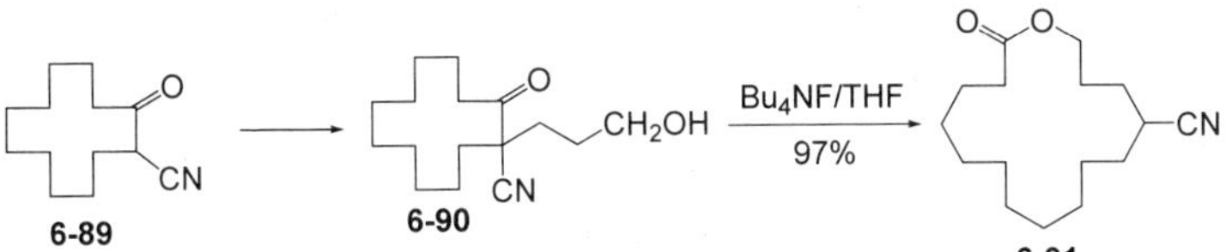

6-89　6-90　Bu_4NF/THF　97%　6-91

图 6-36　α-氰基环十二酮的扩环反应

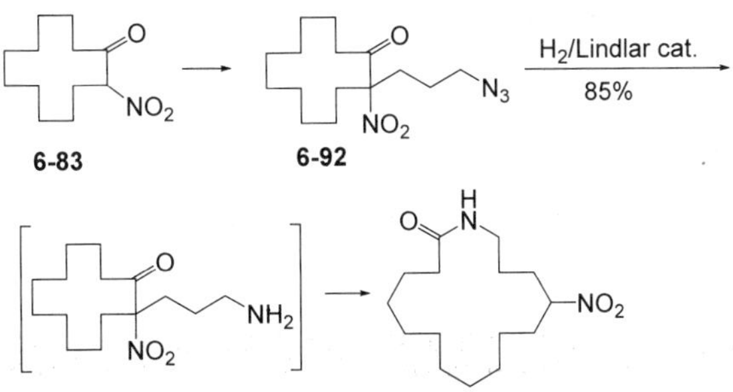

6-83　6-92　H_2/Lindlar cat.　85%　6-93　6-94

图 6-37　α-硝基环十二酮的扩环反应（十六元环-2）

（3）扩增为十七元环的反应

图 6-38[47]显示，起始物仍为 α-硝基环十二酮（**6-83**），引入丁醛基团（**6-95**）并通过还原胺化将其转化为带有长而复杂的取代基的五原子丁胺片段（**6-96**），扩环为 *N*-取代十七元环内酰胺（**6-97**）。

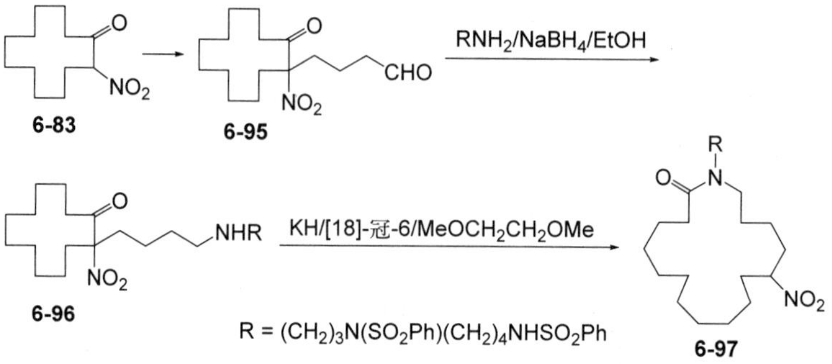

O
NO2
6-83
O
CHO
NO2
6-95
RNH2/NaBH4/EtOH
O
NHR
NO2
6-96
KH/[18]-冠-6/MeOCH2CH2OMe
R
O
N
NO2
6-97
R = (CH2)3N(SO2Ph)(CH2)4NHSO2Ph

图 6-38　α-硝基环十二酮的扩环反应（十七元环）

上述七个扩环反应中，除图 6-34 和图 6-38 所示的反应外，收率都在 85% 以上，最高达 97%。图 6-34 所示反应的收率为 75%，因包含了 Hoffmann 降解反应和扩环反应两个步骤。图 6-38 所示反应的收率为 40%，包含了还原胺化和扩环反应，且与嵌入片段携带一个极大的取代基有关。总体来说，这类扩环反应的收率较高，其原因可以通过构象分析予以说明（图 6-39）。从 6.2 节中的讨论可以知道，在上述各扩环反应中，扩环前体先引入的活化基团都占据角顺位，这一点很重要，后引入的嵌入片段则占据角反位（**6-98**）。于是，出现了一个很有利于扩环的构象：扩环片段的亲核原子从环下方进攻羰基碳原子，形成一个含有 5～7 元环的桥环中间体（**6-99**），然后羰基与角碳之间的 C—C 键断裂（**6-100**），最终完成扩环反应，得到扩环的大环酮、内酯或内酰胺（**6-101**）。

X
O
Y
6-98
X
O
12
5~7
Y
6-99
X
O
Y
6-100
H+
X
H
O
15~17
Y
6-101

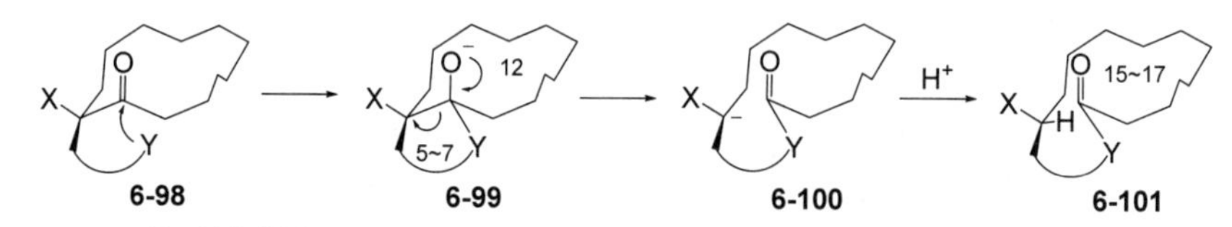

X = 活化基团，Y = 嵌入片段的亲核原子，图中阿拉伯数字 = 环的原子数

图 6-39　环十二酮扩环反应的构象分析

6.7　1,10-十八烷二酮两个羰基反常的反应活性

1,10-环十八烷二酮（**6-102**）与亲核试剂发生加成反应时，两个羰基表现出

反常的反应活性[48,49]。例如，当它与一摩尔当量的乙二醇反应时，得到的是双乙二醇缩酮和未反应的 **6-102**。它与一摩尔当量的 Wittig 试剂或乙炔锂反应时，均得到二加成产物及原料，而不能得到单羰基加成产物。这些事实说明，在 **6-102** 分子中，第二个羰基的反应活性极大地大于第一个羰基的反应活性。两个羰基的反应活性究竟有多大的差别，图 6-40 所示的反应给出了结论。由于苯基易于鉴别，利用苯基格氏试剂与 **6-102** 的加成反应，采用逐步向 **6-102** 溶液中加入格氏试剂的方法，分别测定格氏试剂与 **6-102** 和 **6-103** 的反应速率常数 k_1 和 k_2，结果 $k_2/k_1 = 2.2\pm0.4$，说明第二个羰基的反应活性是第一个羰基反应活性的 4.4 倍。这一实验事实说明，按常规方法，1,10-环十八烷二酮的单羰基加成产物是不可能得到的。下面通过构象分析，对这一结果做进一步分析。第 4 章已指出，1,10-环十八烷二酮的优势构象为[42124212]-3,12-二酮，两个羰基反式平行并基本垂直于环平面。此外，它的紫外光谱显示，两个羰基间存在跨环静电相互作用（如图 6-40 中 **6-102** 所示）。由于格氏试剂与第一个羰基反应时，首先需要打破两个羰基之间的跨环电子相互作用，然后再加成，因此，第一个羰基加成反应的活性被抑制。在第一个羰基的加成过程中，该羰基碳将转变为带有两个取代基的角碳，自然地，第二个羰基必须，也必然取角碳位（如图 6-40 中 **6-103** 所示，构象式被简化），这就极大地降低了第二个羰基参与反应的能垒，同时，格氏试剂可从两个方向进攻该羰基碳，因此，第二个羰基的反应活性不但极大地被提高，且参与反应的概率增加一倍，因此显示出第二个羰基的反应活性是第一个羰基的四倍多。最后还需要指出的是，**6-102** 的加成产物被酸化后，得到的二醇，其顺式二醇（**6-105**）/反式二醇（**6-104**）= 55/45，顺式构型的二醇所占比例略高，可能与 **6-103** 中，A、B 两面的空间阻碍略有不同相关，B 面进攻的阻碍较小，从该面进攻所得加成产物所占比例略高。

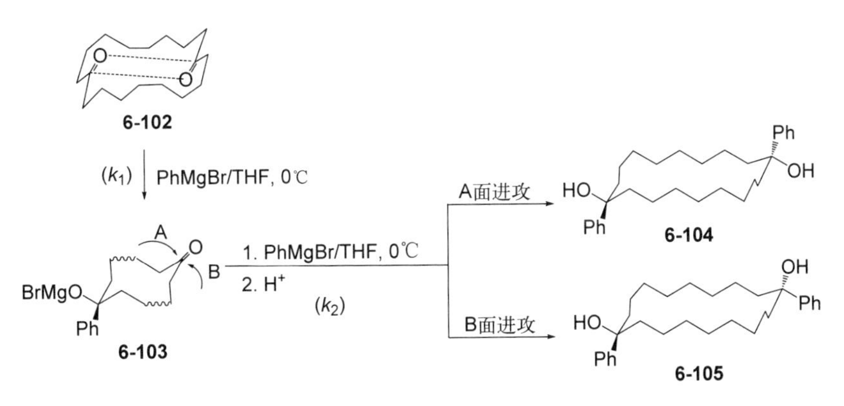

图 6-40　1,10-环十八烷二酮两个羰基反应活性异常的构象分析

6.8 大环烯顺反异构体的相互转换

烯烃有顺式异构体和反式异构体之分，它们在一定条件下可以相互转换。相互转换达到平衡时的顺/反比反映了顺式异构体和反式异构体的热力学稳定性。由于顺式异构体的两个取代基处于双键的同侧，非键连相互作用较大，内能较高，反之，反式异构体的内能较低，因此，在通常的顺反异构体平衡混合物中，反式异构体的含量较高。顺反异构体相互转换的必要条件是首先需要打破 π 键，然后通过 C—Cσ 键的旋转方能实现。打破 π 键的方法有加热、光照等，而自由基诱导(通过加成-消除过程)是重要方法之一。

顺反环十二烯的相互转换是大环烯顺反异构体相互转换的最简单的例子（图 6-41）[50]。已知顺式环十二烯的优势构象为[12333]-1-烯（**6-106**），而反式环十二烯的优势构象为[3333]-2-烯（**6-107**）。

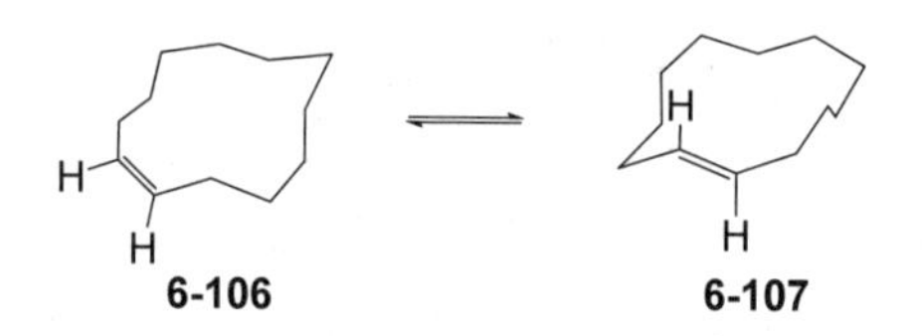

图 6-41 顺反环十二烯的相互转换

图 6-42 显示了在三种不同自由基诱导下，顺反环十二烯相互转换中两种异构体含量变化的过程。在（三甲基硅烷基）硅烷自由基［$TMS)_3Si\cdot$］的作用下，8 小时后，顺/反比为 46/54。同样条件下，在苯硫基自由基（PhS·）和三丁基锡自由基（$Bu_3Sn\cdot$）作用下，顺/反比分别为 57/43 和 82/18。均未达到顺反异构体的平衡（商业环十二烯的顺/反比为 33/67 可作参考）。一个可以作为参照的开链烯烃顺反异构体相互转化的例子是，顺/反比为 99/1 的二苯乙烯，在 $(TMS)_3Si\cdot$作用下，同样的实验条件，两小时后即达到顺反异构体的平衡，顺/反比达到 1/99，即二苯乙烯的顺反异构体的相互转换相当容易，而环状烯烃顺反异构体的相互转换难度要大得多。这是因为与开链烯烃相比，大环烯烃顺反异构体的相互转化还需要克服环碳链的扭转张力。图 6-43 显示了在自由基的作用下，环十二烯的 π 键打开后，通过 C—Cσ 键的旋转，顺式异构体（**6-108**）与反式异构体（**6-109**）的转换过程。转换平衡后大环烯顺反异构体含量的比例还与两种异构体的构象相关。反式环十二烯的优势构象为[3333]-2-烯，衍化自环十二烷的最优构象[3333]，而顺式环十二烯的优势构象为[12333]-1-烯，衍化

自环十二烷的能量极大值构象[12333]。但是，烯键两个取代基非键连相互作用成为次要因素，因此平衡混合物中顺反异构体的比例不像二苯乙烯那样有那么大的差距。

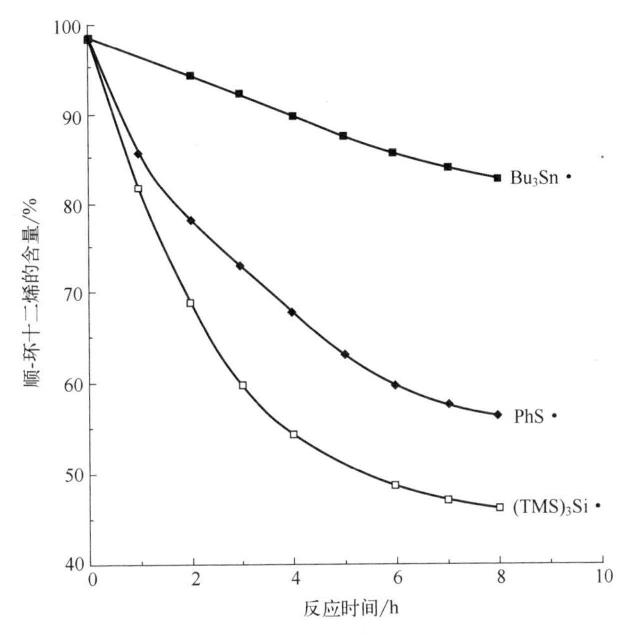

图 6-42 自由基诱导的顺式环十二烯与反式环十二烯相互转化的含量-时间曲线图（溶剂：苯；反应温度：80℃，自由基引发剂为偶氮二异丁腈）

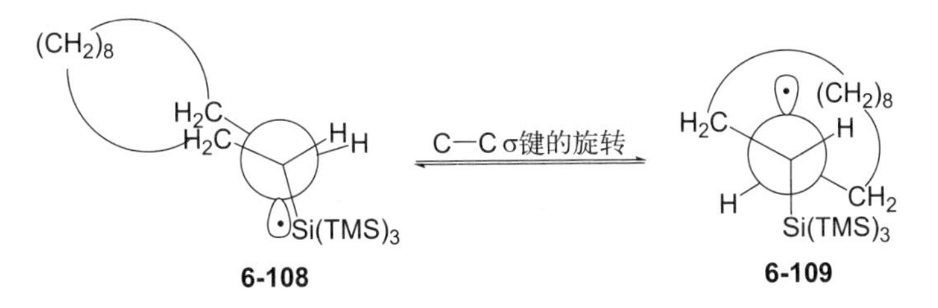

图 6-43 顺反环十二烯相互转换的构象分析

另一个大环烯顺反异构体相互转化的例子是 1,5,9-环十二三烯顺反异构体的相互转化。已知 1,5,9-环十二三烯有 4 个顺反异构体，它们分别是：反,反,反-1,5,9-环十二三烯（**6-110**）、顺,反,反-1,5,9-环十二三烯（**6-111**）、顺,顺,反-1,5,9-环十二三烯（**6-112**）以及顺,顺,顺-1,5,9-环十二三烯。从由丁二烯三聚合成 1,5,9-环十二三烯时只能得到前 3 个异构体的事实来看，只有前 3 个异构体能够相互转化。图 6-44 显示的是在自由基$(TMS)_3Si\cdot$的作用下，3 个异构体之间的转化过程。以不同的异构体为原料，二叔丁基过氧化物为引发剂，叔丁基苯中，143℃

下加热 3 小时，混合物达到平衡（表 6-5）。平衡后不同起始异构体的 3 种异构体的比例平均值是，**6-110**∶**6-111**∶**6-112** = 78.6∶19.6∶1.8。这一事实说明，在热力学上 **6-110** 最稳定，**6-111** 次之，**6-112** 稳定性最差。这显然与它们的构象相关：**6-110** 的优势构象是全椅式构象，分子内的非键连相互作用最小，**6-111** 的优势构象为盆椅式，分子内的非键连相互作用较大，而 **6-112** 的优势构象为类盆式，分子内的非键连相互作用最大。

6-110 **6-111** **6-112**

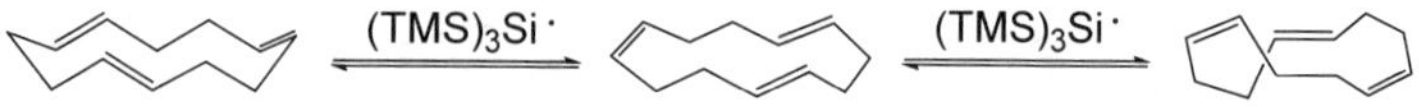

图 6-44 三个环十二三烯顺反异构体的相互转换

表 6-5 环十二三烯三种顺反异构体的相互转化

起始异构体	平衡后各异构体含量/%		
	6-110	**6-111**	**6-112**
6-110	78	20	2
6-111	79	19	2
6-112	78	20	2
6-110 + **6-111** + **6-112**（57∶36∶7）	79	19	2

6.9 大环烯的跨环环氧化

从本节开始，以下均讨论大环分子内的跨环反应，因此有必要解释何谓"跨环反应"。两个不相邻的成环原子或其上的基团之间发生的反应即称为跨环反应，它是一类特殊的分子内反应。

6.9.1 顺,反,反-1,5,9-环十二三烯的跨环环氧化

顺,反,反-1,5,9-环十二三烯（**6-113**）在催化量硫酸的存在下，与 NBS 和甲醇反应得到收率为 38%的内型结构的 2,9-二溴-13-氧杂-双环[8.2.1]十三-顺-5-烯（**6-114**，按桥环化合物命名，原子序号有所变动）和一个收率为 12%的顺式双键与溴继续加成的副产物（**6-115**，图 6-45）[51]。

6-113 **6-114** **6-115**

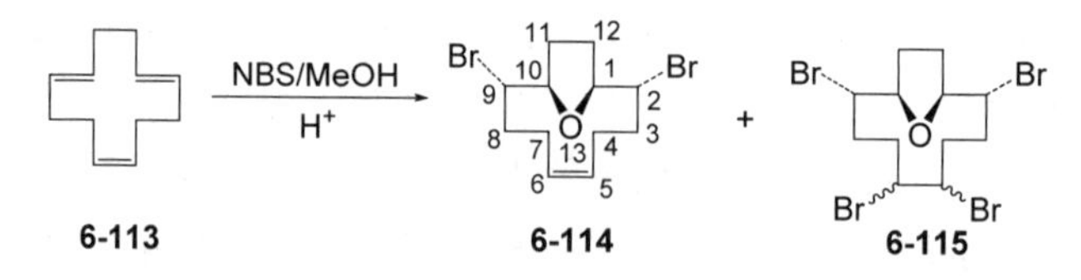

图 6-45 顺,反,反-1,5,9-环十二三烯的跨环环氧化

实际上，这是一个分子内的跨环环氧化反应。需要指出的是，已有的研究表明，顺式或反式环十二烯在水、甲醇、乙酸中与 NBS 反应，均按反式加成机制生成反式溴代环十二醇，或相应的醚或酯[52]。因此对于上述跨环环氧化反应也应按反式加成机制进行构象分析（图 6-46）。已知 **6-113** 的优势构象是盆椅式（**6-111**），在溴正离子的诱导下，甲氧负离子与分子中的 C5 反式双键加成，生成中间体（**6-116**），然后继续在溴正离子诱导下，甲氧基跨环进攻 C9 反式双键，生成跨环环氧化产物（**6-117**）。

6-111　　**6-116**　　**6-117**

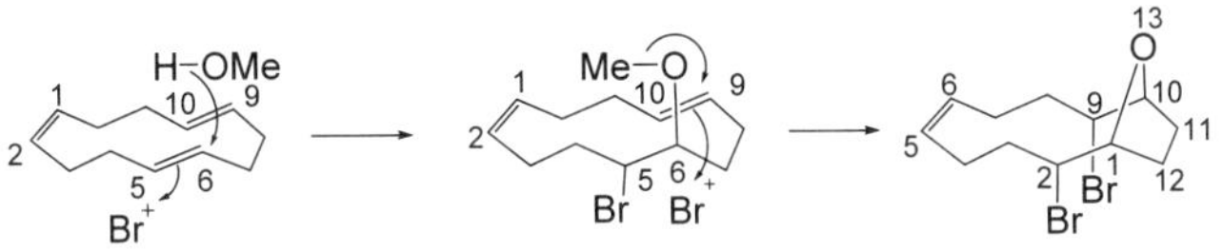

图 6-46　顺,反,反-1,5,9-环十二三烯跨环环氧化的构象分析

6.9.2　阿匹枯拉菌素 A（apicularen A）全合成中的跨环环氧化

阿匹枯拉菌素 A（**6-118**）是从一种粘杆菌提取物中分离得到的细胞毒素，对多种人类肿瘤细胞有生长抑制活性。其中一条全合成路线示意图见图 6-47[53]：由开链化合物合成十二元环内酯 **6-119**，该十二元环内酯在酸性离子交换树脂 Amberlyst-15 的催化下，C13 羟基氧对 C9 双键进行 1,4-亲核加成，即跨环环氧化，形成一个四氢吡喃环，从而得到具有桥环结构的关键中间体 **6-120**，再经一系列结构修饰，完成阿匹枯拉菌素 A 的全合成。研究表明，无论 **6-119** 中 C13 的构型为 *R* 或 *S*，甚至是 *R* 和 *S* 的混合体，反应均可发生，并得到同样的产物，收率在 78%～90%之间。环氧化产物（**6-120**)有 3 个立体化学特征：①四氢吡喃环呈扭船式构象，这一结论得到单晶 X 射线分析证实；②C9-H 与 C13-H 呈反式关系，即分别处于环平面上下；③C13-H 与 C15-H 呈顺式关系，即处于环平面同侧。

6-119　　**6-120**　　**6-118**

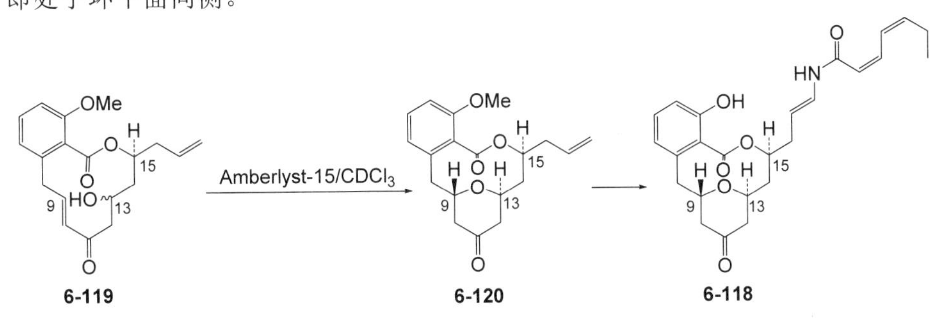

图 6-47　阿匹枯拉菌素 A 全合成示意图

下面对阿匹枯拉菌素 A 全合成的关键步骤，即 **6-119** 的跨环环氧化进行构象分析（图 6-48）。由上一节可知，十二元环化合物取盆椅式构象时，易于发生跨环反应，因此我们以 C13 构型为 *S* 为例，画出化合物 **6-119** 的盆椅式构象（**6-121**）（为便于讨论，式中略去了芳环，烯丙基由 R 代表）。在这一构象中 C13-H 与 C15-H 均取平伏位，并处于环平面同侧，而 C13 上的羟基则取直立位。由于 C9═C10 为反式双键，此时尚不能被羟基进攻而环氧化。但是，在质子的催化下，通过两条长链的相互扭曲，使羟基有亲核进攻 C9 的可能，而生成的环氧化产物呈麻花式构象（**6-122**），然后异构化为最终产物，其构象（**6-123**）的立体化学特征与前面的描述一致。最后还要说明的是，化合物 **6-121** 中 C13 的构型在酸性条件下易于相互转化，而计算化学研究表明，C9-H 与 C13-H 呈反式关系，C13-H 与 C15-H 呈顺式关系，四氢吡喃环呈扭船式构象的这种环氧化产物是热力学上最稳定的异构体，因此，无论化合物 **6-119** 中 C13 为何种构型，均得到同样的环氧化产物。

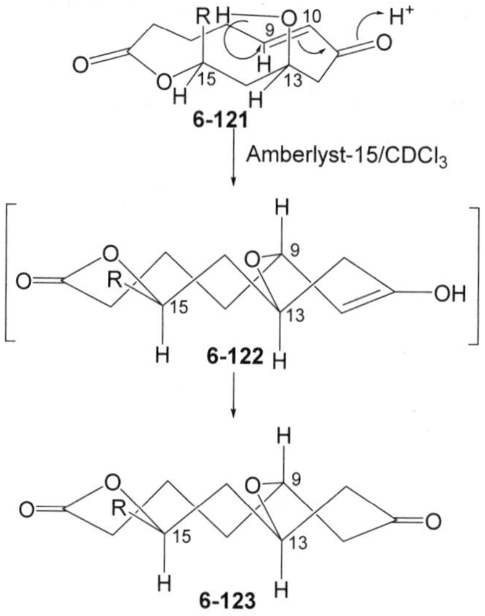

图 6-48 阿匹枯拉菌素 A 全合成中关键中间体跨环环氧化的构象分析

6.10 大环烯的跨环 Michael 加成

Michael 加成是碳负离子对活泼 C═C 双键的加成反应，是一类在有机合成中形成 C—C 键的重要反应。跨环 Michael 加成可以将普通大环转换为双环化合物。

6.10.1 (+)-Sch 642305全合成中的跨环Michael加成

(+)-Sch 642305是从青霉素培养基中分离得到的一种桥环内酯化合物（**6-124**），对细菌DNA发酵有强烈的抑制作用，对HIV感染也有很强的抑制作用[54]。本节介绍一条合成(+)-Sch 642305路线中的关键步骤：跨环Michael加成及其构型的调整（图6-49）[55]。前期合成的C4位羟基已被保护的十四元环内酯（**6-125**），含有一个*α*,*β*-不饱和酯单元，在氢化钠的作用下，作为碳负离子的C8进攻*α*,*β*-不饱和酯单元的C3，完成Michael加成，生成含有一个十元环内酯和一个环己烯酮的桥环化合物（**6-126**）。化合物**6-126**去保护后，结构鉴定发现仅是(+)-Sch 642305的差向异构体，C8的构型相反。于是研究了**6-126**的差向异构化。在三氟乙酸作用下，**6-126**分子中的C8的构型可以转换，从而达到差向异构化的目的。但是收率不太高，在1.5%三氟乙酸中，120℃及微波照射的情况下，扣除回收的**6-126**，可得58%的差向异构化产物（**6-127**）。在醋酸中，用四丁基氟化铵脱去保护基叔丁基二苯基硅基得终产物（+)-Sch 642305。

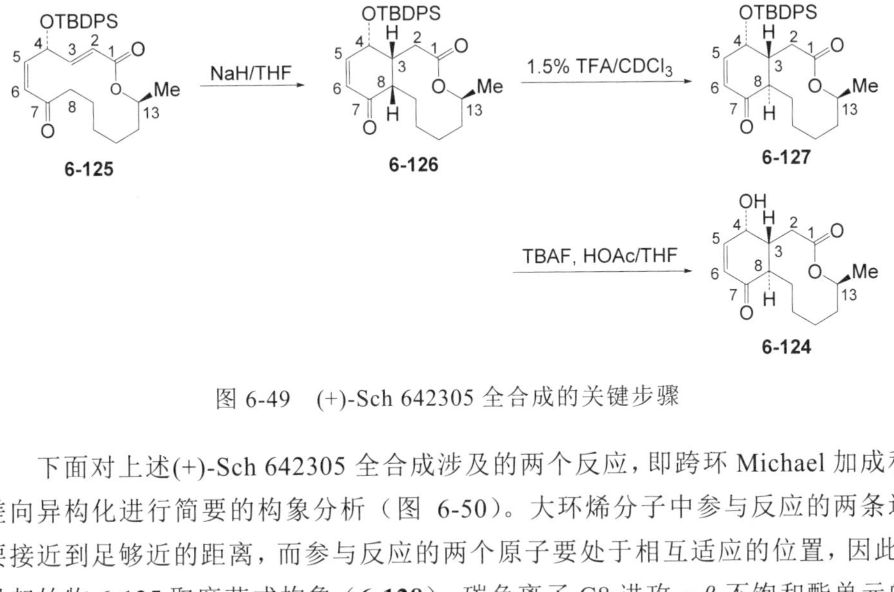

OTBDPS 4 3 2 1 O 5 6 O Me 7 8 13 O **6-125**
NaH/THF
OTBDPS H 2 1 O 5 4 3 6 8 O Me 7 H 13 O **6-126**
1.5% TFA/$CDCl_3$
OTBDPS H 2 1 O 5 4 3 6 8 O Me 7 H 13 O **6-127**
TBAF, HOAc/THF
OH H 2 1 O 5 4 3 6 8 O Me 7 H 13 O **6-124**

图6-49 (+)-Sch 642305全合成的关键步骤

下面对上述(+)-Sch 642305全合成涉及的两个反应，即跨环Michael加成和差向异构化进行简要的构象分析（图6-50）。大环烯分子中参与反应的两条边要接近到足够近的距离，而参与反应的两个原子要处于相互适应的位置，因此，设起始物**6-125**取麻花式构象（**6-128**），碳负离子C8进攻*α*,*β*-不饱和酯单元的C3，形成桥环化合物，两条长链发生扭曲，构象转换为盆椅式（**6-129**）。其中，环己烯酮取船式构象，十元环内酯取[1414]构象，后者也是十元环的优势构象之一。两个环以顺式的方式并联，这与终产物的构型相反。计算化学研究表明，Sch 642305比它的C8差向异构体的能量低4.19 kJ/mol，而且由于C7羰基的存在，C8 上的氢较为活泼，能形成烯醇式结构（**6-130**），这是中间体 **6-129** 能够差向异构化为 **6-131** 的重要原因。由于两个差向异构体的能量差不大，因而转化率不高。化合物 **6-131** 的构象与 **6-129** 的构象有显著差异：它的环己烯酮部分取半椅式，而十元环内酯部分取[2323]构象，[2323]构象也是十元环的优势构象之一。去保护对 C4 的构型没有影响，所得终产物的构象（**6-132**）与 **6-131** 一致，这一构象也与单晶 X 射线分析的结果一致[54]。

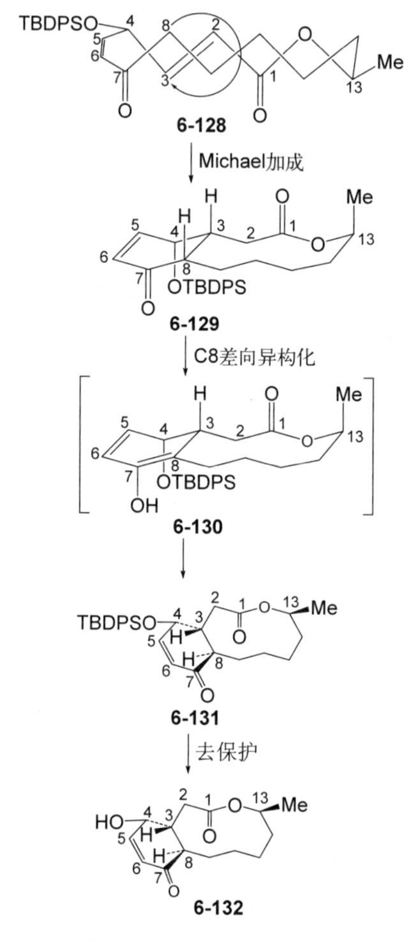

图 6-50　(+)-Sch 642305 全合成中跨环 Michael 加成和差向异构化的构象分析

6.10.2　(–)-sinulariadiolide 全合成中的跨环 Michael 加成及串联反应

(–)-sinulariadiolide(尚无中文名)是从软珊瑚中分离得到的一种去甲二萜类

化合物，具有独特的三环骨架（**6-133**）[56]。三环中一个为九元环内酯，一个为五元环内酯，一个为环己烯环。本节介绍一条(−)-sinulariadiolide 全合成路线中含有 Michael 加成的串联反应（图 6-51）[57]。起始物是一个由开链化合物合成的十三元环内酯（**6-135**），含有一个 α,β-不饱和酯单元和一个 α,β-不饱和酮单

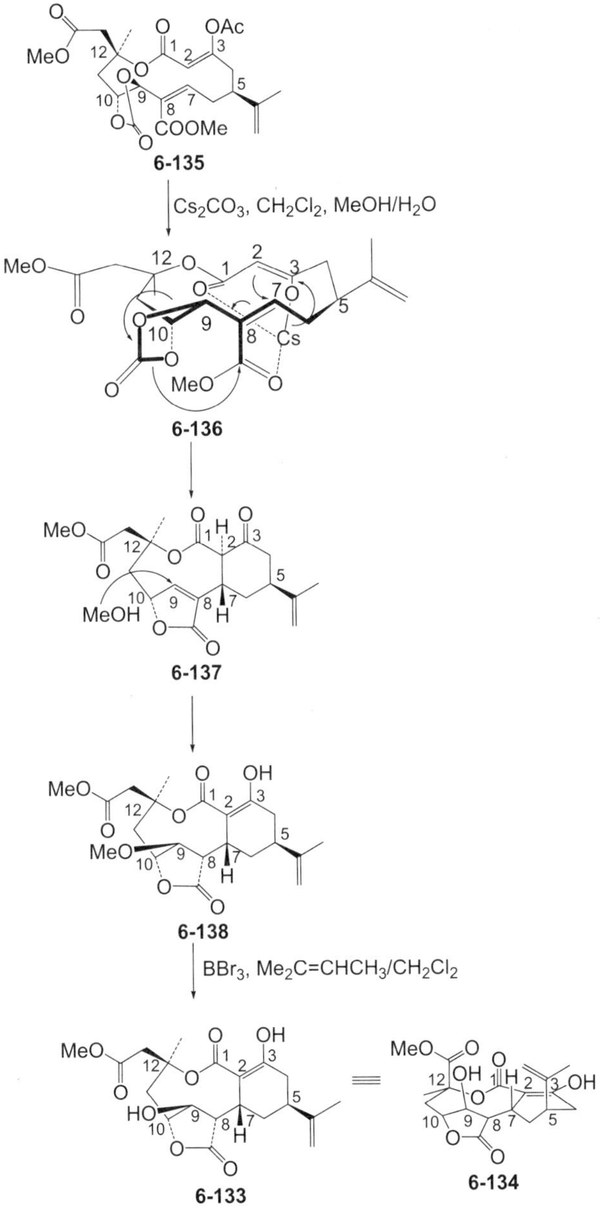

6-135

Cs_2CO_3, CH_2Cl_2, $MeOH/H_2O$

6-136

6-137

6-138

BBr_3, $Me_2C{=}CHCH_3/CH_2Cl_2$

6-133　　**6-134**

图 6-51　(−)-sinulariadiolide 全合成中含跨环 Michael 加成的串联反应及构象分析

元，分子中的 3 个羟基分别由乙酰化（C3-OH）和生成环状碳酸二酯（C-OH，C10-OH)而被保护。该起始物以水为溶剂，加入碳酸铯、二氯甲烷和甲醇后即发生串联反应。其过程如下：铯离子的加入，造成 C3 上乙酰氧基的去乙酰化，并与其羟基形成离子键，及与 C1 酯羰基和 C8 上的酯羰基配位（**6-136**），由此开启了串联反应：C3 上氧负离子的羰基化，促使 C2 成为碳负离子而跨环进攻 C7═C8 双键，完成 Michael 加成，C7═C8 双键的移位引起碳酸酯的消除，然后 C10 上的氧负离子与 C8 上的酯基发生酯交换，形成第 3 个环，即丁烯内酯（**6-137**），串联反应终止。之后，甲醇自动进攻 C9，发生氧杂-Michael 加成，生成(−)-sinulariadiolide 甲醚（**6-138**）。实验研究表明，如果没有甲醇的存在，水不能作为亲核试剂发生氧杂-Michael 加成，用异丙醇替代甲醇，也不能发生氧杂-Michael 加成。最后，**6-138** 经三溴化硼和 2-甲基-2-丁烯处理，得终产物(−)-Sinulariadiolide。初步分析，(−)-Sinulariadiolide 的构象具有如下特征：九元环内酯呈[144]构象，环己烯环呈半椅式构象，五元环内酯呈信封式构象（**6-134**）。

6.11 大环的跨环醇酮缩合

醇酮（醛)缩合发生在羰基化合物之间，是有机合成中应用最为广泛的形成 C—C 键的反应之一。通过跨环醇酮缩合可以将普通大环转换为双环化合物。

6.11.1 1,3,5,7,9,11-环十二六酮的跨环醇酮缩合及串联反应

1,3,5,7,9,11-环十二六酮（**6-140**）在不同的催化剂作用下，可发生不同形式的跨环醇酮缩合及不同的串联反应，得到不同的终产物（图 6-52）[58]：在磷酸钾的催化下，发生跨环醇酮缩合，生成中间体 **6-141**，继续反应生成含有半缩酮结构的终产物 **6-142**（反应 1）。在三氟甲磺酸的催化下，同样首先发生跨环醇酮缩合，生成中间体 **6-143**，接着发生逆醇酮缩合，芳构化，形成半缩酮及脱水生成骨架为苯并-γ-吡喃酮的终产物 **6-144**（反应 2）。在 DBU（1,8-二氮杂环[5.4.0]十一-7-烯）的催化下，仍然先发生跨环醇酮缩合，生成中间体 **6-145**，接着发生逆 Claisen 缩合，脱羧及再一次的醇酮缩合，生成骨架为苯并环己酮的终产物 **6-146**（反应 3）。环十二六酮 **6-140** 可由三环二酮（**6-139**）经臭氧化得到。该环十二六酮在黑暗中常温下，可保存数天。用于反应时，不需要分离，直接使用。

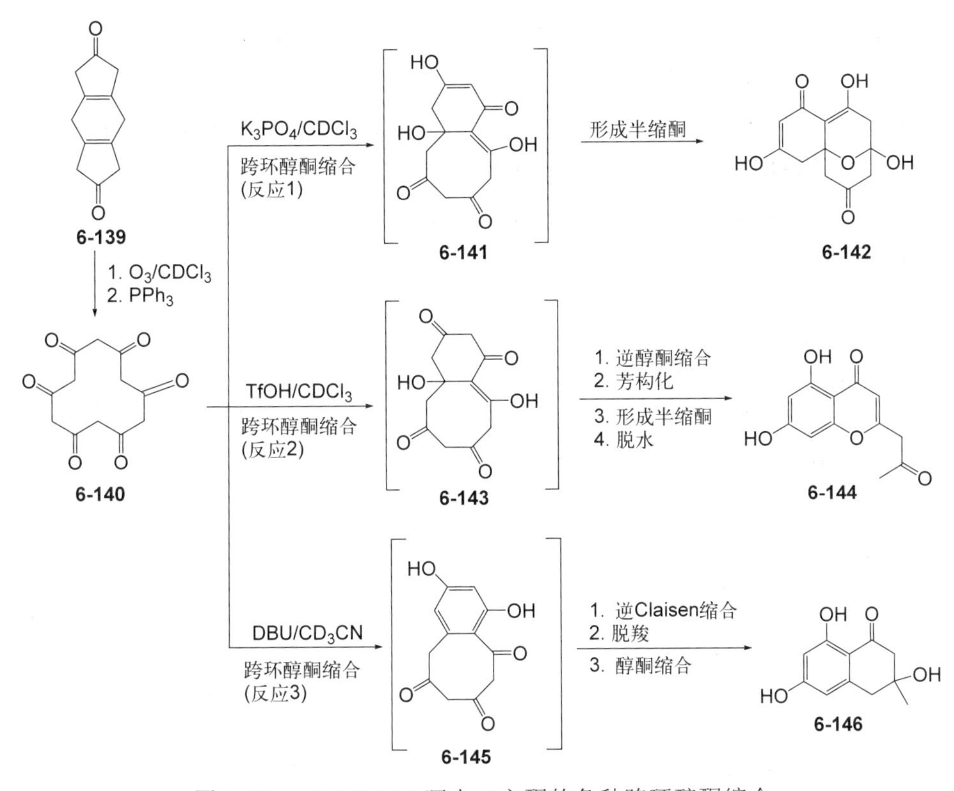

图 6-52　1,3,5,7,9,11-环十二六酮的各种跨环醇酮缩合

1,3,5,7,9,11-环十二六酮有 3 组 1,3-二酮结构单元。NMR 技术研究指出，它在溶液中存在两种互变异构体，以及一烯醇化异构体和二烯醇化异构体。如果将它参与反应时的构象定为类反,反,反-1,5,9-环十二三烯的全椅式构象（**6-147**），则易于解释它的分子内跨环醇酮缩合反应的发生和由此引发的串联反应。

反应 1（图 6-53）：环十二六酮以一烯醇化的形式，并取全椅式构象（**6-147**）参与反应。烯醇碳负离子 C2 进攻 C9 羰基，完成跨环醇酮缩合，同时，C11 羰基烯醇化，生成双环化合物 **6-148**，接着 **6-148** 的八元环取[2222]构象，C9 上的羟基进攻 C5 羰基，生成具有半缩酮结构的终产物 **6-149**（**6-142** 的构象式）（注：结构式中碳原子编号仅为叙述方便，不用于化合物的命名。图 6-54 和图 6-55 亦如此）。

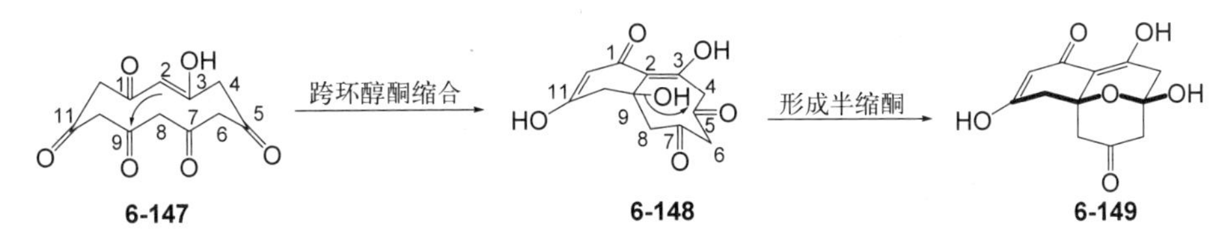

图 6-53　1,3,5,7,9,11-环十二六酮跨环醇酮缩合(反应 1）的构象分析

反应 2（图 6-54）：分子内的跨环醇酮缩合同反应 1，但是，在此反应条件下，C11 羰基并未烯醇化（**6-150**）。接着，在 C9 羟基作用下，发生分子内的逆醇酮缩合，C8—C9 键断裂，生成带有三酮侧链的环己三酮（**6-151**），环己三酮芳构化生成 **6-152**，它的 C9 羟基与 C5 羰基反应，形成半缩酮结构，再次成为双环化合物（**6-153**）。最后 C4 和 C5 之间脱水，生成终产物 **6-144**，即取代的苯并-γ-吡喃酮。

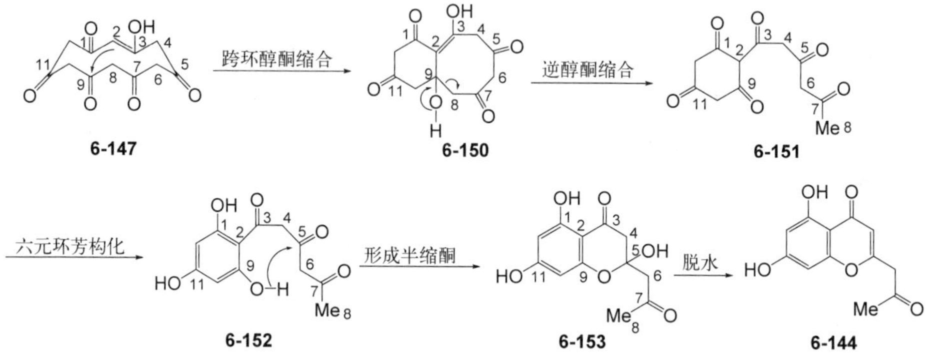

图 6-54　1,3,5,7,9,11-环十二六酮跨环醇酮缩合(反应 2）的构象分析

反应 3（图 6-55）：分子内的跨环醇酮缩合同反应 1，但是，在此反应条件下，双环中的六元环芳构化为间苯二酚，而 C3 羰基则未烯醇化（**6-154**）。接着，在碱性条件下（B 代表碱性基团），发生逆 Claison 缩合（**6-155**），C5—C6 键断裂，生成带有一个 β-羰基羧酸侧链和一个甲基酮侧链的间苯二酚（**6-156**），脱羧后生成少一碳原子并带有两个甲基酮侧链的间苯二酚（**6-157**）。最后，两个甲基酮侧链间发生醇酮缩合，再次生成双环化合物（**6-146**）。

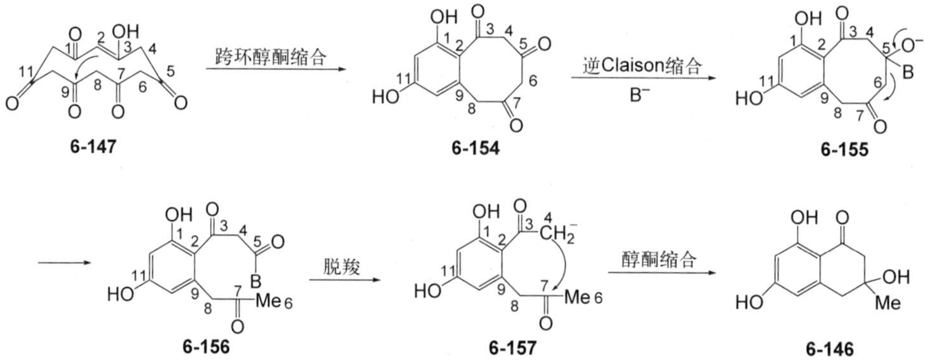

图 6-55　1,3,5,7,9,11-环十二六酮跨环醇酮缩合（反应 3）的构象分析

6.11.2　(+)-miyakolide 全合成中的跨环醇酮缩合

(+)-miyakolide（尚无中文名）是(−)-miyakolide 的对映体（**6-158**），后者分离自一种海绵，为天然产物[59]。它们的立体化学特征完全一致，比旋光度数值相等，符号相反，其结构特征如下：它是一个大环内酯类化合物，含有 3 个四氢吡喃环（A、B、C）和一个环己酮环（D），且 C 环和 D 环稠和构成氧杂反式十氢萘环，同时，B 环和 C 环还具有半缩酮结构，此外还有若干手性碳原子。由中间体（**6-159**）合成(+)-miyakolide 的过程示于图 6-56[60]。中间体已完成整个大环内酯环，A、B 两个吡喃环，以及相关手性碳的构建，且 C8 的羟基已由对甲氧苄基（PMB）保护，仅需继续完成 C、D 两环的构建。所采用的策略是利用烯胺酮（C19）的 α-C，即 C18 与羰基碳（C13）发生醇酮缩合反应，构建 D 环。

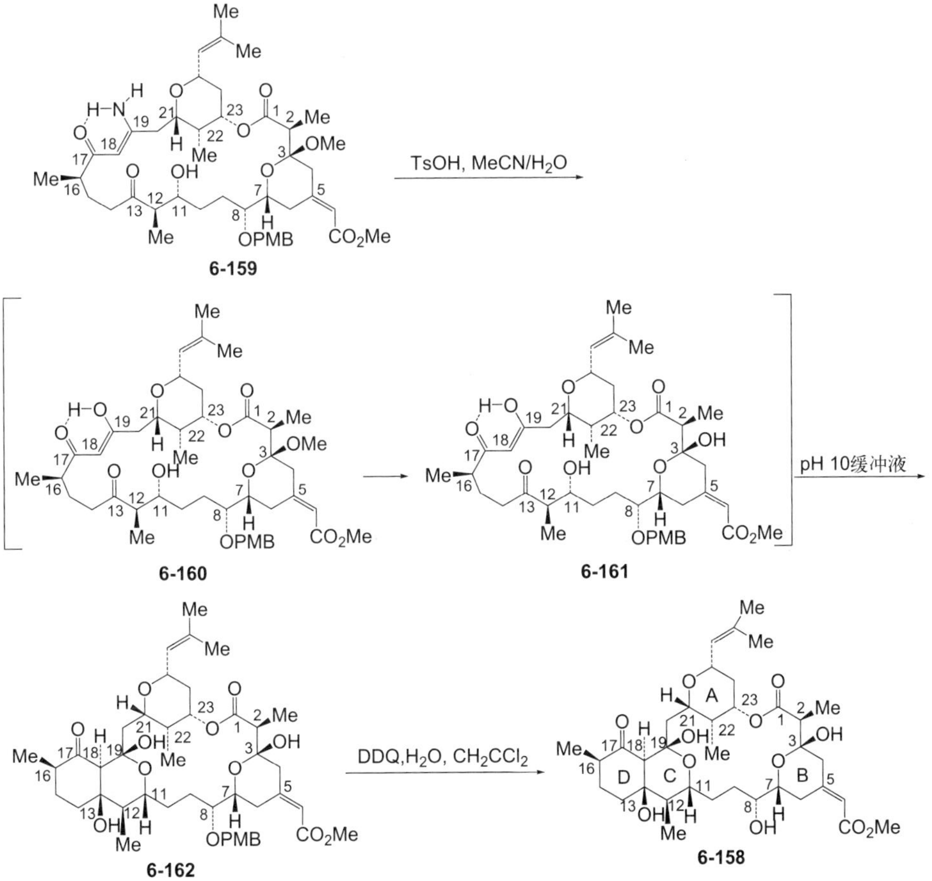

图 6-56　(+)-miyakolide 全合成中的跨环醇酮缩合

烯胺酮与羰基发生醇酮缩合反应已有报道[61]，但是，在这里未获成功。实际的反应过程是，首先将烯胺酮中间体（**6-159**）水解为烯醇或称 1,3-二酮（**6-160**），同时 B 环的混合缩酮水解为半缩酮（**6-161**），调节反应液为 pH 10 的缓冲溶液，C18 和 C13 之间的醇酮反应发生，且 C11 上羟基进攻 C19 羰基，形成半缩酮结构，生成 C、D 两环，获得 **6-162**，最后加入 2,3-二氯-5,6-二氰基-1,4-苯醌（DDQ）除去 C8 羟基保护基，整个反应过程 3 步一锅得(+)-miyakolide。

下面对 C、D 两环的构建过程做简要的讨论（图 6-57，涉及大环内酯的 C11～C19 部分）。中间体 **6-160** 已利用 NMR 技术对其在两种溶剂(苯和二噁烷/水)中的构象进行了研究，得出 C17～C19 烯胺酮和 C13 羰基的取向正确，即 C18 与 C13 在碳链的转折点相反，适于发生缩合反应。由于水解为烯醇后，构象不会有根本改变，于是，将该局部构象设为 **6-163**。在碱性条件下，碳负离子 C18 从环下进攻 C13 羰基，发生跨环醇酮缩合反应而形成 D 环，生成的羟基则指向环外，即在 D 环的椅式构象中取直立键位置（**6-164**）。接着，C11 羟基从环下进攻 C19 羰基，形成 C 环，而半缩酮羟基指向环外，在 C 环的椅式构象中取直立键位置，C、D 两环形成反式氧杂十氢萘骨架（**6-165**）。

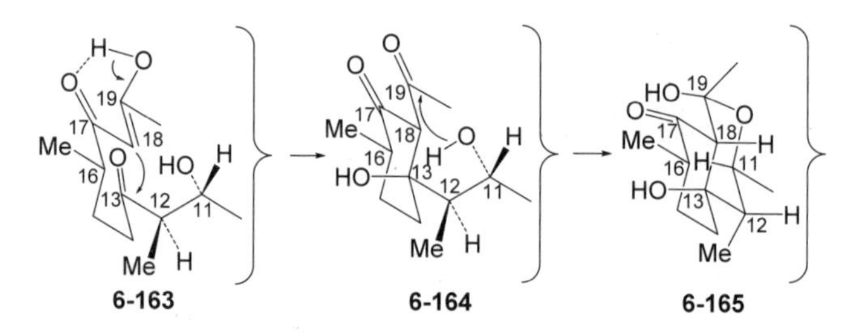

图 6-57　(+)-miyakolide 全合成中跨环醇酮缩合的构象分析

6.12 跨环 D-A 反应

6.12.1 跨环 D-A 反应的发现

1928 年，德国化学家 Diels 和 Alder[62]在研究顺丁烯二酸酐与丁二烯的反应时发现，二者在苯中加热几乎可定量地得到四氢邻苯甲二酸酐。由此发现了 Diels-Alder 反应，简称 D-A 反应，亦称双烯合成。简单地说，就是一个含有活泼双键或三键的化合物与一个具有二烯或多烯共轭体系的化合物发生 1,4-加成，生成六元环化合物的反应。这一反应在天然产物的合成和药物的设计与开发中具有十分重要的作用，对它的研究也在不断地深入，其中一个重要进展就是跨环双烯合成的发现[63]。1981年，人们在研究顺,反,顺-1,3,5-环癸三烯（**6-166**）的热异构化时发现，加热时该化合物发生反应生成了双环化合物（**6-167**）和三环化合物（**6-168**）的混合物（图6-58）。而在较低温度下加热顺,反,顺-1,3,5-环十一三烯（**6-169**）时则主要生成三环化合物（**6-170**）（图6-59）。

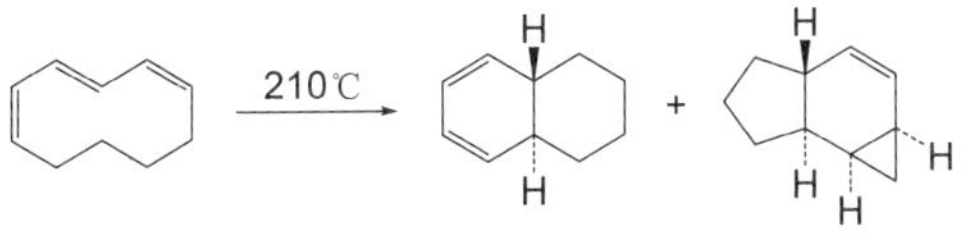

210℃
6-166 6-167 6-168

图6-58 顺,反,顺-1,3,5-环癸三烯的D-A反应

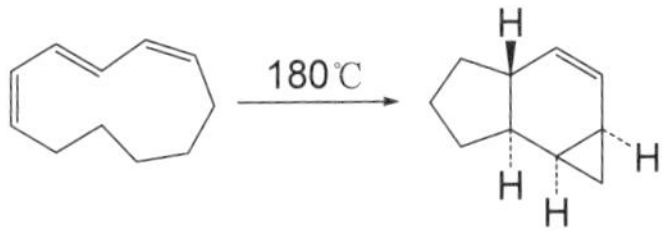

180℃
6-169 6-170

图6-59 顺,反,顺-1,3,5-环十一三烯在较低温度下的D-A反应

研究表明，起始物环三烯（**6-171**）在加热时发生[1,5]-H迁移，形成部分共轭的过渡态反，顺,顺-1,3,6-环三烯（**6-172**），然后环内的共轭二烯部分与环内孤立的双键通过[4+2]环加成生成了三环产物（**6-173**）（图6-60）。于是，跨环D-A反应被发现，文献中常简称为TADA或TDA（**T**rans**a**nnular **D**iels-**A**lder）反应。

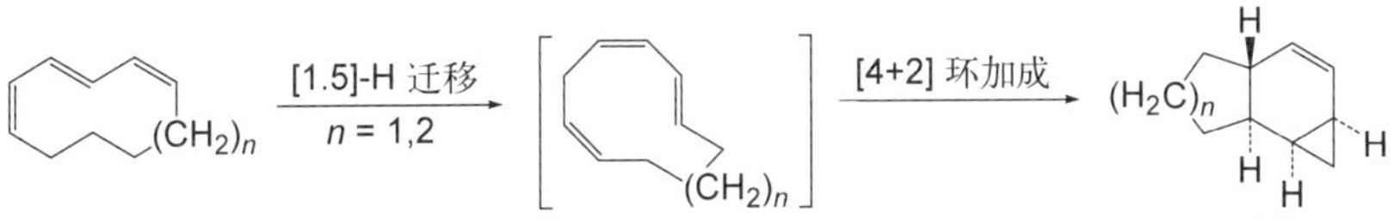

$(CH_2)_n$ [1.5]-H 迁移 $n = 1,2$ [4+2] 环加成 $(H_2C)_n$
6-171 6-172 6-173

图6-60 环三烯的跨环D-A反应

6.12.2 跨环D-A反应的一般规律

首先以取代的9-甲基-1,3,9-环十四三烯（**6-174**）经跨环D-A反应合成三环化合物（**6-175**）为例（骨架碳原子的序号按甾族化合物的规定标注），讨论大环三烯跨环D-A反应的一般规律（图6-61）[64-66]（注：环十四三烯中两个偕二甲氧羰基碳的存在是因为合成时，采用了以丙二酸二甲酯为连接体，两组分偶

合而成。C9 上甲基的存在可用以判断三环化合物是否由最初的跨环 D-A 反应得来）。发生跨环 D-A 反应的大环三烯有一个 1,3-双烯单元和一个亲双烯单元。其中双烯单元有 4 种不同的顺反构型，即 CT、TC、CC 和 TT 型，C 表示顺式（*cis*），T 表示反式（*trans*）。亲双烯单元有两种顺反构型，即 T 和 C。因此上述大环三烯共有八个顺反异构体，即 CTT、TCT、CCT、TTT、CTC、TCC、CCC 和 TTC。需要注意的是，前两个字母代表双烯体的构型，后一个字母代表亲双烯体的构型。产物三环化合物有 4 个不对称碳原子（C5、C8、C9 和 C10），故有 8 对消旋的非对映异构体。它们的立体化学反映在 3 个环的关系上，即依据环的不同稠合方式区分 8 对异构体。A/B 两环和 B/C 两环之间的关系用 C（*cis*）表示顺式稠合，用 T（*trans*）表示反式稠合。A/C 两环之间的关系用 S（*syn*）表示同向，A（*anti*）表示反向。具体的操作可通过 C9 和 C10 上氢原子或取代基的取向来定，两氢原子或取代基取向相同为 S，反之为 A。因此，三环化合物的 8 对构型异构体分别简称为：CAC、CAT、CST、CSC、TAT、TAC、TSC 和 TST。值得注意的是，三环化合物中 A/C 环的立体关系由亲双烯体的构型确定，S 型对应于 C 型，A 型对应于 T 型。

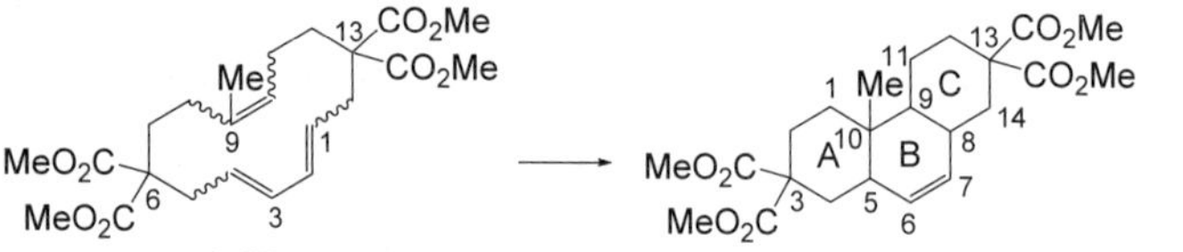

图 6-61　9-甲基-1,3,9-环十四三烯的跨环 D-A 反应

理论上，每一个大环三烯构型异构体都可得到两对不同的三环非对映异构体，然而，有的异构体并不能发生跨环 D-A 反应。分子模型研究表明，三环化合物中的 B 环必须取船式构象，这就要求大环三烯需要经历一个类椅-船-椅式过渡态才能发生跨环 D-A 反应。因此有的三环化合物不能由跨环 D-A 反应获得，而有的大环三烯可以产生一个或两个不同构型的三环化合物。根据上述分析，对 8 个大环三烯异构体发生跨环 D-A 反应的一般规律预测如下：一个大环三烯异构体（CCT）不能发生跨环 D-A 反应；五个大环三烯异构体（CTT、TCT、CTC、TCC 和 CCC）各自仅能得到一对消旋的非对映异构体；两个大环三烯异构体（TTT 和 TTC）各自可以得到两对消旋的非对映异构体。而具有 TAT 构型的三环化合物，由于其 B 环不能取船式构象，因此不能由跨环 D-A 反应得到。上述预测由实验进行了验证。预测和验证实验结果见表 6-6。

表 6-6　9-甲基-1,3,9-环十四三烯跨环 D-A 反应预测及实验验证

序号	三烯异构体	三环异构体	实验验证结果
1	CTT	→ CAC ↛ TAT	CAC 三环化合物为唯一产物，无 TAT 三环化合物生成。与预测结果一致
2	TCT	→ CAC ↛ TAT	产物为三组分混合物，其中 CAC 三环化合物占三分之一。无 TAT 三环化合物生成。与预测结果基本一致
3	CCT	↛ CAT ↛ TAC	未能得到 CAT 或 TAC 三环化合物。主产物为带有一个十元环的双环化合物。与预测结果一致
4	TTT	→ CAT → TAC	得到 CAT 和 TAC 两种三环化合物，比例为 CAT∶TAC = 1∶2。与预测结果一致
5	CTC	→ CST ↛ TSC	CTC 三烯得到 CST 三环化合物，TCC 三烯得到 TSC 三环化合物，与预测结果一致。然而就 A、B、C 三环均为六元环的三环化合物而言，构型为 CST 和 TSC 的三环化合物碳骨架完全相同，可以由 CTC 或 TCC 三烯同时得到
6	TCC	↛ CST → TSC	
7	CCC	→ CSC ↛ TST	未能得到预测的 CSC 构型产物，而是得到比例大约为 1∶1 的 CST 和 TSC 两种构型的三环化合物的混合物
8	TTC	→ CSC → TST	与预测不完全一致，仅得到预期的 TST 型三环化合物

验证实验结果及其简要分析：

① CTT 大环三烯（**6-176**）理论上有两种构象（甲基在亲双烯单元的不同烯碳原子上），实际上，两个构象全等，因此也有两种全等的船式过渡态（**6-177**），它在 300℃下，加热两小时，发生跨环 D-A 反应，得唯一产物 CAC 构型三环化合物（**6-178**），产率 91 %（图 6-62）。

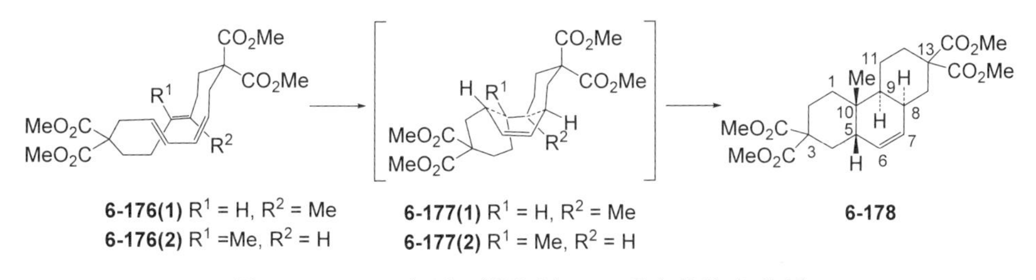

图 6-62　CTT 大环三烯跨环 D-A 反应的构象分析

② TCT 大环三烯（**6-179**）在 350℃下，加热 1 小时，得到一个 3 组分混合物。其中一个化合物（占总量的三分之一)为通过如图 6-62 所示的跨环 D-A 反应产生的 CAC 三环化合物（**6-178**）。另一化合物（占总量的二分之一）为结构不同的 CAC 三环化合物（**6-182**），还有一个结构未知的化合物（占总量的六分之一）。对于 **6-182** 的产生，可以用图 6-63 所示的机理解释，即 TCT 大环三烯（**6-179**）经跨环烯反应生成双环化合物（**6-180**），再经[1,5]-H 迁移，转换为

另一种大环三烯（**6-181**），最后，通过正常的跨环 D-A 反应，生成另一个三环化合物（**6-182**），虽然构型仍为 CAC，但是甲基已从 **6-178** 的 C10 位变为 **6-182** 的 C7 位（注：结构式中“·”代表指向纸面外的氢原子）。

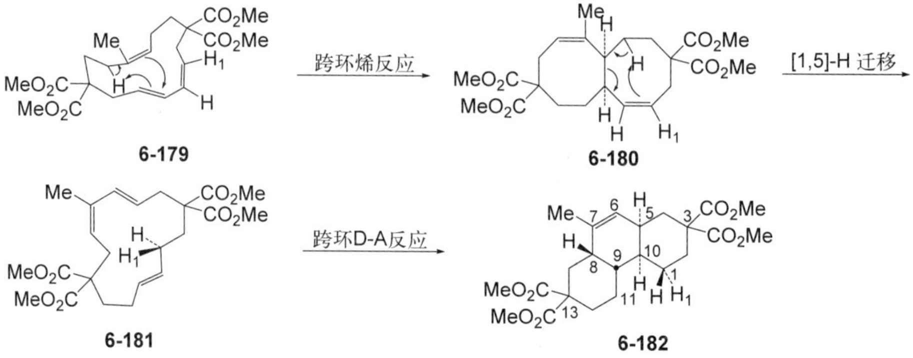

图 6-63　TCT 大环三烯跨环 D-A 反应的构象分析

③ 大环三烯 CCT（**6-183**）在 300 ℃下，加热 3 小时，未能得到 CAT 或 TAC 三环化合物。主产物为一个带有十元环的双环化合物（**6-184**），系通过 **6-183** 的跨环烯反应生成（图 6-64），产率 68%。

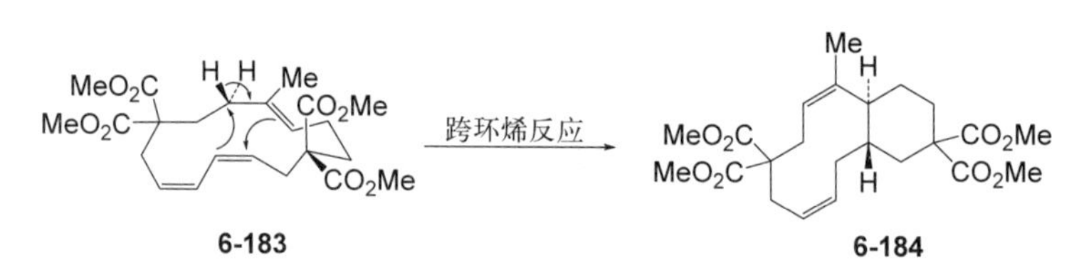

图 6-64　大环三烯 CCT 跨环烯反应的构象分析

④ 大环三烯 TTT（**6-185**）在关环反应（80℃）完成后，随即发生跨环 D-A 反应，生成三环化合物（图 6-65）。由于该大环三烯存在两种构象［**6-185(1)**和 **6-185(2)**］，因此发生跨环 D-A 反应时，经历两种不同的过渡态（**6-186** 和 **6-187**），生成两种三环化合物，即 CAT（**6-188**）和 TAC（**6-189**）型三环化合物。由于过渡态 **6-186** 中，一个甲氧羰基与烯键有较强的排斥作用，生成 CAT 三环化合物的概率稍低，获得的 CAT 和 TAC 的比例为 1∶2。

⑤、⑥ 大环三烯 CTC［**6-190(1)**］和 TCC［**6-190(2)**］的跨环 D-A 反应有相似性，因此放在一起讨论。它们有共同的类椅-船-椅式过渡态［**6-191(1)**］和［**6-191(2)**］，在 300℃下加热，分别得到构型为 CST［**6-192(1)**］和 TSC［**6-192(2)**］的三环化合物，产率分别为 89%和 100%（图 6-66）。从结构上看，A、B、C 三环均为六元环的三环化合物，构型为 CST 和 TSC 的碳骨架是完全相同的，只是取代基的位置不同而已。

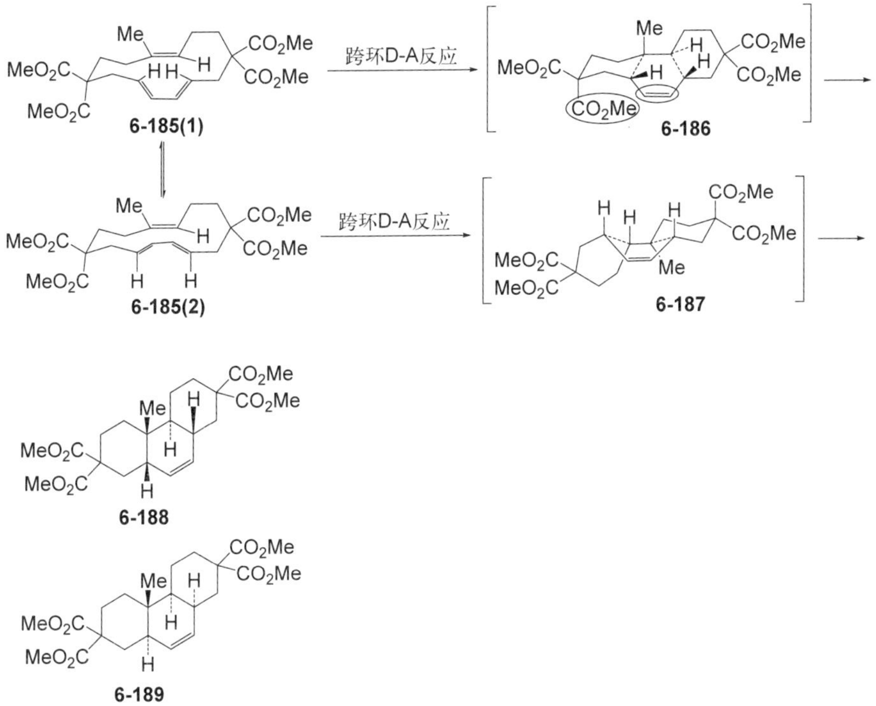

Me
MeO_2C　CO_2Me　CO_2Me　H H H
MeO_2C
6-185(1)
跨环D-A反应
Me　H　H　H
MeO_2C　CO_2Me　CO_2Me　CO_2Me
6-186

Me
MeO_2C　CO_2Me　CO_2Me　H
MeO_2C　H　H
6-185(2)
跨环D-A反应
H　H　H　CO_2Me　CO_2Me
MeO_2C　MeO_2C　Me
6-187

CO_2Me　CO_2Me　Me　H
MeO_2C　MeO_2C　H　H
6-188

CO_2Me　CO_2Me　Me　H
MeO_2C　MeO_2C　H　H
6-189

图 6-65　大环三烯 TTT 跨环 D-A 反应的构象分析

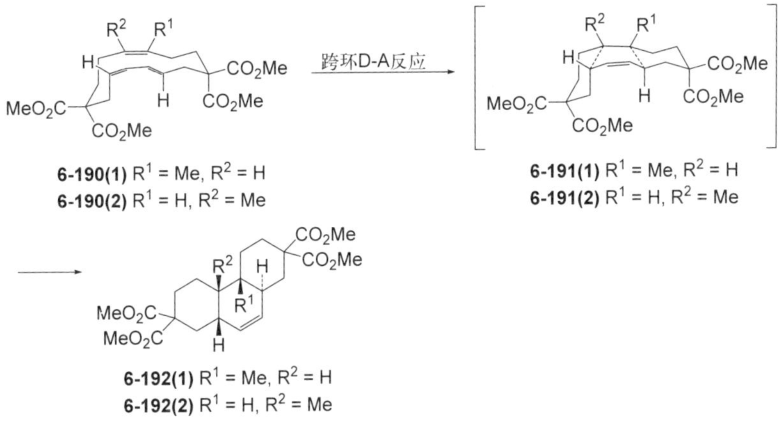

R^2　R^1　H　H
MeO_2C　CO_2Me　CO_2Me　CO_2Me
跨环D-A反应
R^2　R^1　H　H
MeO_2C　CO_2Me　CO_2Me　CO_2Me

6-190(1) R^1 = Me, R^2 = H
6-190(2) R^1 = H, R^2 = Me

6-191(1) R^1 = Me, R^2 = H
6-191(2) R^1 = H, R^2 = Me

CO_2Me　CO_2Me　R^2　H　R^1
MeO_2C　MeO_2C　H

6-192(1) R^1 = Me, R^2 = H
6-192(2) R^1 = H, R^2 = Me

图 6-66　大环三烯 CTC 和 TCC 跨环 D-A 反应的构象分析

⑦ 大环三烯 CCC（**6-193**）按预测，通过跨环 D-A 反应可以得到 CSC 三环化合物（**6-195**）。实际上，在 365 ℃下加热半小时，并未得到相应的 CSC 构型产物，而是得到比例大约为 1∶1 的 CTC 和 TCC 两种构型的三环化合物的混合物。究其原因是，由 CCC 三环化合物经跨环 D-A 反应得到 CSC 三环化合物，其过渡态（**6-194**）顺式二烯空间严重拥挤而难于发生反应（图 6-67）。然

而，在此温度下，CCC 三烯（**6-196**）却经历了连续两次[1,5]-H 迁移，经由 **6-197** 转换为 CTC 和 TCC 两种三烯化合物（**6-198**）（图 6-68），最终通过跨环 D-A 反应，生成 CST 和 TSC 两种构型的三环化合物。

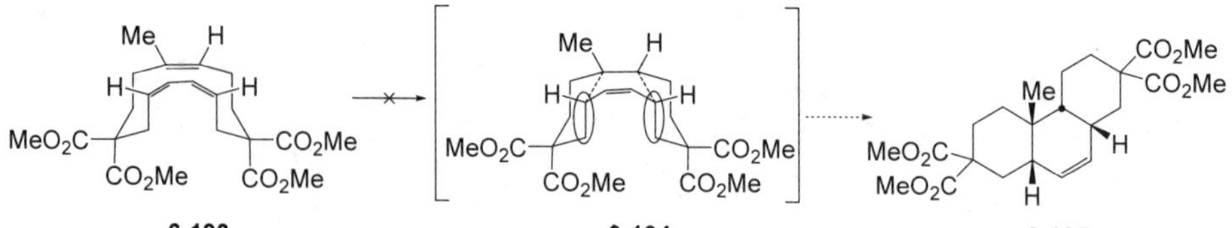

图 6-67　大环三烯 CCC 不能得到 CSC 三环化合物的构象分析

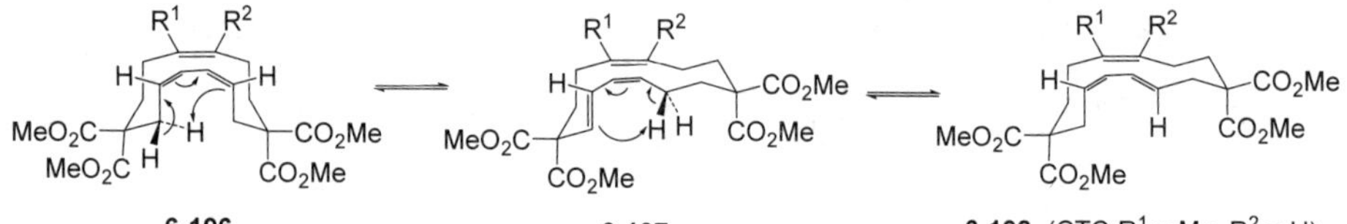

图 6-68　大环三烯 CCC 通过两次[1,5]-H 迁移转换为 CTC 和 TCC 两种三烯化合物的构象分析

⑧ 大环三烯 TTC（**6-199**）的合成(80 ℃)完成后，随即发生跨环 D-A 反应，生成三环化合物（图 6-69），但是仅仅得到预期的 TST 型三环化合物（**6-203**），收率 53%，而无预期的 CSC 型三环化合物（**6-202**）。分子模型分析再次指出，虽然 TTC 大环三烯具备发生跨环 D-A 反应的类椅-船-椅式构象，但是在两个过渡态中，产生 CSC 型三环化合物的过渡态（**6-200**）中两个呈直立键的甲氧羰基与烯键存在强烈的空间相互排斥作用，而与之竞争的产生 TST 型三环化合物的过渡态（**6-201**）却无此作用，因此由 TTC 型大环三烯只能得到 TST 型三环化合物（图 6-69）。

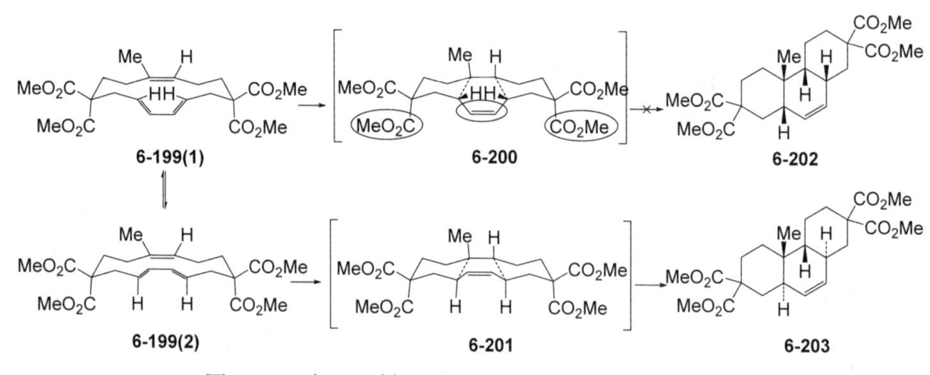

图 6-69　大环三烯 TTC 跨环 D-A 反应的构象分析

上述对甲基取代的1,3,9-环十四三烯（**6-174**）经跨环D-A反应合成三环化合物的活性与分子模型预测和合成实验结果基本一致，但是，仍然存在进一步研究的余地，即应该存在椅-船-船式过渡态与椅-船-椅式过渡态竞争的可能性[67]。

无取代基的1,3,9-环十四三烯仅有6个顺反异构体，即TTT、TTC、TCT、TCC、CCC和CCT（CTT等同于TCT，CTC等同于TCC），更便于利用计算化学方法对其跨环D-A反应进行研究。结果顺利得到前5个异构体在跨环D-A反应中过渡态的4种构象（图6-70，椅-船-椅式标记为cbc，椅-船-船式标记为cbb，船-船-椅式标记为bbc，船-船-船式标记为bbb），及其各过渡态构象和产物三环化合物的相对能量（表6-7）[68]。然而却未能得到CCT异构体相应过渡态的构象，这是因为CCT异构体受立体化学的限制，不能形成中心环取船式构象的过渡态，于是阻碍了分子中二烯和亲二烯部分的相互接近而不能发生跨环D-A反应，这与以前的实验结果一致。

表6-7和图6-70显示，三烯异构体TTT和TTC在跨环D-A反应中，过渡态的优势构象均为cbc，两个构象均呈舒展状，而活化能较低，分别为88.3 kJ/mol和92.5 kJ/mol，极易发生跨环D-A反应。事实上，它们在形成三烯（温度80℃）的同时，即发生跨环D-A反应，生成三环化合物。三烯异构体TCT和TCC在跨环D-A反应中，前者过渡态的优势构象为cbb，后者为cbc，两个构象均呈一定的拥挤状，活化能较高，分别为142.7 kJ/mol和149.4 kJ/mol，能正常发生跨环D-A反应，但是，存在发生副反应的可能。三烯异构体CCC在跨环D-A反应中，其过渡态的优势构象应是 cbb，但是该构象的空间极其拥挤，张力极大，故活化能很高，为197.2 kJ/mol，要求很高的反应温度，事实上，在发生跨环D-A反应之前，即发生其他副反应，而得不到三环化合物。

表6-7 1,3,9-环十四三烯5种异构体，跨环D-A反应的过渡态，及其三环产物的相对能量

单位：kJ/mol

物质		TTT	TTC	TCT	TCC	CCC
大环三烯		0.0	0.0	0.0	0.0	0.0
反应过渡态	cbc	88.3	92.5	146.1	149.4	204.3
	cbb	101.7	111.8	142.7	157.0	197.2
	bbc	103.0	111.8	155.3	163.3	209.7
	bbb	121.0	127.7	170.4	174.6	208.5
三环产物		−170.4	−141.1	−120.6	−110.9	−116.0

注：相对能量以各大环三烯作为基准计算得到。

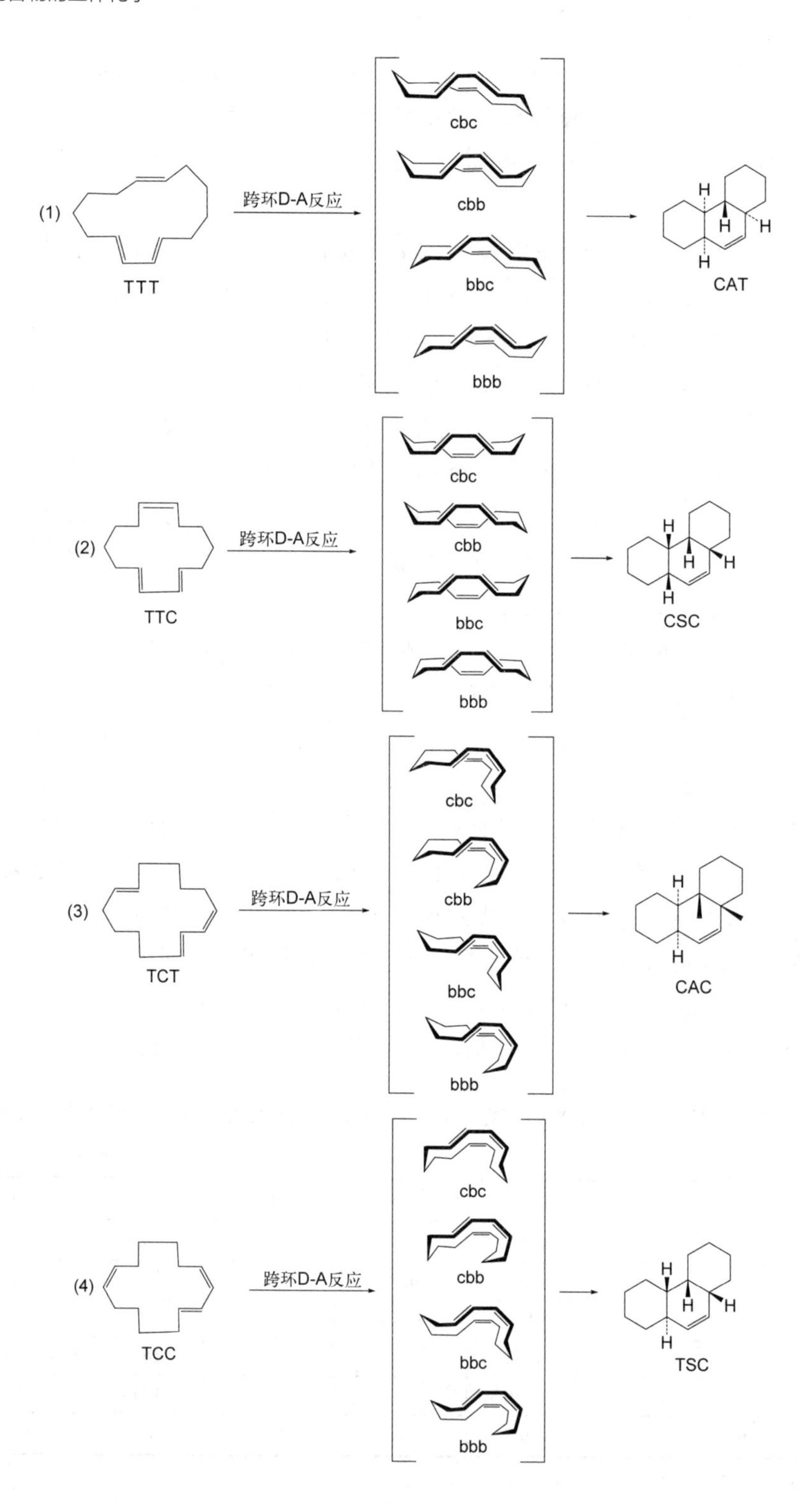
(1)
TTT
跨环D-A反应
cbc
cbb
bbc
bbb
H
H
H
H
CAT
(2)
TTC
跨环D-A反应
cbc
cbb
bbc
bbb
H
H
H
H
CSC
(3)
TCT
跨环D-A反应
cbc
cbb
bbc
bbb
H
H
CAC
(4)
TCC
跨环D-A反应
cbc
cbb
bbc
bbb
H
H
H
H
TSC

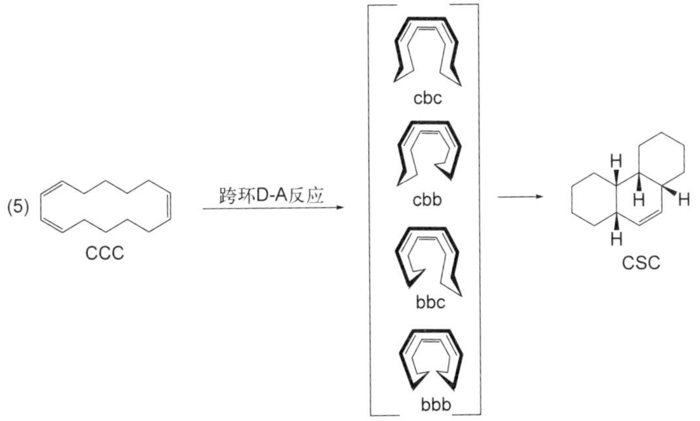

图 6-70　1,3,9-环十四三烯 5 种异构体，跨环 D-A 反应的过渡态，及其三环产物

6.12.3　大环三烯连接链长与跨环 D−A 反应活性的关系

本节讨论的内容示于图 6-71 中，即（*A*-*C*-2）类型的大环三烯（**6-204**）经跨环 D-A 反应转化为（*A*-6-*C*）类型的三环化合物（**6-205**）时，连接链长对该反应的影响[69]。所谓连接链长是指二烯和亲二烯之间的碳链长度，即$(CH_2)_m$和$(CH_2)_n$，$m = n = 3 \sim 5$，$A = n + 2$，$C = m + 2$。因此共讨论 6 个大环三烯的跨环 D-A 反应，它们分别是十二元环三烯（5-5-2）、十三元环三烯（5-6-2）、两个十四元环三烯（6-6-2 和 5-7-2），十五元环三烯（6-7-2）和十六元环三烯（7-7-2），生成的相应三环化合物是 5-6-5、5-6-6、6-6-6、5-6-7、6-6-7 和 7-6-7。应该注意到，连接碳链长度（*m* 或 *n*）等于 3 时，在三环化合物中形成五元环；等于 4 时，形成六元环；等于 5 时，形成七元环；中心环 B 环恒为六元环。还需要指出的是，结构不对称的三烯分子（$m \neq n$）有 8 个顺反异构体，而结构对称的三烯分子（$m = n$）只有 6 个顺反异构体，这在前面已提到过（CTT 等同于 TCT，CTC 等同于 TCC）。又由于过去的理论和实验研究均证明三烯的 CCT 异构体不能发生跨环 D-A 反应，因此，不在讨论的范围内。

6-204: 5-5-2 $m = n = 3$; 5-6-2 $m = 3, n = 4$; 6-6-2 $m = n = 4$; 5-7-2 $m = 3, n = 5$; 7-7-2 $m = n = 5$; 6-7-2 $m = 4, n = 5$

6-205: 5-6-5 $m = n = 3$; 5-6-6 $m = 3, n = 4$; 6-6-6 $m = n = 4$; 5-6-7 $m = 3, n = 5$; 7-6-7 $m = n = 5$; 6-6-7 $m = 4, n = 5$

图 6-71　大环三烯不同连接链长的跨环 D-A 反应

利用计算化学技术确定了上述三烯化合物各异构体在跨环 D-A 反应中可能的各种构象及其相对能量（表 6-8）。在这些过渡态中，中心环显然只能是六元环，且取船式构象。五元环通常可取信封式构象或半椅式构象，但是计算优化的结果是它在该过渡态中只取信封式构象（envelope，简称 e）。六元环和七元环则既可取椅式构象，也可取船式构象。因此，三烯 5-5-2 只有一种构象，即信封-船-信封式构象（ebe）。三烯 5-6-2 和 5-7-2 有两种可能的构象，即椅-船-信封式构象（cbe）和船-船-信封式构象（bbe）。三烯 6-7-2 和 7-7-2 与前面讨论过的三烯 6-6-2 一样，有 4 种可能的构象，它们分别是 cbc、cbb、bbc 和 bbb。在表 6-8 中，仅列出了它们的优势构象及其相对能量，以便于比较。分析表 6-8 的数据可以发现，大环三烯的 7（或 5）种异构体的相对能量（实际就是跨环 D-A 反应的活化能）总体上是随着连接链长的增加而增加的，如果分类比较则毫无例外：

结构对称的大环三烯：$\Delta E_{5\text{-}5\text{-}2} < \Delta E_{6\text{-}6\text{-}2} < \Delta E_{6\text{-}7\text{-}2} < \Delta E_{7\text{-}7\text{-}2}$（从反应过渡态构象类型来看，三烯 6-7-2 和 6-6-2、7-7-2 是一致的，因此可按结构对称的三烯来处理）。

结构不对称的大环三烯：$\Delta E_{5\text{-}6\text{-}2} < \Delta E_{5\text{-}7\text{-}2}$。

因此可以得出结论：大环三烯中，连接链长增加，跨环 D-A 反应的活化能增加，反应活性降低。

表 6-8　六种大环三烯各异构体在跨环 D-A 反应中过渡态的优势构象及其相对能量（ΔE，kJ/mol）

大环三烯		TTT	TTC	TCT	TCC	CTT	CTC	CCC
5-5-2	过渡态优势构象	ebe	ebe	ebe	ebe			ebe
	ΔE	80.4	84.6	132.3	139.8			162.4
5-6-2	过渡态优势构象	cbe	cbe	bbe	cbe	bbe	cbe	cbe
	ΔE	101.2	84.1	110.9	124.7	130.2	150.3	180.0
6-6-2	过渡态优势构象	cbc	cbc	cbb	cbc			cbb
	ΔE	88.3	92.5	142.7	149.4			197.2
5-7-2	过渡态优势构象	bbe	cbe	bbe	bbe	cbe	cbe	bbe
	ΔE	139.4	116.0	172.5	167.4	143.6	165.3	208.5
6-7-2	过渡态优势构象	cbc	cbb	cbb	cbc	bbc	bbc	bbc
	ΔE	124.3	127.7	159.9	169.7	165.3	160.7	214.3
7-7-2	过渡态优势构象	cbc	bbc	cbb	cbb			cbb
	ΔE	155.3	157.0	189.6	201.8			244.0

注：相对能量以大环三烯各异构体作为基准计算得到。

6.12.4　不对称催化跨环 D-A 反应

D-A 反应一般不需要催化剂，但 Lewis 酸等能催化该反应，这就拓展了 D-A 反应的应用范围，例如催化不对称合成。其中，手性双三氟甲磺酰亚胺活化的噁唑硼烷催化分子间或非环分子内的对映选择性 D-A 反应是最为成功的实例[70,71]，于是，研究不对称催化跨环 D-A 反应势在必行。本节介绍在结构已优化的手性催化剂双三氟甲磺酰亚胺活化的噁唑硼烷（**6-206**）的作用下，几个大环三烯内酯或酮的不对称跨环 D-A 反应[72]，所采用的大环三烯均具有 TTT 构型（表 6-9）。前面已讨论过，这类大环三烯在发生跨环 D-A 反应时，可以生成两对三环非对映异构体 TAC 和 CAT，而 TAC 和 CAT 各由一对对映体组成，因此便于考察手性催化剂对该反应的非对映选择性和对映选择性的效率，即非对映异构体的比例（dr）和主要非对映异构体的对映体过量百分数（ee，%）。结果表明，在优化的反应条件下，无论是十四元环三烯［(**6-207(1)**，结构类型 5-7-2]、十五元环三烯［**6-208(1)**，结构类型 5-8-2；**6-209(1)**，结构类型 6-7-2］，还是十六元环三烯［**6-210(1)**，结构类型 6-8-2；**6-211(1)**，结构类型 7-7-2］均具有优良的非对映选择性和对映选择性。特别是三烯 **6-211(1)**，生成的是 7-6-7 类型的三环化合物，尽管收率很低，却有良好的非对映选择性和对映选择性，非对映异构体的比例和主要非对映异构体的对映体过量百分数分别达到 5.0∶1 和 85%。最后还要指出，这些反应得到的产物三环非对映异构体主要是 TAC，表中列出的是它们的主要对映异构体的结构式。

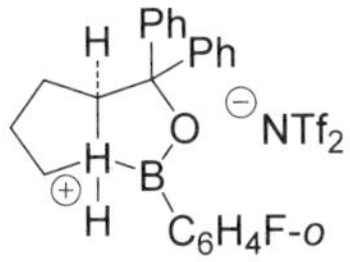

6-206

表 6-9　几个大环三烯(内酯或酮）的不对称催化跨环 D-A 反应

序号	三烯化合物	三环化合物	分离收率/%①	dr②	ee/%③
1	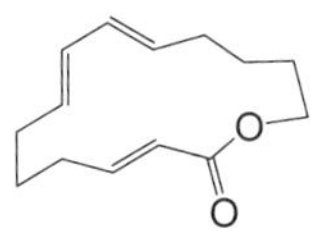 **6-207(1)**	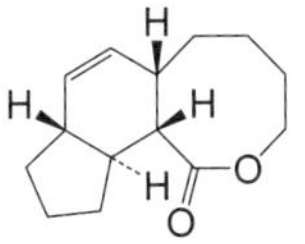 **6-207(2)**	80	＞19∶1	92
2	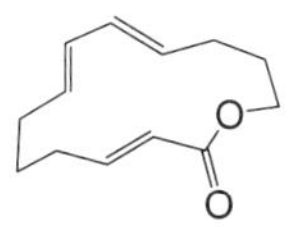 **6-208(1)**	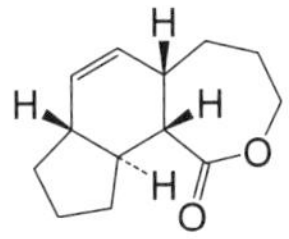 **6-208(2)**	69	＞19∶1	90

续表

序号	三烯化合物	三环化合物	分离收率/%①	dr②	ee/%③
3	6-209(1)	6-209(2)	78	5.9∶1	90
4④	6-210(1)	6-210(2)	62 (83)⑤	8.8∶ 1.1∶1⑥	88
5⑦	6-211(1)	6-211(2)	15	5.0∶1	85

① 硅胶柱分离后的收率。

② 产物的 dr 值由 ^{1}H NMR 测定。

③ 主要非对映异构体的 ee 值由商用手性柱气相色谱测定。

④ 大环三烯未能分离。TTT∶TCT = 3.7∶1。在反应条件下，仅 TTT 异构体发生反应。

⑤ 基于 TTT 异构体计算的分离收率。

⑥ 另一个较少的非对映异构体可能是产物的差向异构化或另一三烯异构体发生反应的结果。

⑦ 大环三烯的两个异构体未能分离。TTT∶TCT = 5.0∶1。在反应条件下，仅 TTT 发生反应。

注：反应条件为，甲苯中，20 mol%催化剂存在下室温反应 20 小时。

上面讨论的不对称催化跨环 D-A 反应，其底物均为无取代基的大环三烯，因而不能观察到取代基对反应的影响。下面讨论两个带有取代基的大环三烯内酯的跨环 D-A 反应。

（1）单甲基取代的十五元环三烯内酯

本节讨论的大环三烯内酯（**6-212**）带有一个甲基，类型为 6-7-2，母环构型为 TTT，由于分子中存在一个手性碳原子，理论上，通过跨环 D-A 反应可以得到类型为 6-6-7 的两对三环非对映异构体：一对 TAC 非对映异构体［**6-213(1)**］和［**6-213(2)**］及一对 CAT 非对映异构体［**6-213(3)**和 **6-213(4)**］（图 6-72）。与上述无取代基大环三烯的跨环 D-A 反应产物不同的是，大环三烯母环构型为 TAC 或 CAT 的两个异构体此时不再是对映异构的关系，不再称呼它们的立体选择性为对映选择性，仍称为非对映选择性。实验结果显示，在−78℃～室温及非手性催化剂 $MeAlCl_2$ 的作用下，或在 120℃加热的条件下，反应都具有优良的立体选择性：两对非对映异构体的比例（TAC∶CAT）大约分别为 97∶3

和 80∶20，而 TAC 的两个非对映异构体的比例分别达到 27∶1 和 11.5∶1（主要非对映异构体为**6-213(1)**（表 6-10）。上述 TAC 和 CAT 之间的非对映选择性源于该大环三烯内酯存在不同的构象（参考 6.12.2 节），而 TAC 或 CAT 的两个非对映异构体之间的选择性则来自于分子自身的手性。分子中甲基所在碳为手性碳，在跨环 D-A 反应的过渡态中，甲基可取平伏位（**6-214**）或直立位（**6-215**），其中甲基取平伏位的构象为优势构象，因而该反应具有较好的非对映选择性（图 6-73）。手性催化剂对该反应在 TAC 和 CAT 之间的非对映选择性影响不大，与非手性催化剂条件下的反应结果相比，略有下降，约为 87∶13，仍大于仅加热条件下反应的 80∶20。但是，对于主要非对映异构体 TAC 的两个非对映异构体的选择性却有较大影响，**6-213(1)**所占比例显著降低，**6-213(2)**所占比例显著升高，致使其比例仅为 2∶1，说明所用手性催化剂对该反应的过渡态的构象有较好的控制能力。

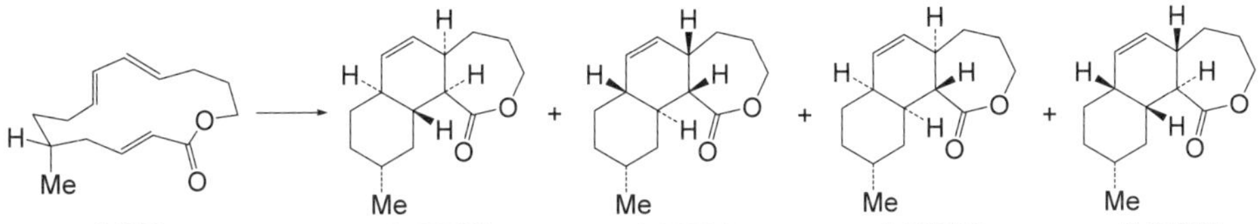

6-212　6-213(1)　6-213(2)　6-213(3)　6-213(4)

图 6-72　单甲基取代十五元环三烯内酯的跨环 D-A 反应

表 6-10　单甲基取代十五元环三烯内酯跨环 D-A 反应在不同反应条件下的实验结果

反应条件	各异构体的百分数			
	6-213(1)	**6-213(2)**	**6-213(3)**	**6-213(4)**
$MeAlCl_2$，CH_2Cl_2，−78℃～室温，1 h	93.7	3.5	2.8	0.0
$C_6H_5CH_3$，120℃，12 h	73.3	6.4	18.9	1.4
手性催化剂 **6-206**，$C_6H_5CH_3$，室温，20 h	57.3	29.8	8.1	4.7

注：利用商用手性柱气相色谱测定。

6-213(1) ← [6-214] ⇌ [6-215] → 6-213(2)

图 6-73　单甲基取代十五元环三烯内酯跨环 D-A 反应非对映选择性的构象分析

（2）反式 1,3-二甲基取代的十五元环三烯内酯

本节讨论的大环三烯内酯（**6-216**）带有一个反式 1,3-二甲基取代的单元，母环构型为 TTT。理论上，通过跨环 D-A 反应可以得到类型为 6-6-7 的两对三

环非对映异构体。实际上，由于空间阻碍过大，不能形成 CAT 三环异构体的过渡态，因此非对映选择性极高，只能得到一对 TAC 三环非对映异构体 **6-217(1)** 和 **6-217(2)**（图 6-74）。实验研究还指出，由于处于反式 1,3-位的两个甲基在形成 TAC 三环异构体的两个过渡态中，总是一个处于平伏位，另一个则处于直立位，因此两个过渡态的能量差异很小，致使在非手性催化剂存在下，或加热条件下，非对映选择性极差，甚至全无选择性，**6-217(1)**和 **6-217(2)**的比例在 1∶1～1∶1.2 之间。但是，在手性催化剂 **6-206** 的作用下，非对映选择性极好，上述比例达到 1∶35。而使用 **6-206** 的对映体作为手性催化剂，则选择性方向反转，选择性稍差，两者的比例为 3.5∶1（表 6-11），说明手性催化剂对这类大环三烯跨环 D-A 反应的过渡态构象有更好的控制能力。

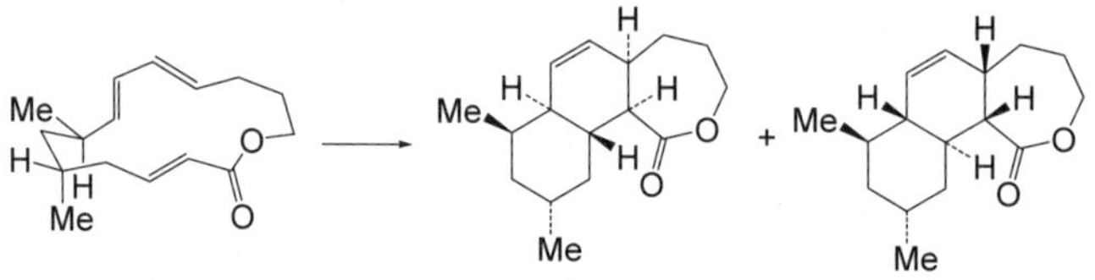

6-216　　**6-217(1)**　　**6-217(2)**

图 6-74　反式 1,3-二甲基取代十五元环三烯内酯的跨环 D-A 反应

表 6-11　反式 1,3-二甲基取代十五元环三烯内酯的跨环 D-A 反应在不同条件下的实验结果

反应条件	各异构体的百分数	
	6-217(1)	**6-217(2)**
$MeAlCl_2$，CH_2Cl_2，−78℃～室温，1 h	50	50
$C_6H_5CH_3$，120℃，12 h	45.5	54.5
手性催化剂 **6-206**，$C_6H_5CH_3$，室温，20 h	2.8	97.2
手性催化剂 **6-206** 的对映体，$C_6H_5CH_3$，室温，20 h	77.8	22.2

注：利用商用手性柱气相色谱测定。

6.12.5 (−)-spinosyn A 全合成中的跨环 D-A 反应

(−)-spinosyn A 的结构在第一章做过简介。该化合物属大环内酯类，由 21 个碳原子和一个氧原子构成独特的 5-6-5-12 型核心四环，并在 C9 和 C17 上分别带有一个三—O—甲基鼠李糖和福洛氨糖（**6-218**）[73]。逆合成分析指出（图 6-75），**6-218** 分子中的 C3—C14 键断开后，当 C2═C3 为与酯基共轭的双键时（**6-219**），可利用 Morita-Baylis-Hillman 环化反应[74,75]形成 C3—C14 键，完成 5-6-5-12 四环的构建。如果进一步断开 C4—C12 和 C7—C11 两个键，且在 C4 和 C7 之间形成两个反式双键，这样，它们就与 C11═C12 双键构成类型为 5-2-15，构型为

TTT 的大环三烯内酯（**6-220**）（不考虑其他双键的情况下）。前面已经讨论过，构型为 TTT 的大环三烯内酯易于发生跨环 D-A 反应，生成两对非对映异构体 TAC 和 CAT 三环化合物，而 **6-219** 是一对 TAC 非对映异构体中的一个异构体。以跨环 D-A 反应为关键步骤，(−)-spinosyn A 的全合成路线概要见图 6-76[76,77]。以一个羟基被保护的二羟基己烯（**6-221**）为原料通过多步反应合成带有三—O—甲基鼠李糖基的不饱和醛（**6-222**），以 *α*-甲基，*β*-羟基-1-烯-庚酰胺（**6-223**）为原料，经多步反应合成两个羟基均被保护的 *β*-羰基膦酸酯（**6-224**）。**6-222** 和 **6-224** 经多步反应得到两端分别为 *α*,*β*-不饱和醛和膦酸酯的多烯开链化合物（**6-225**），该化合物经 Horner-Wadsworth-Emmons 烯化反应[78,79]环合为 22 元环五烯内酯（**6-226**），其中，4,6,11-位烯键的存在使整个分子构成构型为 TTT 的 5-2-15 类型的三烯内酯。如同先前讨论过的那样，**6-226** 未经分离，在环合的条件下即可发生跨环 D-A 反应，生成类型为 5-6-15 的三环化合物，两步反应（烯化环合和跨环 D-A 反应）的收率为 75%，4 个非对映异构体的比例为 73∶12∶9∶6。也就是说，它的跨环 D-A 反应具有较好的非对映选择性，TAC∶CAT = 85∶15，所需要的异构体 **6-227** 占总收率的 73%。然后，**6-227** 经 Morita-Baylis-Hillman 反应形成 C3—C14 键，从而完成四环骨架的构建。最后，去除保护基和 C6 上的溴原子，引入福洛氨糖，完成(−)-spinosyn A 的全合成，共用 31 步反应，总收率 3%。

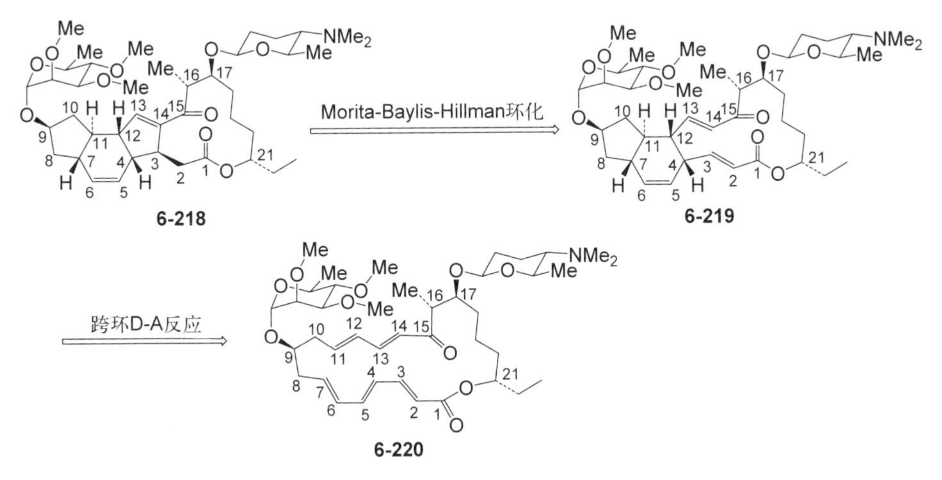

图 6-75 (−)-spinosyn A 的逆合成分析

对于中间体 **6-226** 的跨环 D-A 反应具有较好的非对映选择性可做如下解释（图 6-77）：该分子的手性碳 C21 是其立体化学控制因素，在发生跨环 D-A 反应时，C21—H 键与酯羰基呈重叠构象时是反应过渡态的优势构象（**6-229**），于是主要得到所需的异构体。研究还发现，如果没有 C6 上的溴原子和 C9 上的三—O—甲基鼠李糖仍会有相同的非对映选择性，然而收率将降低。

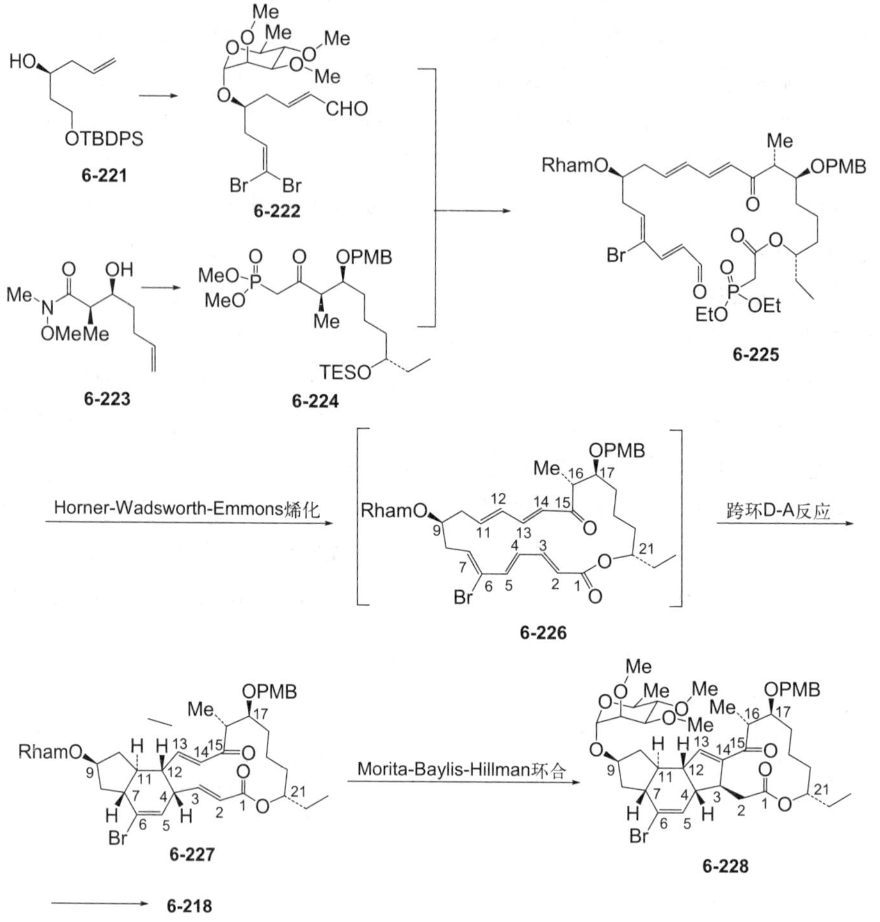

6-221 6-222 6-223 6-224 6-225

Horner-Wadsworth-Emmons烯化

6-226

跨环D-A反应

6-227

Morita-Baylis-Hillman环合

6-228

→ 6-218

图 6-76　(−)-spinosyn A 的全合成路线概要

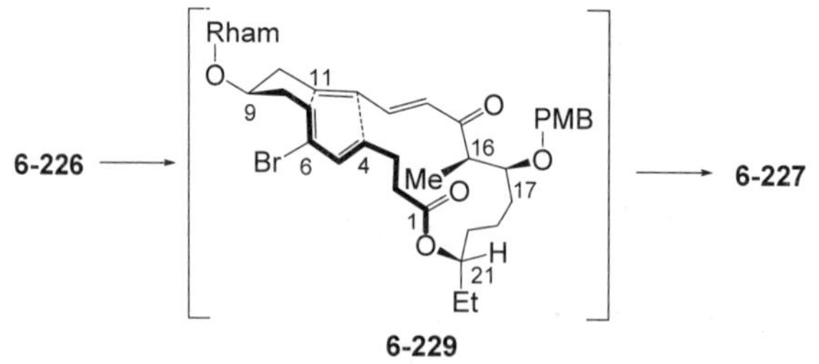

6-226 → 6-229 → 6-227

图 6-77　中间体 **6-226** 跨环 D-A 反应的构象分析

参考文献

[1] Allinger N L, Zalkow V. J Org Chem, 1960, 25: 701-704.
[2] Galli C, Giuseppe G, Gabriello I, et al. J Org Chem, 1979, 44: 1258-1260.
[3] Ringer A L, Magers D H. J Org Chem, 2007, 72: 2533-2537.
[4] Kraft P, Cadalbert R. Chem Eur J, 2001, 7: 3254-3262.
[5] Corr M J, Cormanich R A, Hahmann C N, et al. Org Biomol Chem, 2016, 14: 211-219.
[6] Callejo R, Corr M J, Yang M, et al. Chem Eur J, 2016, 22: 8137-8151.
[7] Brown H C, Fletcher R S, Johannesen R B. J Am Chem Soc 1951 73: 212-221.
[8] Brown H C, Borkowski M. J Am Chem Soc, 1952, 74: 1894-1902.
[9] Brown H C, Ham G. J Am Chem Soc, 1956, 78: 1735-1739.
[10] Sicher J, Progr Stereochem. (P.B.D. De la Mare and W. Klyne, editors. Butterworths), 1962, 3: 202-263.
[11] Sicher J, Jonas J, Svoboda M, et al. Chem Commun, 1958, 23: 2141-2154.
[12] Schotsmans L, Fierens P J C, Verlie T. Bull Soc Chim Belg, 1959, 68: 580-598.
[13] Masson E, Leroux F. Helv Chim Acta, 2005, 88: 1375-1386.
[14] 杨晓亮，王明安，梁晓梅，等. 有机化学, 2005, 25: 1279-1282.
[15] Sterk H. Monatsh Chem,1969, 100:1246-1249.
[16] Rhoads S J, Pryde C. J Org Chem, 1965, 30: 3212-3214.
[17] Campbell R D, Gilow M. J Am Chem Soc, 1962, 84: 1440-1443.
[18] 王道全，杨晓亮，王明安，等，化学学报, 2002, 60: 475-480.
[19] Han X Y, Wang M A, Liang X M, et al. Chin J Chem, 2004, 22: 563-567.
[20] 叶秀林. 立体化学. 北京：北京大学出版社, 1999: 147-148.
[21] Giorgi G, Miranda S, Lopez-Alvarado P, et al. Org. Lett., 2005, 7: 2197-2200.
[22] 叶秀林. 立体化学. 北京：北京大学出版社, 1999: 154.
[23] Cerfontain H, Kruk C, Rexwinkel R, et al. CAN J CHEM, 1987, 65: 2234-2237.
[24] Still W C. J Am Chem Soc, 1979, 101: 2493-2495.
[25] Keller T H, Weiler L. J Am Chem Soc, 1990, 112: 450-453.
[26] 路慧哲，王明安，王道全. 高等学校化学学报, 2004, 25: 120-123.
[27] 王明安，闫晓静，刘建平，等. 化学学报, 2007, 65: 1657-1662.
[28] Zhao H, Hsu D C, Carlier P R. Synthesis, 2005: 1-16.
[29] House H O, Czuba L J, Gall M, Olmstead H D. J Org Chem, 1969, 84: 2324-2336.
[30] 潘灿平，王道全. 化学试剂, 1993, 15: 367-368.
[31] Tsuji J, Yamada T, Shimizu I. J. Org. Chem., 1980, 45: 5209-5211.
[32] 汪晓平，王道全. 高等学校化学学报, 1997, 18: 889-893.
[33] 王明安，马祖超，王道全. 化学学报, 2003, 61: 399-405.
[34] 王明安，马祖超，路慧哲，等. 化学学报, 2003, 61: 445-449.
[35] Sathesh V, Umamahesh B, Ramachandran G, et al. New J Chem, 2012, 36: 2292-2301.
[36] Venkatesan S, Karthikeyan N S, Rathore R S, et al. Med Chem Res, 2014, 23: 5086-5101.
[37] Han X Y, Wang M A, LI T G, et al. Chinese J Struct Chem, 2007, 26: 625-631.
[38] 杨明艳，张莉，王道全，等. 高等学校化学学报, 2015, 36: 489-498.
[39] 王明安，闫晓静，刘建平，等. 化学学报, 2007, 65: 1657-1662.

[40] 张春艳，陈守聪，王道全，等. 化学学报, 2010, 68: 989-995.
[41] 王大升，王道全，周长海. 化学学报, 1995, 53: 909-915.
[42] Trost B M, Vincent J E. J. Am. Chem. Soc., 1980, 102: 5683-5685.
[43] Jia Y M, Liang X M, Chang L, et al. Synthesis, 2007: 744-748.
[44] 张建军，董燕红，梁晓梅，等. 高等学校化学学报, 2003, 24: 1604-1609.
[45] Milenkov B, Guggisberg A, Hesse M. Helv Chim Acta, 1987, 70: 760-765.
[46] Huang J X, Liang X M, Wang D Q. Chin Chem Lett, 2004, 15: 169-170.
[47] Bienz S, Guggisberg A, Waelchli R, et al. Helv Chim Acta, 1988, 71: 1708-1718.
[48] Macomber R S, Hemling T C. J Am Chem Soc, 1986, 108: 343-344.
[49] Macomber R S, Constantinides I, Bauer J K, et al. J Org Chem, 1996, 61: 727-734.
[50] Chatgilialoglu C, Ballestri M, Ferreri C, et al. J Org Chem, 1995, 60: 3826-3831.
[51] Haufe G, Mtihlstadt M. Tetrahedron Lett, 1984, 25: 1777-1780.
[52] Haufe G, Miihlstiidt M, Graefe J. Monatsh Chem 1976, 107: 653-661.
[53] Hilli F, White J M, Rizzacasa M A. Org Lett, 2004, 6: 1289-1292.
[54] Chu M, Mierzwa R, Xu L, et al. J Nat Prod, 2003, 66: 1527-1530.
[55] Snider B B, Zhou J. Org. Lett, 2006, 8: 1283-1286.
[56] Iguchi K, Kajiyama K, Miyaoka H, et al. J. Org. Chem. 1996, 61: 5998-6000.
[57] Meng Z, Furstner A. J. Am. Chem. Soc., 2019, 141: 805-809.
[58] Raps F C, Faseke V C, Haussinger D, et al. Angew. Chem. Int. Ed. 2020, 59: 18390-18394.
[59] Higa T, Tanaka J I, Komesu M. J. Am. Chem. Soc., 1992, 114: 7587-7588.
[60] Evans D A, Ripin D H B, Halstead D P, et al. Am. Chem. Soc., 1999, 121: 6816-6826.
[61] Yuste F, Sanchez-Obregon R. J. Org. Chem., 1982, 47: 3665-3668.
[62] Diels O, Alder K. Ann Chem, 1928, 460: 98-122.
[63] Dauben W G, Michno D M, Olsen E G. J Org Chem, 1981, 46: 687-690.
[64] Deslongchamps P. Pure Appl Chem, 1992, 64: 1831-1847.
[65] Lamothe S, Ndibwami A, Deslongchamps P. Tetrahedron Lett, 1988, 29: 1639-1640.
[66] Lamothe S, Ndibwami A, Deslongchamps P. Tetrahedron Lett, 1988, 29: 1641-1644.
[67] Dory Y L, Ouellet C, Berthiaume S, et al. Bull Soc Chim Fr, 1994, 131: 121-141.
[68] Prathyusha V, Ramakrishna S, Priyakumar U D. J Org Chem, 2012, 77: 5371-5380.
[69] Prathyusha V, Priyakumar U D. RSC Advances, 2013, 3: 15892-15899.
[70] Ryu D H, Corey E J. J Am Chem Soc, 2003, 125: 6388-6390.
[71] Zhou G, Hu Q Y, Corey E J. Org Lett, 2003, 5: 3979-3982.
[72] Balskus E P, Jacobsen E N. Science, 2007, 317: 1736-1740.
[73] Cai X, Bai Y, Dai M. Synlett, 2018, 29: 2623-2632.
[74] Ciganek E. Org React (New York), 1997, 51: 201-350.
[75] Frank S A, Mergott D J, Roush W R. J Am Chem Soc, 2002, 124: 2404-2405.
[76] Mergott D J, Frank S A, Roush W R. PNAS, 2004, 101: 11955-11959.
[77] Frank S A, Roush W R. J Org Chem, 2002, 67: 4316-4324.
[78] Blanchette M A, Choy W, Davis J T, et al. Tetrahedron Lett,1984, 25: 2183-2186.
[79] Roman D, Sauer M, Beemelmanns C. Synthesis, 2021, 53: 2713-2739.